市政工程新技术及工程实例丛书

注浆工艺学

程　骁　刘启成　白　云　著

王　梅　审

中国建筑工业出版社

图书在版编目（CIP）数据

注浆工艺学／程骁，刘启成，白云著；王梅审. —
北京：中国建筑工业出版社，2021.10（2024.1重印）
（市政工程新技术及工程实例丛书）
ISBN 978-7-112-26803-0

Ⅰ.①注…　Ⅱ.①程…②刘…③白…④王…　Ⅲ.
①灌浆－工艺学　Ⅳ.①TU755.6

中国版本图书馆CIP数据核字（2021）第211117号

本书是关于注浆工艺学的专著。全书共分9章。其中，第1章简要介绍了浆液的基本
性质；第2章全面阐述了注浆材料的分类；第3章对注浆机理进行了分析；第4章论述了
注浆技术应用分类；第5章对盾构施工的壁后注浆特别是双液注浆作了系统介绍；第6章
讨论了注浆所用的主要设备；第7章列出了常用注浆材料的配方；第8章是注浆效果的检
测方法；最后第9章给出了注浆工艺在各个领域的工程应用实例。

本书不仅反映了近年来注浆技术的最新进展和工程应用实例，内容也涵盖了注浆技术
的所有重要部分，具有实用性强的特点，非常适合地下工程、地铁工程和水利工程等领域
的工程师使用，也可作为高等学校相关专业师生的参考书。

责任编辑：辛海丽
责任校对：王　烨

市政工程新技术及工程实例丛书
注浆工艺学
程　骁　刘启成　白　云　著
王　梅　审
*
中国建筑工业出版社出版、发行（北京海淀三里河路9号）
各地新华书店、建筑书店经销
北京建筑工业印刷厂制版
建工社（河北）印刷有限公司印刷
*
开本：787毫米×1092毫米　1/16　印张：16¾　字数：408千字
2021年12月第一版　　2024年1月第二次印刷
定价：**68.00**元（含数字资源）
ISBN 978-7-112-26803-0
（38051）

前　言

注浆技术其实是一种施工方法，主要用于加固软弱土体，提高强度，提高防渗性能。

注浆看起来简单，其实要使注浆达到预期效果，还是需要认真对待每一个环节。

第一，对加固对象的了解，是岩层？土层？砂层？混凝土结构？土坝？针对不同对象，选择用什么注浆工法。

第二，确定加固目标：是提高强度？还是降低渗透系数？或者是止水堵漏？或者是填充建筑空隙。

第三，根据以上数据选择注浆材料，是用水泥还是化学浆液？

第四，确定注浆工法：是用钻孔注浆？还是用套管分层注浆？还是用搅拌注浆或高压旋喷？或者是双液注浆。

第五，选择适当的注浆设备、控制系统。

第六，制定注浆的工艺参数、流量、压力、注浆量。

第七，注浆效果的检测。

注浆技术的发展历史是非常悠久的。从几千年前的墓葬考古发现，古人已经用膨润土、松香、铅、水银等材料灌入墓中起到防水密封效用。200年前尤斯登工法，是用水玻璃注浆材料应用有记载的成功实例。

我国的注浆技术起源较早的是水利工程，较多应用在大坝的基础加固，例如：高160m的乌江渡水电站拱坝，修建在岩溶十分发育的地区，为了提高抗渗性能形成防渗帷幕，注浆工作量达数十万米，包括大坝坝体的劈裂注浆都取得了良好的效果。

煤矿、冶金、铁路隧道在开挖过程中，也会遇到不良地层，需要注浆加固。近年来城市地铁的发展，盾构始发与到达加固，盾构推进过程中的同步注浆，周边建筑物的保护等都应用了注浆技术，促使注浆技术有了很大的发展。

系统地阐述注浆技术的原理、工艺、工法、材料、设备、质量控制、注浆效果的检测，也就是出版本书的目的。

程　骁

目 录

第 1 章　浆液的基本性质

1.1　浓度

浓度指某物质在总量中所占的分量。浆液浓度（size concentration）又称浆液含固率或浆液总固体率。浆液浓度是浆液质量的指标之一，指浆液中干燥浆料重量与浆液重量之比，通常以百分率表示。

浆液百分比浓度（浓度可以用一定的浆液中干燥浆料的质量计算）是指浆液（一般用单位浆液）所含干燥浆料的重量百分比，是浆液浓稀程度的衡量标准，用符号 w 表示，即[1]：

$$w = \frac{m}{M} \tag{1-1}$$

式中　w——干燥浆料的百分比浓度；

　　　m——干燥浆料的质量；

　　　M——浆液的质量。

如果没有特别说明，溶剂为水。浆料浓度的单位为百分比（%）。

1.1.1　体积摩尔浓度

浆料体积摩尔浓度是指单位体积浆液所含干燥浆料物质的量，浆液的体积摩尔浓度是溶液浓度一种常用的表示方法。用符号 c 表示，即[2]：

$$c = n/V \tag{1-2}$$

式中　c——干燥浆料的体积摩尔浓度；

　　　n——干燥浆料物质的量；

　　　V——浆液的体积。

如果没有做特别说明，溶剂为水。浆料的体积摩尔浓度的 SI 单位为 mol/m^3，常用单位为 mol/dm^3 或 mol/L。

浆液的体积摩尔浓度与质量分数之间的转换公式为[2]：

$$c = 1000\rho w/M \tag{1-3}$$

式中　c——干燥浆料的体积摩尔浓度（mol/L）；

　　　ρ——浆液的密度（g/mL）；

　　　w——浆液的百分比浓度（%）；

　　　M——干燥浆料的摩尔质量（g/mol）。

1.1.2　物质的量浓度

浆液的浓度用 1L 浆液中所含干燥浆料的物质的量来表示，称为物质的量浓度，用 c 表示。

物质的量浓度＝干燥浆料的物质的量／浆液体积（L）[2]，物质的量是指 1mol 粒子的质量（g）在数值上与该粒子的相对原子质量（Ar）或相对分子质量（Mr）相等。混合物利用平均摩尔质量计算物质的量之比：平均摩尔质量＝混合物中各组分的摩尔质量 × 该组分的物质的量分数（若是气体组分可分为体积分数）[3]。

1.1.3　质量摩尔浓度

浆液中某干燥浆料物质的量除以溶剂的质量，称为该干燥浆料的质量摩尔浓度，单位为 mol/kg。溶质 B 的质量摩尔浓度，符号记为 b_B 或 $b(B)$，数学表达式为[4]：

$$b_B = n_B/m_A = m_B/M_B m_A \tag{1-4}$$

式中　质量摩尔浓度的 SI 单位为 mol/kg；

n_B——干燥浆料物质的量；

m_B——干燥浆料的质量；

m_A——浆液的质量；

M_B——干燥浆料的摩尔质量。

1.1.4　水灰比

水灰比是水泥基材料中拌合水质量占水泥或胶凝材料质量的比例，也称为水胶比。水灰比很大程度上影响了水泥基材料的流变性能、水泥浆凝聚结构及其硬化后的密实度。在组成材料给定的情况下，水灰比是决定水泥基材料强度、耐久性和其他一系列物理力学性能的重要因素。

1.1.5　波美度（°Bé）

波美度（°Bé）是表示溶液浓度的一种方法，用式（1-5）表示溶液的浓度[5]：

$$°Bé = 145 - 145/\rho \tag{1-5}$$

式中　°Bé——波美度；

ρ——浆液相对密度。

把波美比重计浸入所测溶液中，得到的度数就叫波美度。波美比重计有两种：一种叫重表，用于测量比水重的液体；另一种叫轻表，用于测量比水轻的液体。当测得波美度后，从相应化学手册的对照表中可以方便地查出溶液的质量分数。例如，在 15℃测得浓硫酸的波美度是 66°Bé，查表可知硫酸的质量分数是 98%。通常波美度数值较大，为读数方便，所以在生产中常用波美度表示溶液的浓度。

1.2　表面张力

1.2.1　表面现象及其微观成因

　　表面现象是发生在两相界面上的物理、化学现象。表面现象在自然界中普遍存在，例如雨滴、汞会自动呈球形。任何一个相，其表面分子与内部分子的状态不同。以纯液体与其蒸汽所组成的系统为例（图1-1），对液体内部的分子，周围同类分子对它的吸引力是相等的，彼此相互抵消，其合力为零，所以内部分子在液体内部移动时，无需消耗功。而处于表面层的分子，由于下面密集的液体分子对它的引力远大于上方稀疏的气体分子对它的引力，所以不能相互抵消，即表面层分子受到垂直指向液体内部的拉力，这种拉力要

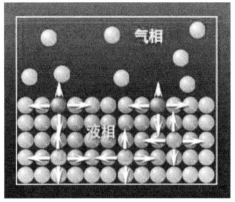

图 1-1　纯液体及其蒸汽系统[6]

把表层分子拉入液体内部，因而液面好像一张拉紧的橡皮膜，有自动缩小表面积而呈球形的趋势（对于具有同样体积的不同几何形状的物体而言，球体具有最小的表面积），这就是水滴、汞滴自动呈球形的原因。

　　当液体与固体接触时，视材料性质不同将发生不同的表面现象。在液固气交界处作液体表面的切面（图1-2），此切面与固体表面的夹角（沿液体内部）称为接触角 θ。当 θ 为锐角时，称为液体润湿固体，液面具有向固体表面伸展的趋势，如图1-2（a）所示。当 θ 为钝角时，称为液体不润湿固体，液面具有向液体内部收缩的趋势，如图1-2（b）所示。水对洁净的玻璃面的接触角 $\theta = 0$，称为完全润湿；水银对玻璃面的接触角约为 $\theta = 140°$，基本上不润湿。造成上述差异的原因在于固液之间的吸引力（或称为附着力），相对于液体内部分子的吸引力（或称内聚力）不同。水对玻璃的附着力大于水的内聚力，故发生沿固体表面伸展的润湿现象，而水银对玻璃的附着力小于水银的内聚力，故发生水银液面脱离固体表面的不润湿现象。

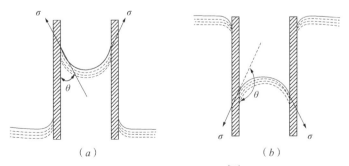

（a）　　　　　　　　　　　（b）

图 1-2　固液表面现象[7]

1.2.2　表面张力

表面张力在注浆材料的物理性能中是一个非常重要的参数,但很多工程技术人员经常疏忽了。特别是在渗透注浆中,表面张力的大小决定了浆液在注浆过程中扩散范围的大小,同时也决定了浆液与被加固土体结合力的大小。

由于体系的能量越低越稳定,故液体表面具有自动收缩的趋势。我们也可将这种趋势看作表面分子相互吸引的结果,此表面分子相互作用的张力与表面平行,它的大小就反映了表面自动收缩趋势的大小,称其为表面张力。

通常有多种方法来测定表面张力,如毛细管上升法、滴重法、吊环法(也称 De Nouy法)、最大压力气泡法、吊片法(也称 Wilhelmy 法)和静液法等。

1.2.3　影响表面张力的因素

(1)物质种类的影响

由于物质内部的分子间相互作用类型不同,引起分子内压力的不同,导致各种物质表面张力不同。对纯液体或纯固体,表面张力 γ 决定于分子间形成化学键能的大小,一般化学键越强,表面张力越大。一般规律有: $\gamma_{离子键} > \gamma_{金属键} > \gamma_{极性共价键} > \gamma_{非极性共价键}$。各种作用力的键能值如表 1-1 所示。

各种作用力的键能值[6]　　　　　　　　　　　表 1-1

类型	作用力种类	能力(kJ/mol)
化学键	离子键	586~1047
	共价键	62.8~712
	金属键	113~347
范德华力	氢键	<50
	偶极力	<21
	诱导偶极力	<2.1
	色散力	<41.9

这些作用力中,化学键作用较强,此类物质的表面张力值也较高,每米可达几百到上千毫牛,其分子在内部移动受到影响而失去流动性,在常温下以固态形式存在。对于一些常见的液体,分子间相互作用主要是范德华作用,其作用较弱,因此表面张力值均不大,多数在每米十几或几十毫牛,这些物质中,部分液体由于其内部存在氢键,如水、乙醇等,其表面张力值会较高。

(2)温度

温度升高,界面张力下降,当达到临界温度 T_c 时,界面张力趋向于零。从分子观点看,这是由于温度上升时液体内分子的热运动加剧,分子间距离加大,密度降低,从而减弱了对表面分子的引力;而气体因为温度升高,密度增加,对表面分子的引力也增加,两种效应都使表面张力下降,当温度升高到临界温度 T_c 时,气液两相密度相等,界面消失, $\gamma = 0$。

（3）压力

表面张力一般随压力的增加而下降。以气液两相体系为例，因为压力增加，液体被压缩，体积变小，液体分子间距减小，分子间斥力增加，对应的气相密度增加，表面分子受力不均匀性趋于好转。另外，是气相中有别的物质，则压力增加，促使表面吸附增加，气体溶解度增加，也使表面张力下降。

压力与表面张力关系的实验研究不易进行，一般说来，压力对表面张力的影响可以从下面三个方面考虑：

① 压力增加，两相间密度差减小，γ 减小。

② 压力增加，气体在液体表面上的吸附使表面能降低（吸附放热），因此 γ 减小。

③ 压力增加，气体在液体中的溶解度增大，表面能降低。

（4）溶液浓度

水的表面张力会因加入溶质形成溶液而改变。有些溶质加入后能使溶液的表面张力降低，另一些溶质加入后却使溶液的表面张力升高。例如，无机盐、不挥发性的酸碱（如 H_2SO_4，$NaOH$）等，由于这些物质的离子对于水分子的吸引且趋向于把水分子拖入溶液内部，此时在增加单位表面积所做的功中，还必须包括克服静电引力所消耗的功，因此溶液的表面张力升高。这些物质被称为非表面活性物质（non-surface active agent）。

能使水的表面张力降低的溶质常是有机化合物，从广义说来，都可称之为表面活性物质（surface active agent），但从习惯上只把那些明显降低水的表面张力的两亲性质的有机化合物（即分子中同时含有亲水的极性基团和憎水的非极性碳链或环）叫作表面活性剂。所谓两亲分子，以脂肪酸为例，亲水的 −COOH 基使脂肪酸分子有进入水中的趋向，而憎水的碳氢链则竭力阻止其在水中溶解，这种分子就有很大的趋势存在于两相界面上，不同基团各选择所亲的相而定向，因此称为两亲分子。进入或"逃出"水面趋势的大小，取决于分子中极性基与非极性基的强弱对比。对于表面活性物质来说，非极性成分大，则表面活性也大。由于憎水部分企图离开水而移向表面，所以增加单位表面所需的功较之纯水当然要小些，因此溶液的表面张力明显降低。

表面活性物质的浓度对溶液表面张力的影响，可以从 γ-c 曲线中直接看出。通常在低浓度时增加浓度对 γ 的影响比高浓度时要显著。Traube（特劳贝）在研究脂肪酸同系物的表面活性时发现，同一种溶质在低浓度时表面张力的降低效应和浓度成正比。不同的酸在相同的浓度时，对于水的表面张力降低效应（表面活性）随碳氢链的增长而增加，每增加一个 CH_2，其表面张力降低效应平均可增加约 3.2 倍，这个规则称为 Traube 规则，如图 1-3 所示。其他脂肪醇、胺、酯等也有类似的表面活性随碳氢链增长而增加的情况。但是 Traube 规则不能包括所有表面张力随浓度的变化情况。根据实验，稀溶液的 γ-c 曲线大致可分为三类，如图 1-4 所示。

在图 1-4 中，曲线 Ⅰ：此类曲线的特征是溶质浓度增加时，溶液的 γ 随之下降。大多数非离子型的有机化合物都表现此行为，如短链脂肪酸、醇、醛类的水溶液。

曲线 Ⅱ：当溶质的浓度增加时，溶液的 γ 值随之上升，这是加入非表面活性物质的情况：$d\gamma/dc > 0$。

曲线 Ⅲ：其特征是 $d\gamma/dc < 0$。但它与曲线 Ⅰ 不同，当溶液很稀时，γ 随浓度的增加

而急剧下降，随后 γ 大致不随浓度而改变（有时也可能会出现最低值，这是由于溶液中含有杂质的原因）。

I、II 类溶液的溶质都具有表面活性，能使水的 γ 下降，但 III 类物质（即表面活性剂）的表面活性较高，少量就能使 γ 下降至最低值。

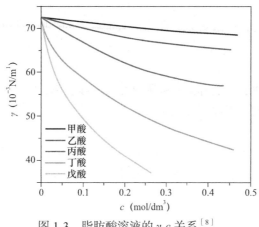

图 1-3   脂肪酸溶液的 γ-c 关系[8]   图 1-4   溶液的表面张力和浓度的关系[8]

1.3   黏度

1.3.1   黏性

流体抵抗剪切变形的能力称为黏性（Viscosity）。假设流场的速度分布是不均匀的，这时各流体层之间会产生相对运动。由于分子的不规则运动，当快层中的分子移到慢层中去时，它把多余的动量交给了慢层中的分子，使慢层加快，产生切向的向前拖力。反之，慢层中的分子移到快层中去时，动量交换结果使快层减慢速度，产生一个切向阻力。因此，在流体中动量交换就形成了内摩擦力或黏性阻力，由于流体层之间的相互运动，在两层之间产生了内摩擦力以阻碍相对运动。

流体对切力的抗阻很小，例如水从高处往低处流，这时由于高处的水在重力作用下，沿着水的表面方向有分力，这个分力对静止的水来说是切应力。在水表面受切应力的部位，静止状态遭到破坏，水立即开始滑动，产生无限制的剪切变形，这就是流动。流体具有对剪切力抗阻很小的特性，即流动性。但是，各种流体的流动性有大有小，比较黏的流体如豆油，与水相比，尽管外在条件相同，前者流动性较缓，也就是能承受较大的切应力。

黏性是流体所具有的重要属性。凡实际流体，无论气体还是液体都具有黏性。在流体力学问题的研究中，由于黏性影响所带来的复杂性使无数研究者付出了艰辛的劳动。因而，对流体的这一属性必须给予足够的重视。

1.3.2   黏滞系数

1686 年，牛顿通过大量的实验，总结出"牛顿内摩擦定律"，可通过图 1-5 说明牛顿实验的内容及其结果。图 1-5 为两个水平放置的平行平板，间距为 h，两平板间充满某种液体。使上板以 V 的速度向右运动，下板保持不动。由于液体与板之间存在着附着力，故紧邻于上板的流体必以速度 V 随上板一同向右运动。而紧邻于下板的流体则依然附着于下板静止不动。在一定的速度 V 的范围内，实际测得流体的速度为线性分布。两板间的液体做平行于平板的流动，可以看成是许许多多无限薄层的液体在平行运动，而内摩擦力正是在我们设想的这种有相对运动的薄层之间产生的。

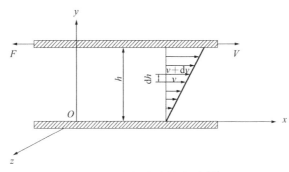

图 1-5　牛顿内摩擦实验[9]

实验测出板所受黏性阻力的大小与各参数之间存在着如下关系[9]：

$$F=\mu A\frac{V}{h} \tag{1-6}$$

式中　F——内摩擦力（N）；

　　　A——平板与流体接触的计算面积（m^2）；

　　　V——平板的运动速度（m/s）；

　　　h——两平板间的垂直距离（m）；

　　　μ——与流体性质有关的比例系数，称为（动力）黏度（黏滞系数）（Pa·s）。

若取图 1-5 所示相距为 dh 的流体薄层，其速度差为 dv，则上式可推广为不受直线分布规律所限制的普遍形式[9]：

$$F=\mu A\frac{\mathrm{d}v}{\mathrm{d}h} \tag{1-7}$$

式中　$\dfrac{\mathrm{d}v}{\mathrm{d}h}$——流体速度梯度。

若以单位面积上的摩擦力，即摩擦切应力 $\tau = F/A$ 来表示，则上式为[9]：

$$\tau=\mu\frac{\mathrm{d}v}{\mathrm{d}h} \tag{1-8}$$

式（1-7）和式（1-8）所表示的关系为牛顿内摩擦定律。其物理意义为：流体内摩擦力的大小与流体的速度梯度和接触面积大小成正比，并且与流体的性质，即黏性有关。μ 值越大，流体黏性越大。

在工程计算中也常常采用流体的动力黏度与其密度的比值，称为运动黏滞系数，以 v 表示，单位 m^2/s，即[10]

$$v = \mu/\rho \tag{1-9}$$

由式（1-9）可以看出，当 $dv/dh = 0$ 时，$\tau = 0$，也即当流体薄层之间或流体微团之间没有相对运动时，或者说处于静止状态时，流体中不存在内摩擦力。因此，流体的黏性是指在外力作用下流体微团间具有相对运动时，产生的摩擦力，能够阻滞相对运动的特性。

由牛顿内摩擦定律可以看出，流体与固体在摩擦规律上是截然不同的。流体中的摩擦力取决于流体间的相对运动，即其大小与速度梯度成正比；固体间的摩擦力与速度无关，与两固体之间所承受的正压力成正比。在流体力学的研究中，当速度梯度发生变化时，我们把动力黏度 μ 不变的流体称为牛顿流体（Newtonian fluid）；把 μ 为变量的流体称为非牛顿流体（Non-Newtonian fluid）。

实验表明，流体的动力黏性系数，将随流体的温度改变而变化。当温度升高时，气体的（动力）黏度都将增大。这是因为，气体的黏性力主要来自相邻流动层分子的横向动量交换的结果。温度升高，这种动量的交换也加剧，因而内摩擦力 F 或动力黏度 μ 值将增大。但液体则不同，随着温度的升高，液体的 μ 值将减小。原因在于液体的黏性力主要来自相邻流动层间分子的内聚力；随着温度的升高，液体分子热运动加剧，液体分子间的距离变大，因而分子间的内聚力将随之减小，故 μ 值减小。实验证明，只要压力不是特别高时，压力对动力黏度的影响很小，因此一般只考虑温度对 μ 的影响。而运动黏度则不然，因为它和密度 ρ 有关，所以对于可压缩流体来说，v 与压力是密切相关的。

1.3.3　黏度的测量方法

黏度是浆液最重要的流变参数，评价浆液黏滞性大小的物理量，反应浆液的流变特性。测定浆液黏度一般用旋转式黏度计，悬浊浆液黏度也常采用帕秒（Pa·s）表示。黏度计有很多种，如奥氏黏度计、乌氏黏度计、落球式黏度计、回转式黏度计、超声波黏度计等，这些黏度计是测定化学浆液的黏度的。几种常用注浆材料的黏度及测定方法见表1-2。

几种注浆材料的黏度及测定方法[12]　　　　　　　　　　　　表1-2

浆液名称		黏度（$\times 10^{-3}$Pa·s）	测定方法
粒状浆液	单液水泥浆	$15 \sim 140$	ZNN 型泥浆黏度计
	水泥－水玻璃类	$15 \sim 140$	
化学浆液	水玻璃类	$3 \sim 4$	旋转式黏度计 落体式黏度计
	丙烯酰胺类	1.2	
	铬木素类	$3 \sim 4$	
	脲醛树脂类	$5 \sim 6$	
	聚氨酯类	十几至几百	
	糖醛树脂类	< 2	
	环氧树脂类	> 6	

旋转法的原理是基本浸于流体中的物体（如圆筒、圆锥、圆板、球及其他形状的刚性体）旋转，或这些物体静止而使周围的流体旋转时，这些物体将受到流体的黏性力矩的作

用，黏性力矩的大小与流体的黏度成正比，通过测量黏性力矩及旋转体的转速求黏度[11]：

$$\mu = f \frac{M}{\omega} \tag{1-10}$$

式中　f——流场系数；

　　　ω——液体的角速度；

　　　M——黏性力矩。

常用的旋转式黏度计的流场系数见表1-3，在现场测定化学浆液的黏度，经常采用最简便易行的方法，即通过20mL或25mL移液管进行测定。首先将移液管清洗干净，吸清水至刻度，测出放完全部清水所需的时间，然后，用待测黏度的化学浆液清洗三次移液管，再用与水相同的方法，测出全部浆液从移液管流出的时间。这个时间与水的流出时间之比，即为浆液相对于水的黏度。

常用旋转式黏度计的流场系数[11]　　　　　　　　表1-3

名称	流场系数	结构
同轴圆筒与锥筒	$f = \frac{1}{4\pi h}\left(\frac{1}{r_i^2 - r_a^2}\right) = \frac{1}{4\pi h r_i^2} \cdot \frac{\delta^2 - 1}{\delta^2}$ $\left(\delta = \frac{r_a}{r_i}\right)$	
单圆筒	$f = \frac{1}{4\pi h r_i^2}$	
双板	$f = \frac{2h}{\pi r^4}$	
单球	$f = f_s \cdot f_i / (f_s + f)$ $\lim_{r_a \to \infty} f_i = 0.00633/r_i^3$ $\lim_{r_a \to \infty} f_s = 0.01267/h r_i^3$	

水泥浆有专门的泥浆黏度计，包括漏斗、量杯、筛网和泥浆杯。使用方法：在测定黏度前，先将黏度计用水冲刷干净，将要测定的水泥浆搅拌均匀，然后由量杯将500mL的水泥浆通过筛网注入黏度计的漏斗中，其流出口用手指堵住，不使浆液流出；测量时将500mL的量杯置于流出口下，当放开堵住出口的手指时，同时开动秒表，待水泥浆流满500mL的量杯达到它的边缘时，再按动秒表，记下水泥浆流出的时间，这就是水泥浆的黏度，单位用秒表示。这种黏度计常用水来校正，正常黏度计流出500mL水的时间为15±0.5s。偏高或偏低都需要用水来校正，否则不能使用，水泥浆的黏度一般为15～140s，参见表1-4。

不同水灰比条件下水泥浆黏度换算[11]   表 1-4

水灰比	0.6	0.7	0.8	1.0	1.5	2.0	3.0	6.0	10.0
黏度（s）	133.5	44.4	26.5	19.4	16.8	16.33	15.8	15.8	15.25
黏度（$\times 10^{-3}$Pa·s）	145	31.92	12.14	4.42	1.631	1.631	1.297	1.151	1.096

1.3.4 浆液黏度

浆液黏度的大小直接影响浆液的扩散半径，同时也决定着浆液的压力、流量等参数的确定，从而影响到注浆效果。黏度小，则扩散半径大。但为了防止浆液扩散太远而造成浪费，有时还要增加浆液的黏度。因此，对理想浆液黏度要求是：初始黏度低，一旦凝胶则黏度急剧增大，且浆液黏度应是可调的。

注浆所用的浆液可能是单液，也可能是复合浆液，混合可能在孔口，也可能在孔底，混合后浆液也不是以一定黏度向地层渗透。浆液在凝胶以前，其黏度是随外力和时间变化的，即为黏时变流体，常见的两种浆液黏度变化曲线如图1-6所示。

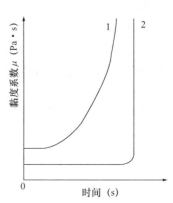

图1-6 两种浆液黏度变化曲线[11]
曲线1——一般浆液材料；曲线2——丙烯酰胺类浆液等

这两条曲线反映了通常意义上，黏度不变及渐变型浆液黏度随时间的变化情况。以丙烯酰胺为代表的大多数化学浆液属于黏度不变型浆液，其特点是浆液黏度逐渐增大，直至完全凝胶。水化时间 t（即浆液混合时间）是黏度 μ 变化的最主要影响因素，若忽略其他（如触变性、振凝性）次要因素的影响。则[11]：

$$\mu = \mu(t)^{[11]} \tag{1-11}$$

即黏度只与时间有关。

有资料表明：许多黏度渐变型浆液，凝胶过程中黏度变化都符合指数规律[11]：

$$\mu(t) = k \cdot e^{a[11]} \tag{1-12}$$

式中 k、a——待定常数，由各种不同浆液本身的性能所决定。

事实证明，在高压下浆液运动时的黏度与浆液静置时的黏度变化是有区别的，其变化规律比较复杂，且不易直接掌握，但通常可以认为：它与常温常压下浆液自行凝胶时的变化规律基本一致，或者说仅相差一个常数，即[11]：

$$\mu_1(t) = \mu(t) + C = k \cdot e^a + C \tag{1-13}$$

式中 $\mu_1(t)$——浆液运动时的黏度变化；

   C——常数。

浆液流变参数的测定方法常采用范氏（Fan）旋转黏度计，对于牛顿流体可直接读数，对非牛顿流体的流变参数，不能直接读数，而多采用两点法进行换算。

浆液材料的流变性受地层中各种地质条件及注浆工艺参数的影响较大，所以目前这方面的研究还仅限于根据现场浆液的本身性能和外界条件，推导出浆液在地层中的流动规律。因各地区和工程条件的不同，这些规律的适用性均不十分理想。

1.4 牛顿流体

牛顿流体指任一点上的剪切应力都同剪切变形速率呈线性函数关系的流体，即遵循牛顿内摩擦定律，表明流体的切应力大小与速度梯度或角变形率或剪切变形速率成正比，这是流体区别于固体的一个重要特征，如水、大部分轻油、气体等，是典型的黏性流体。

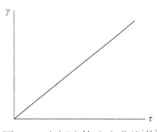

图1-7 牛顿流体流变曲线[11]

牛顿流体的流变曲线是通过原点的一条直线（图1-7），其流变方程为[11]：

$$\tau = \mu\gamma \tag{1-14}$$

式中 τ——剪切应力（Pa）；

  μ——动力黏度或黏度系数（Pa·s）；

  γ——剪切速率（s^{-1}）。

大多数化学浆液都属于牛顿流体，它的特点是在凝胶前符合一般牛顿流体的流动特性，当达到凝胶时间后，瞬时凝胶。牛顿流体在单个圆形毛细管内的流动速率可以用伯塑尼（Poissuine）方程表示[11]：

$$q = \frac{\pi R^2}{8\mu}\frac{\Delta p}{r} \tag{1-15}$$

式中 q——单位时间的流量；

  R——毛细管的半径（孔隙半径）；

  Δp——有效注浆压力；

  r——浆液在毛细管内流动的距离。

由式（1-15）可看出，牛顿流体浆液的流动性主要受黏滞性控制。当压力一定时，浆液在均质土中的流动速度随扩散半径 r 增大而减小。

1.5 非牛顿流体

当一种液体的剪切应力和剪切速率之间存在着非线性关系，黏度值随剪切应力或剪切速率的变化而改变，即不符合牛顿内摩擦定律的流体，则称为非牛顿流体。牛顿流体和非牛顿流体切应力随速度梯度的变化关系如图1-8所示。

牛顿流体和宾汉姆流体的流变曲线是比较简单的直线，也是注浆常用的两种流体。牛顿流体是单相的均匀体系，水和多数化学浆液以及比较稀的水泥浆液属于牛顿流体。宾汉姆流体是具有固相颗粒的非均匀流体（泥浆、水泥浆），其屈

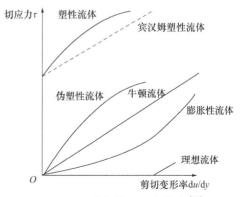

图1-8 几种流体的流变曲线[9]

服值与液体中各颗粒间的静电引力有关，它是悬浮液的典型特征。其他的非线性流体，随着剪切速率增大，表观黏度下降（曲线下凹），称为假塑流体，流动过程中表现为剪切稀释；随着剪切速率的升高，其表观黏度增大（曲线上凹），称为膨胀流体，流动过程中表现为剪切稠化。

非牛顿流体可细分为纯黏性体和黏弹性体两大类，其中黏弹性流体是指剪切力作用期间所产生的变形，在除去剪切力后能部分得到恢复的流体；纯黏性流体是指剪切力作用下产生的任何变形，在除去这种剪切力后都不能恢复原状的流体，它又可以分为与时间无关和与时间有关的两类，即时变性非牛顿流体和非时变性非牛顿流体。

流体流变特性分类[13] 表 1-5

			牛顿流体	
纯黏性体	与时间无关的流体		塑性流体（宾汉姆流体）	非牛顿流体
		幂律流体	假塑流体	
			膨胀流体	
		带屈服值幂律流体	带屈服值假塑流体	
			带屈服值膨胀流体	
	与时间有关的流体		触变性流体	
			振凝性流体	
黏弹性体				

时变性非牛顿流体的黏度函数不仅与应变速率有关，而且还与剪切持续时间有关，分为两类：

（1）触变性和振凝性流体：随着切应力作用时间的延长，表观黏度越来越大的流体叫振凝性流体，这种流体较少见；随着切应力作用时间的延长，表观黏度越来越小的流体叫触变性流体，这类流体较常见，例如：某些黏土悬浮液、溶胶及高分子聚合物；

（2）黏弹性流体：黏弹性流体同时具有黏性液体和弹性固体的性质，哪种性质的表现程度如何要取决于外力作用时间的快慢、长短。黏弹性流体除黏度函数与剪切持续时间有关外，在剪力流动中还表现出法向应力差效应。

1.5.1　塑性流体

塑性流体在塑变开始前，其切应力必须达到某一极小值，据此，切应力随剪切变形率变化的关系式为[5]：

$$\tau = A + B\gamma^n \tag{1-16}$$

式中　A、B、n——常数，若 $n = 1$，则称此流体为宾汉姆塑性流体（例如污泥）。

宾汉姆（Bingham）流体是典型的塑性流体，其流变曲线是不通过原点的直线。流体具有这种性质是由于流体含有一定的颗粒浓度，在静止状态下形成颗粒之间的内部结构。在外部施加的剪切力很小时，浆液只会产生类似于固体的弹性。当剪切力达到破坏结构后（超过内聚力），浆体才会发生类似于牛顿流体的流动，浆液的这种性质称为塑性。宾汉姆流体比牛顿流体具有较高的流动阻力，注入宾汉姆型浆液需要较大的压力，浆液才能扩散较远。多数黏土浆液和一些黏度很大的化学浆液属于宾汉姆流体。水泥浆由牛顿流体转变为宾汉姆流体的临界水灰比发生在水灰比接近于 1 时。流体水灰比大于 1 时属于牛顿流体，水灰比小于 1 时为宾汉姆流体。

1.5.2　幂律流体和带屈服值的幂律流体

幂律流体的流变方程为[13]：

$$\tau = c\gamma^n \tag{1-17}$$

式中　c——稠度系数；

　　　n——流变指数，当 $n < 1$ 时为假塑流体，当 $n > 1$ 时为膨胀流体。

带屈服值幂律流体的流变方程为[13]：

$$\tau = C + c\gamma^n \tag{1-18}$$

式中　C——常数；

　　　n——流变指数，当 $n < 1$ 时为带屈服值的假塑流体，当 $n > 1$ 时为带屈服值的膨胀流体。

1.5.3　触变性流体

触变性流体又称为摇溶性流体。所谓触变性（Thixotropic），是指在等温条件下，分散体系在较强的恒定外力作用下，其流变学参数如黏度或剪力随外力作用时间的长短发生变化；当改为较弱的恒定外力作用（或静止）时，其流变学参数又随作用（或静止）时间逐渐恢复的一种流变学现象。其中，在较强的恒定外力作用下，若体系的黏度随作用时间下降，静止后又逐渐恢复，即具有时间因素的切稀现象，称为正触变性（Positive thixotropy）；反之，若体系黏度上升，静止后又逐渐恢复，即具有时间因素的切稠现象，称为负触变性（Negative thixotropy）或反触变性（Anti thixotropy）。触变性流体则为在恒温下，γ 为常数时，τ 随时间递减，即表观黏度随时间递减。亦即随着施加 τ 的时间越长，得到恒定的 γ 值所需的 τ 值越小。例如，油墨和涂料、高分子浓溶液、高分子冻胶、炭黑混炼胶等填充高分子材料。具体来说，这种表观黏度的变化满足以下特点：

（1）黏性变化是由于流体机械运动造成的微结构的变化，而与温度变化无关；

（2）黏性的改变是可恢复的，当机械运动的因素被移除后，流体的微结构会回到其原来的状态。

由于触变性流体在 γ 为常数时 τ 随时间递减（或表观黏度随时间递减）是有限度的，在达到一定限度后即停止，因此这种流体在加载和卸载时 τ-γ 的关系曲线是可逆的，其示意图见图 1-9。

在反复循环荷载作用下，触变性流体的流动曲线如图 1-10 所示：在第一循环（t_1）中，当剪切速率上升时，流体中有某种结构因剪切遭到破坏，表现出"剪切变稀"的性质，流动曲线与假塑性体相似，随后将剪切速率降低，结果发现由于触变体内的结构恢复过程相当慢，因此恢复曲线与加载曲线并不重合，恢复曲线为一条直线，类似于牛顿型流体的性质；然后开始第二循环（t_2），发现由于流体内被破坏的结构尚不曾恢复，因此第二循环的加载曲线不能重复第一循环的加载曲线，反而与第一循环的恢复曲线相切，出现一个新的假塑性曲线，剪切速率降低时，又沿一条新的直线恢复，形成一个个滞后圈；外力作用的时间越长（$t_4 > t_3 > t_2 > t_1$），材料的黏度越低，表现出所谓的触变性。在触变性流体的流动曲线中，第一循环后若给予流体充分的静置，使其结构得以恢复，再进行第二循环，则流变曲线可能会与第一循环重合。

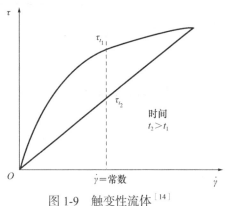

图 1-9 触变性流体[14]　　　　图 1-10 在反复荷载作用下与触变性流体流变[14]

从微观机理上，流体的触变性特性可解释为流体中存在微结构，在剪切作用下随时间发生变化，如图 1-11 所示。当流动剪切较强时，将导致微结构发生破坏，流体的表观黏度发生降低，这一过程称为复春。当流动剪切较弱时，微结构在热运动或其他作用的驱使下逐渐趋于完整，流体黏度逐渐增大，这一过程称为老化。在外界条件不变的情况下，老化与复春之间达到平衡，微结构不再随时间变化，此时称触变性流体达到了平衡态，否则称其处于非平衡态。一般来说，触变性流体需在某一应力或应变率的作用下，经过一段时间之后才能达到相应的平衡态。

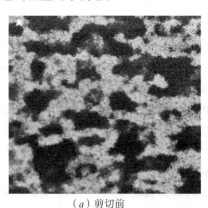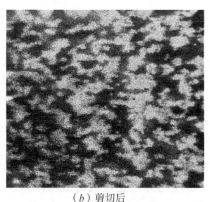

（a）剪切前　　　　　　　　　（b）剪切后

图 1-11 剪切作用前后触变性流体微结构变化[15]

一般而言，非牛顿型流体的流动特性与混合时间有关，因为结构的显著变化需要几分钟或更长时间。当流体黏度随时间增加而逐步下降时，只要属于可逆变化，该流体就可称为触变性流体。一些高分子胶冻、高浓度的聚合物溶液及一些填充高分子体系具有触变性。如炭黑混炼橡胶，其内部有由炭黑与橡胶分子链间的物理键形成的连串结构，在加工时，强大的切应力会破坏连串结构，使黏度很快降低，表现出触变性；当在停放过程中，由于结构部分得到恢复，混炼橡胶的可塑度又会随时间而下降。

另外，涂料属于该类流动且具有典型特性。当摇动、搅拌，即机械搅动涂料时，涂料的黏度会下降，但能及时恢复初始的流变能力，回到原始黏度值。这种特性允许容器中的涂料保持稳定而又适于施工。

触变性流体可以存在屈服应力，也可以没有屈服应力。当在液体中加入某种添加剂，使得它呈现出触变性时，该添加剂称为触变剂。印刷油墨、许多涂料和低温下的原油都是触变性流体的例子。泥浆是典型的触变流体，特别是膨润土泥浆，具有较好的触变性。

1.5.4　振凝性流体

在恒温下，γ 为常数时，τ 随时间递增，表观黏度随时间递增，亦即随着施加 τ 的时间越长，得到恒定的 γ 值所需的 τ 越大，例如石膏水溶液、混凝土拌合物。适当调和的淀粉糊、工业用混凝土浆、某些相容性差的高分子填充体系等则表现出典型的振凝性。

由于振凝性流体在 γ 为常数时，τ 随时间递增（或表观黏度随时间递增）是有限度的，在增大到一定限度后即停止，因此振凝性流体在加载和卸载时 τ-γ 的关系曲线是可逆的，其示意图见图 1-12。

图 1-13 显示了振凝性流体在反复荷载作用下的流变曲线。从图 1-13 中可以看出，振凝性流体的流变过程与触变性流体相似，只不过是其滞后圈的方向与触变性流体相反。

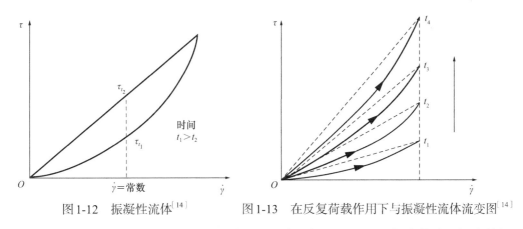

图 1-12　振凝性流体[14]　　　　图 1-13　在反复荷载作用下与振凝性流体流变图[14]

值得注意的是，一般触变过程和振凝过程均规定为恒温过程。凡触变体均可视为剪切变稀的假塑性体，但假塑性体未必为触变体。同样，凡振凝体均可视为剪切变稠的膨胀体，但膨胀体未必为振凝体。

1.6　酸碱度

浆液的酸碱度用 pH 值表示。浆液的 pH 值等于浆液中氢离子浓度（摩尔浓度）的负对数数值，即[5]：

$$pH = -lgH^{+[5]} \qquad\qquad (1-19)$$

酸碱度与 pH 值的关系如图 1-14 所示，通常 pH 是一个介于 0 和 14 之间的数，在 25℃ 的温度下，当 pH < 7 时，溶液呈酸性；当 pH > 7 时，溶液呈碱性；当 pH = 7 时，溶液呈中性。但在非水溶液或非标准温度和压力的条件下，pH = 7 可能并不代表溶液呈中性，这需要通过计算该溶剂在这种条件下的电离常数来决定溶液为中性的 pH 值。测定 pH 值时，最好是将浆液所有组分混合后，在凝胶前测定完毕，由于配方不同，pH 值会有一个变化范围，故要测出最大值和最小值。浆液酸碱度的测试主要有 pH 试纸法和酸碱度计法。

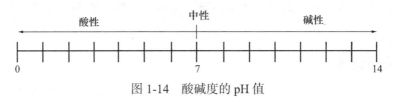

图 1-14　酸碱度的 pH 值

pH 试纸法：将 pH 试纸插入浆液中 3 ~ 5mm，经 0.5s 后取出，与标准 pH 色板比较，确定其 pH 值。此方法适用于即时测试，精确度不高。

酸度计法：酸度计的主体是精密的电位计，测定时把复合电极插在被测溶液中，由于被测溶液的酸度（氢离子浓度）不同而产生不同的电动势，将它通过直流放大器放大，最后由读数指示器（电压表）指出被测溶液的 pH 值。用酸度计进行电位测量是测量 pH 最精密的方法，适用于实验室测试。

1.7　浆液的状态

1.7.1　真溶液

一般溶液专指液体溶液。真溶液具有三种性质：均一性、稳定性和混合物性质。均一性是指真溶液各处的密度、组成和性质完全一样，溶质以分子或离子的形式均匀分散在溶剂中；稳定性是指温度不变，溶剂量不变时，溶质和溶剂长期不会分离（透明）；溶液一定是溶质和溶剂组成的混合物。

1.7.2　乳状液

乳状液是一种液体（溶质）以微珠形式分散在与它不相混溶的另一种液体（溶剂）中而形成的多相分散体系。乳状液一般不透明，呈乳白色。液滴直径大多在 100nm ~ 10μm 之间。乳状液对可见光的反射比较显著，可用一般光学显微镜观察。乳状液可分为水包油（O/W）和油包水（W/O）两种类型。乳状液是一种或多种液体分散于另一种不相溶溶液中的体系；由于不相容且非均匀分散，故乳浊液不具有均一性；乳状液为胶体分散体系中分散度较低的粗分散系，属于热力学不稳定体系。因为要把一种液体高度分散于另一种液体中，就大大地增加了体系的界面，要对体系做功，这就增加了体系的总能量，这部分能量以界面能形式存在于体系之中。故被分散的液珠有减少界面、降低界面能、自发凝结的倾向。

习惯上，将乳状液中以液珠形式存在的相称为内相，另一相称为外相。乳状液大致可分为三类：

（1）内相为水，外相为油，称为油包水型乳状液，用 W/O 表示，原油即属此类。W/O 型乳状液只能用油稀释，而不能用水稀释。

（2）内相为油，外相为水，称为水包油型乳状液，用 O/W 表示，牛奶就属此类。在这种乳状液中，水是分散介质，油是分散相，O/W 型可以用水稀释。

（3）油、水互为内外相的乳状液称为多重型［O（W/O）/W］乳状液，此类乳状液种类较少。

乳状液内相的大小范围多在 $10^{-7} \sim 10^{-5}$m，微乳状液内相则为 10^{-8}m 或更小。如果将两个互不相溶的液体放在一起，并用力摇动一段时间后，会形成乳状液。再静止一段时间，它们又会分成两层液相，例如苯和水。显然互不相溶的两个液相形成的乳状液很不稳定，如果在这一体系中加入第三种组分，就会得到比较稳定的乳状液。例如，在苯—水体系中加入少量的皂液后，所形成的乳状液分层非常缓慢。这种能够增强乳状液稳定性的少量添加物，称为乳化剂。

一般乳状液为乳白色不透明溶液。但实际上它的外观与分散相质点的大小密切相关，表 1-6 列出了分散相液珠大小与乳状液外观的关系。

乳状液外观与液珠大小的关系[6]　　　　表 1-6

液珠大小（μm）	乳状液外观
>1	乳白色乳状液
0.1～1	蓝白色乳状液
0.05～0.1	灰色半透明液
<0.05	透明液

发生颜色改变的原因在于乳状液体系的内相和外相具有不同的折射率，光照射在内相小液滴时会发生折射、反射、散射等光学现象。当液珠较大，超过入射光的波长，主要是全反射为主，所以呈现白色；当液珠直径远小于波长时，发生完全透射，是透明液体；而当液珠直径稍小于波长时，以散射为主，体系呈半透明；而当液珠直径在可见光波长范围时，多种光学现象发生，体系呈蓝色。

从上述原理可以知道，乳状液是热力学不稳定体系，其稳定性受乳状液成分、温度、电解质等影响，因此，表面活性剂或者某些高分子物质的加入对于提高其稳定性是非常必要的。可以从几个方面对其进行分析。

（1）界面膜的物理性质：在乳状液中，被分散液体的液滴以匀速运动，因此在它们之间经常发生碰撞。如果在碰撞时，粗乳状液中两个碰撞液滴周围的界面膜破裂，两液滴将聚结形成一个较大的液滴，因为这样可以降低体系的自由能。如果这个过程连续进行，分散相将从乳状液中分离出来，同时乳状液被破坏。所以，界面膜的机械强度是确定粗乳状液稳定性的一个主要因素。

（2）内相聚结的电子势垒和空间势垒：在分散液滴（内相）上存在的电荷对于彼此完

全接近的两个粒子构成了一个电子势垒。这被认为是在 O/W 型乳状液中唯一的重要因素。彼此完全接近的两个分散液滴，可以迫使界面膜形成一个较高的能量分布，在这种界面膜中出现的积集又将对彼此接近的液滴构成一个空间势垒。

（3）外相的黏度：对于球形液滴的扩散系数可以根据 Einstein 公式来计算[6]：

$$D = KT/6a \tag{1-20}$$

式中　a——液滴的半径。

所以提高外相（或连续相）的黏度会降低液滴的扩散系数 D。当扩散系数降低时，粒子的碰撞频率以及它们的聚结速度都会降低。当提高悬浮粒子的数量时，外相的黏度也随之提高，这就是许多乳状液在浓缩时比稀释时更稳定的原因。

（4）液滴的大小分布：影响液滴聚结速度的一个因素是液滴的大小分布。分布范围越小，乳状液就越稳定。由于较大的液滴在单位体积内具有的界面积小于较小液滴，所以在粗乳状液中的热力学稳定性大于小液滴的乳状液，并且先发生那些较小液滴的聚结。如果这种过程连续进行，最终的结局是乳状液的破坏。因此，具有完全一样的大小分布的乳状液比具有较宽粒子分布但平均粒子大小与前边相同的乳状液要稳定得多。

（5）相体积比：当增加粗乳状液中分散相的体积时，界面膜将扩张至与分散物质的液滴越来越远，体系的稳定性降低。当分散相的体积增加，并超过连续相时，由于分散相界面的面积大于包围这些分散相所需连续相的面积，所以 O/W 型或 W/O 型乳状液相对于另一种类型的乳状液变得越来越不稳定。因此，除非乳化剂只具备形成一种类型乳状液的能力，否则，当加入的分散相越来越多时，常常发生乳状液类型的转换。

（6）温度：温度的变化会引起在两相之间界面张力、界面膜的性质、在两相中乳化剂的相对稳定性、液相的气压以及分散粒子的热运动的变化。所以，温度的变化常常使乳状液的稳定性发生相当大的变化。它可以使乳状液转换类型或破坏乳状液。当温度接近乳化剂在它所溶解的溶剂中溶解能力的最低点时，乳状剂的效果最好，这是由于在该点上它们的表面活性最大。由于乳化剂的稳定性一般是随温度的变化而变化，因此乳状液的稳定性也将随之变化。最终，任何干扰界面的因素都将降低乳状液的稳定性，提高温度所引起的气压提高，将加快通过界面上的分子流动，导致乳状液稳定性降低。

乳状液的不稳定性有几种可能的表现形式：分层或沉降、絮凝、聚结、破乳、变型或相转变和熟化。这些过程代表着乳状液的不稳定性在不同阶段的表现形式。某些情况下，这些过程可能是相互关联的。乳状液在完全破乳以前可能经历絮凝、聚结和分层。如牛奶、奶油的上浮，或未经过均质化的牛奶会分为两层，在一层中分散相比原来的多，在另一层中分散相则较少。变型则是乳状液由 O/W（W/O）型变成 W/O（O/W）型，破乳聚沉过程可分为两步：首先絮凝过程中分散相的液珠可逆地聚集成团，其次是聚结过程中聚集团不可逆地合成一个大滴。破乳聚沉与分层或变型可以同时发生。

分层或沉降：由于油相和水相的密度不同，在外力（如重力、离心力）作用下液滴将上浮或下沉，在乳状液中建立平衡的液滴浓度梯度，这个过程称为分层或沉降。虽然分层使乳状液的均匀性遭到破坏，但乳状液并未真正被破坏，往往液滴密集地排列在体系的一端（上层或下层），分成两层，其界限逐渐变明显。一般情况下，分层过程中液滴大小和分布没有明显的改变，只是在乳状液内建立起平衡的液滴浓度梯度。

絮凝：乳状液中分散相的液滴聚集成团，形成二维的液滴簇，称为絮凝物，这个过程称为絮凝。一般情况下，絮凝物中液滴的大小和分布没有明显的变化，不会发生液滴的聚结，液滴仍然保持其原有特性。絮凝是由于液滴之间的吸引力引起的，这种作用会使得乳状液中的分散相聚集成团。

1.7.3　悬浮液

悬浮液是溶质以小颗粒状态分散至液体中得到的混合物。悬浮液中固体物质仅分散而非溶解于液体中，一旦停止振荡，不均匀、异质的混合物便会沉淀。悬浮液中的固体颗粒的粒径为 $10^{-3} \sim 10^{-4}$ cm，大于胶体，具有以下特征：

（1）多分散性：悬浮液中固体颗粒的粒度分布决定了它既有胶体的特性，又不同于真胶体。悬浮液中所有颗粒，无论粒度大小，都受到液体分子热运动的无序碰撞而产生扩散位移，又称布朗位移。颗粒布朗位移速度随着颗粒质量的减小而增大。另外，所有悬浮颗粒还会受到重力作用，而重力沉降位移却随粒度减小而减小。因此，扩散位移和沉降位移的影响权重在颗粒粒度 $1.0 \sim 2.0\mu$m 时发生显著变化，颗粒粒径大于这一范围将发生重力沉降，反之布朗运动有着决定性的作用。

（2）固体颗粒之间的相互作用：对于弥散于液体中的微细颗粒之间的相互作用主要是表面力，叠加流体动力的综合作用将导致颗粒相互吸引聚集成团，或者相互排斥、稳定分散。因此，悬浮液中固体颗粒虽不是稳定体系，也不能简化成彼此孤立、隔断的系统，其弥散及聚集状态是可变和可控的。

（3）流体动力学状态：如果悬浮液中大部分颗粒粒径大于 1μm，必须防止重力沉降。通常采用的方法包括机械搅拌、喷射混合等。悬浮液在加工、运输及分离过程中，总是处于特定的流体动力学状态，经常是在湍流状态。因此，必须充分考虑流体的运动对固体颗粒及悬浮液流体动力学状态的影响。

（4）流变行为：前述已经提及悬浮液中除颗粒之间相互作用外，还存在液体分子间、液固间作用。因此，悬浮液的流变行为比均质液相复杂得多。表 1-7 列出几种典型的悬浮液流变特性分类。

典型的悬浮液流变特性分类[16]　　　　　　　　　　　表 1-7

流体类型	流体举例	流体类型	流体举例
牛顿型	水，轻油，低浓度水悬浮液等	膨胀型	淀粉浆料，氧化铝、石英砂的悬浮液
宾汉姆型	泥浆，一般矿物悬浮液等	准塑型	高分子溶液，纸浆，油脂等

关于悬浮液流变行为，固体浓度是影响悬浮液黏度的最主要因素。在颗粒为单分散球体且体积浓度小于 10% 时，悬浮液黏度 μ 与介质黏度 μ_0、体积浓度 Φ 的关系可用爱因斯坦方程表示[16]：

$$\mu = \mu_0 (1 + 0.5\Phi) \tag{1-21}$$

对于高浓度的悬浮液，还应考虑体积浓度的高次项[16]：

$$\mu = \mu_0 (1 + K_1\Phi + K_2\Phi^2 + \cdots) \tag{1-22}$$

其中，对球形颗粒，$K_1 = 2.5$，$K_2 = 14.1$。

除含固量外，被分散颗粒的形状、粒度、分散度、颗粒表面溶剂化作用、表面电荷以及体系温度等都不同程度地影响悬浮液的黏度。一般来说，在相同的体积浓度下，悬浮液黏度随分散相粒度的减小及分散度的提高而增大。颗粒形状越不规则，表面溶剂化作用越强，表面电位越高，体系温度越低，悬浮液的黏度也越大。

悬浮液中固体颗粒与液体的相互作用对于其最终性质及加工过程至关重要。固体颗粒与液体之间通过溶剂化膜及双电层的结构、吸附性、表面的溶解及化学反应等特性，影响悬浮液的黏度及流变性、分散稳定性等。

为充分发挥悬浮液的特性，希望保持其体系结构的稳定性，核心是维持自身密度不变的性质。由于重力沉降，从而使悬浮液上下层密度发生变化。因此，通常用颗粒在悬浮液中的沉降速度v的倒数表示稳定性的大小，单位为 s/cm，称稳定性指标（z）。z值越大，表示悬浮液的稳定性越好。此外，悬浮液的稳定性与悬浮液所处的状态（静止还是流动）有关。在一定条件下，动态稳定性和静态稳定性是成正比的。但当悬浮液按一定方向和速度流动时，可以使静态稳定性很差的悬浮液变为动态稳定的悬浮液。

影响悬浮液稳定性的因素很多，当容积浓度增加、密度增加、非磁性物含量增加，以及固体粒度减小、形状越不规则，其稳定性都将变好，但会增加黏度。此外，易于泥化的黏土矿物加入悬浮液将会增加悬浮液的流变黏度。综上所述，对于同一种悬浮液，同样可通过调整黏度调控其稳定性，黏度越大则稳定性越好，反之稳定性越差。

参考文献

［1］朱仁. 无机化学［M］. 5版. 北京：高等教育出版社，2006.

［2］江瑜. 物质的量浓度与分析化学［J］. 青海师范大学学报（自科版），1992，（3）：36-44.

［3］于耀明，姬婉华. 辐射量和单位［M］. 北京：计量出版社，1979.

［4］董元彦，王运，张方钰. 无机及分析化学［M］. 3版. 北京：科学出版社，2011.

［5］邝健政. 岩土注浆理论与工程实例［M］. 北京：科学出版社，2001.

［6］王中平，孙振平，金明. 表面物理化学［M］. 上海：同济大学出版社，2015.

［7］丁祖荣. 流体力学（中册）［M］. 北京：高等教育出版社，2003.

［8］傅献彩，沈文霞，姚天扬，侯文华. 物化化学（下册）［M］. 北京：高等教育出版社，2006.

［9］章宝华，刘源全. 流体力学［M］. 2版. 北京：北京大学出版社，2013.

［10］刘鹤年. 流体力学［M］. 2版. 北京：中国建筑工业出版社，2004.

［11］刘文永. 注浆材料与施工工艺［M］. 北京：中国建材工业出版社，2008.

［12］陈晓竹，陈宏. 物性分析技术及仪表［M］. 北京：机械工业出版社，2002.

［13］王星华. 振动注浆原理及其理论基础［M］. 北京：中国铁道出版社，2007.

［14］黄明奎. 公路工程材料流变学［M］. 成都：西南交通大学出版社，2010.

［15］朱克勤，彭杰. 高等流体力学［M］. 北京：科学出版社，2017.

［16］卢寿慈. 工业悬浮液：性能，调制及加工［M］. 北京：化学工业出版社，2003.

第2章　注浆材料

注浆（Injection Grout），又称为灌浆（Grouting），它是将设计材料配制成浆液，用压送设备将其灌入地层或缝隙内使其扩散、凝胶、固化，以达到加固地层或防渗堵漏的目的。注浆材料由主剂、溶剂（水或其他溶剂）及外加剂（固化剂、稳定剂等）混合而成。通常所说的注浆材料是指浆液中的主剂，理想的注浆材料应具备以下条件：

① 浆液的初始黏度低、流动性好、可灌性强，能渗透到细小的缝隙或孔隙内；

② 稳定性好，在常温、常压下较长时间存放不改变其基本性质，存放受温度影响小；

③ 浆液无毒、无刺激性气味、不污染环境，对人体无害，属非易燃、非易爆品；

④ 浆液固化时无收缩现象，固化后与岩体、混凝土等有一定的黏结力；

⑤ 浆液对注浆设备、管道、混凝土结构物等无腐蚀性，并容易清洗；

⑥ 浆液凝固时间能在几秒至几小时内调节，并能准确控制；

⑦ 浆液配制方便，操作容易掌控；

⑧ 原材料来源丰富，价格便宜，能够大规模使用。

根据注浆材料的组成可以分为两大类：一类是粒状浆材，另一类是化学浆材。

（1）粒状浆材是由固体颗粒和水组成的悬浮液。由于固体颗粒悬浮在液体中，所以这种浆液容易离析和沉淀，沉降稳定性差，结石率低。并且浆液中含固体颗粒尤其是一部分较粗颗粒，使得浆液难以进入土层细小裂隙和孔隙中。由于这种浆液来源丰富、成本较低、工艺设备简单和操作方便等特点，在各类工程中仍广泛使用。粒状浆液主要包括纯水泥浆、黏土水泥浆和水泥砂浆等，这些浆材容易取得，成本低廉，各类工程中应用最为广泛。为了改善粒状浆液的性质，以适应各种自然条件和不同注浆的需要，还常在浆液中掺入各种外加剂。

水泥浆液是粒状浆液的典型代表，其具有结石体强度高和抗渗性强的特点，可用于防渗和加固，而且来源广泛、价格便宜、黏结力强，无毒无污染，运输储存方便且注浆工艺简单。但凝结时间较长且难以控制，在地下水流速度较大的条件下，浆液易受冲刷和稀释，影响注入效果；由于颗粒粒径为 $5 \sim 85\mu m$，一般只能灌注岩土的大孔隙或裂隙（$0.2 \sim 0.3mm$），注入能力有限，在中、细、粉砂层（粒径小于 $1.1mm$）、细裂隙（宽度小于 $0.1mm$）及渗透系数低于 $10^{-2}cm/s$ 的地层中注浆非常困难；具有一定的沉淀析水性，结石率一般都小于 100%，在防渗堵漏等工程中应用受到限制。

为提高水泥浆的可灌性，可采用各种细水泥来提高浆液的注入能力。目前粒径最细的超细水泥并加入适当的分散剂后，可注入 $0.05 \sim 0.09mm$ 的岩石裂隙，但超细水泥的高成本限制了其应用范围。为改善水泥浆液的析水性、稳定性、流动性和凝结特性，可掺入适当的外加剂（助剂）进行改性。某些方面的性能也可通过一定的工艺技术得以改善。

黏土具有高分散性和可灌性，黏土浆虽不具备较强的黏结性和传递力的作用，但可依靠具有触变效应的弱凝胶来起作用。它来源广、造价更低、无毒无污染，因此研究开发黏土水泥浆的综合注浆法具有广阔前景，有可能成为化学浆液的替代品。

在冲积层或岩体裂隙堵漏注浆时，往往采用水泥－水玻璃浆液，该种浆液具有水泥浆和化学浆液的特点，成本和来源都比纯化学浆液有优势。

（2）化学浆材，即溶液型浆材，通常黏度很低，近似真溶液。化学浆材是将一定的化学材料配制成真溶液，用压送设备将其灌入地层或缝隙内，使其渗透、扩散、胶凝或固化，以增加地层强度、降低地层渗透性、防止地层变形和进行混凝土建筑物裂缝修补的一项加固基础、防水堵漏和混凝土缺陷补强技术。

根据注浆的目的和用途，化学注浆材料可以分为两大类：一类为补强固结注浆材料，如环氧树脂类注浆材料、甲基丙烯酸酯类注浆材料；另一类为防渗堵漏注浆材料，如丙烯酰胺类注浆材料、木质素类注浆材料。

化学浆材与粒状浆材相比，化学浆液不易出现颗粒的离析，且黏度较低，更容易渗透到土体的细小裂隙或孔隙之中，浆液的注入能力较强，可以注入水泥浆不能使用的细小缝隙和粉细砂层，因此化学注浆应用范围广，能解决的工程问题多。

由化学浆液所形成的胶凝体渗透系数很低，一般可达 $10^{-6} \sim 10^{-8} \mathrm{cm/s}$，或者更小一些。灌入裂隙中的浆液经化学反应生成聚合体后，在高压水头下也不易被挤出来，所以采用化学浆注浆，抗渗性能强、防渗效果好。化学注浆生成的胶凝体具有较好的稳定性和耐久性，一般不受稀酸、稀碱或微生物侵蚀等其他外界因素的影响。浆液在胶凝或固化时的收缩率小。固结体的抗压和抗拉强度较高，特别是与被灌体有较好的黏结强度。但是化学浆材也存在一些问题，例如除水玻璃外，化学浆液大都不同程度上存在着一定的毒性，如果使用不当，容易造成环境污染。化学浆液还存在老化问题，尽管有些化学注浆材料在工程上应用的时间已达十几年，并未发现严重老化问题，但仍需要长期观察和考验。

2.1 水泥

常用的硅酸盐水泥是一种水硬性胶凝材料，即加水拌合成塑性浆体，能在空气中和水中凝结硬化，保持并继续增长强度。水泥是无机非金属材料中最重要的一种建筑工程材料，被广泛应用于工业与民用建筑，还广泛应用于公路、铁路、水利、海港和国防等工程。

水泥与一定量的水拌合后，发生水化反应成为能黏结砂、石集料的可塑性浆体，而后逐渐变稠失去可塑性形成凝胶体，这一过程称为水泥的"凝结"。此后，伴随着水化的继续深入，水泥浆体的放热、形态发生变化，强度逐渐增长而变为具有相当强度的水泥石，这一过程称为水泥的"硬化"。水泥浆的凝结与硬化是一个连续且复杂的物理化学反应过程。

水泥浆可将被施工注浆的载体诸如岩体、土体或混凝土体等，与其胶结成整体并形成坚硬石料。水泥基注浆材料是由水泥、集料、外加剂和矿物掺和料等原料按比例计量混合而成。水泥浆在各种注浆材料中使用最广，多用于基础、岩石或构筑物的加固及防渗堵漏、堤坝的接缝处理、后张法预应力混凝土的孔道注浆以及制作压浆混凝土等。钢筋连接用套筒注浆料是以水泥为基本材料，配细集料以及混凝土外加剂和其他材料组成的干混料，加水搅拌后具有良好的流动性、早强、高强、微膨胀等性能，是一种填充于套筒和带肋钢筋间隙内的干粉料。

《水泥基灌浆材料应用技术规范》GB/T 50448—2015对水泥基注浆材料的使用有如下基本规定：

（1）水泥基灌浆材料可用于地脚螺栓锚固、设备基础或钢结构柱脚底板的灌浆、混凝土结构加固改造及预应力混凝土结构孔道灌浆、插入式柱脚灌浆等。

（2）水泥基灌浆材料应根据强度要求、设备运行环境、注浆层厚度、地脚螺栓表面与孔壁的净间距、施工环境等因素选择；生产厂家应提供水泥基灌浆材料的工作环境温度、施工环境温度及相应的性能指标。

（3）用于预应力孔道的灌浆材料应根据预应力孔道截面形状及大小、孔道的长度和高差等因素选择。

（4）水泥基灌浆材料在施工时，应按照产品要求的用水量拌合，不得通过增加用水量提高流动性。

（5）水泥基灌浆材料应用过程中，应避免操作人员吸入有害粉尘和造成环境污染。

2.1.1　硅酸盐水泥的组成

水泥是一种多矿物的聚集体，水泥的性能主要取决于熟料质量，优质熟料应具有合适的组成。硅酸盐水泥熟料的组成用化学组成和矿物组成来表示。化学组成是指水泥熟料中氧化物的种类和数量，而矿物组成是由各氧化物之间经反应所生成的化合物或含有不同异离子的固溶体和少量玻璃体。其主要熟料矿物组成是硅酸三钙、硅酸二钙、铝酸三钙和铁铝酸四钙等，这些熟料矿物决定了硅酸盐水泥的性质，如表2-1和表2-2所示。

硅酸盐水泥熟料的主要组成[1]　　　　　　　　　　　　　　　表 2-1

矿物名称	化学分子式	简写	化学组成名称	简写
硅酸三钙	$3CaO \cdot SiO_2$	C_3S	CaO	C
硅酸二钙	$2CaO \cdot SiO_2$	C_2S	SiO_2	S
铝酸三钙	$3CaO \cdot Al_2O_3$	C_3A	Al_2O_3	A
铁铝酸四钙	$4CaO \cdot Al_2O_3 \cdot Fe_2O_3$	C_4AF	Fe_2O_3	F
二水石膏	$CaSO_4 \cdot 2H_2O$	$C\bar{S}H_2$	MgO	M
无水石膏	$CaSO_4$	$C\bar{S}$	SO_3	$\bar{S}$

硅酸盐水泥熟料的矿物特性[2]　　　　　　　　　　　　　　　表 2-2

矿物名称	水化速度	水化放热	放热速率	强度	作用
硅酸三钙	快	大	大	高	决定水泥等级
硅酸二钙	慢	小	小	早期低，后期高	决定后期强度
铝酸三钙	最快	最大	最大	低	决定凝结快慢
铁铝酸四钙	快	中	中	较高	决定抗拉强度

2.1.2 水泥基本性能

水泥密度的大小与熟料的矿物组成，混合材料的种类及掺量有关，硅酸盐水泥的密度一般为 3050kg/m³，水泥储存时间延长，密度会降低。

水泥的细度是决定水泥性能的重要因素之一。水泥的颗粒越细，其比表面积越大，水化反应速度越快，标准强度越高。国家标准规定细度是按《水泥细度检验方法 筛析法》GB 1345—2005 进行测定，该标准规定使用水筛法以 80μm 方孔筛的筛余量为细度指标，注浆工程一般要求筛余量不大于 5%。

水泥的凝结时间对工程施工有重要意义。国家标准规定：凝结时间用凝结时间测定仪（维卡仪）进行测定。硅酸盐水泥的初凝时间不得早于 45min，终凝时间不得迟于 6.5h。

水泥的国家标准规定硅酸盐水泥分为 42.5、42.5R、52.5、52.5R、62.5、62.5R 六个强度等级，普通硅酸盐水泥分为 32.5、32.5R、42.5、42.5R、52.5、52.5R 六个强度等级。水泥强度等级是根据各龄期的抗压和抗折强度指标决定的，一般把 3d、7d 以前的强度称为早期强度，28d 及以后的强度称为后期强度。同一水泥用不同方法测定时，所得强度不同。

水泥浆的浓度用水灰比 W/C 表示，W 为水的质量，C 为水泥的质量。纯水泥浆的基本性能见表 2-3。随着纯水泥浆水灰比的增大，水泥浆的黏度、密度、结石率、抗压强度等都有十分明显地降低，初凝、终凝时间增长。

纯水泥浆的基本性能[3] 表 2-3

水灰比 （重量比）	黏度 （×10³Pa·s）	密度 （g/cm³）	凝结时间（h∶min）		结石率 （%）	抗压强度（MPa）			
			初凝	终凝		3 d	7 d	14 d	28 d
0.5∶1	139	1.86	7∶41	12∶36	99	4.1	6.5	15.3	22.0
0.75∶1	33	1.62	10∶47	20∶36	97	2.4	2.6	5.5	11.3
1∶1	18	1.49	14∶56	24∶27	85	2.0	2.4	2.4	8.9
1.5∶1	17	1.37	16∶52	34∶47	67	2.0	2.3	1.8	2.3
2∶1	16	1.30	17∶07	48∶15	56	1.7	2.6	2.1	2.8

注：表中数据采用 42.5 普通硅酸盐水泥；测定数据为平均值。

2.1.3 硅酸盐水泥的凝结与硬化

水泥加水拌合后，成为具有可塑性的水泥浆，随着水化反应的进行，水泥浆逐渐变稠失去流动性而具有一定的塑性强度；随着水化进程的推移，水泥浆凝固成具有一定的机械强度并逐渐发展而成为坚固的人造石——水泥石。水泥的凝结硬化是个连续复杂的物理化学过程，一般按水化反应速率和水泥浆体结构特征分为初始反应期、潜伏期、凝结期和硬化期四个阶段，见表 2-4。

（1）初始反应阶段

水泥与水接触立即发生水化反应，C_3S 水化生成的 $Ca(OH)_2$ 溶于水中，溶液 pH 值迅速增大至 13，当溶液达到过饱和后，$Ca(OH)_2$ 开始结晶析出，附着在水泥颗粒表面。这一阶段大约持续 10min，约有 1% 的水泥发生水化。

水泥凝结硬化时的几个划分阶段[1]　　　　　　　　　　　　表 2-4

凝结硬化阶段	一般的放热反应速度	一般持续时间	主要的物理化学变化
初始反应期	168J／（g·h）	5～10min	初始溶解和水化
潜伏期	4.2J／（g·h）	1h	凝胶体膜层围绕水泥颗粒成长
凝结期	在 6h 内逐渐增加到 21J／（g·h）	6h	膜层破裂水泥颗粒进一步水化
硬化期	在 24h 内逐渐降低到 4.2J／（g·h）	6h 至若干年	凝胶体填充毛细孔

（2）潜伏期

在初始反应期之后，约有 1～2h 的时间，由于水泥颗粒表面形成水化硅酸钙溶胶和钙矾石晶体构成的膜层，阻止了与水的接触使水化反应速度很慢，这阶段水化放热量小，水化产物增加不多，水泥浆体仍保持塑性。

（3）凝结期

在潜伏期中，由于水缓慢穿透水泥颗粒表面的包裹膜，与矿物成分发生水化反应，而水化生成物穿透膜层的速度小于水分渗入膜层的速度，形成渗透压，导致水泥颗粒表面膜层破裂，使暴露出来的矿物进一步水化，结束了潜伏期。水泥水化产物体积约为水泥体积的 2.2 倍，生成的大量的水化产物填充在水泥颗粒之间的空间里，水的消耗与水化产物的填充使水泥浆体逐渐变稠失去可塑性而凝结。

（4）硬化期

在凝结期以后，进入硬化期，水泥水化反应继续进行使结构更加密实，一般认为以后的水化反应是以固相反应的形式进行的，放热速率逐渐下降，水泥水化反应进行越来越困难。在适当的温度、湿度条件下，水泥的硬化过程可持续若干年。水泥浆体硬化后形成坚硬的水泥石，水泥石是由凝胶体、晶体、未水化水泥颗粒及固体颗粒间的毛细孔所组成的不匀质结构。

水泥硬化过程中，最初的 3d 强度增长幅度最大，3～7d 强度增长率有所下降，7～28d 增长强度进一步下降，28d 强度已达到最高水平，28d 以后强度虽然还会继续发展，但强度增长率却越来越小。

2.1.4　硅酸盐水泥凝结硬化的影响因素

（1）水泥组成成分的影响

水泥的矿物组成是影响水泥凝结硬化的最主要因素。如前所述，不同矿物成分单独和水起反应时所表现出来的特点是不同的。如水泥中提高 C_3A 的含量，将使水泥的凝结硬化加快，同时水化热也大。一般来讲，若在水泥熟料中掺加混合材料，将使水泥的抗侵蚀性提高，水化热降低，早期强度降低。

（2）石膏掺量

石膏称为水泥的调凝剂，主要用于调节水泥的凝结时间，是水泥中不可缺少的组分。水泥熟料在不加入石膏的情况下与水拌合会立即产生凝结，同时放出热量。其主要原因是熟料中的 C_3A 很快溶于水中生成一种铝酸钙水化物，发生闪凝，使水泥不能正常使用。石膏起缓凝作用的机理是：水泥水化时，石膏很快与 C_3A 作用产生很难溶于水的水化硫铝酸钙（钙矾石），它沉淀在水泥颗粒表面形成保护膜，从而阻滞了 C_3A 的水化反应并延缓了水泥的凝结时间。

石膏的掺量太少，缓凝效果不显著，但过多地掺入反而使水泥快凝。石膏适宜的掺量主要取决于水泥中 C_3A 的含量和石膏中 SO_3 的含量，同时也与水泥细度及熟料中 SO_3 的含量有关，石膏掺量一般为水泥质量的 3% ～ 5%。若水泥中石膏掺量超过规定的限量时，还会引起水泥强度降低，严重时会引起水泥体积安定性不良，使水泥石产生膨胀性破坏。

（3）水泥细度的影响

水泥颗粒的粗细直接影响水泥的水化、凝结硬化、强度及水化热等。这是因为水泥颗粒越细，总表面积越大，与水的接触面积也大，因此水化速率、凝结硬化也相应增快，早期强度也高。但水泥颗粒过细，易与空气中的水分及二氧化碳反应，致使水泥不宜久存，过细的水泥硬化时产生的收缩亦较大，水泥磨得越细，耗能多，成本高。通常水泥颗粒的粒径在 7 ～ 200μm 范围内。

（4）养护条件（温度、湿度）的影响

养护环境有足够的温度和湿度，有利于水泥的水化、凝结硬化和早期强度的发展。如果环境湿度十分干燥时，水泥中的水分蒸发，导致水泥不能充分水化，同时硬化也将停止，严重时会使水泥石产生裂缝。

通常，养护时温度升高，水泥的水化加快，早期强度发展也快。若在较低的温度下硬化，虽然强度发展较慢，但最终强度不受影响。不过当温度低于 0℃ 以下时，水泥的水化停止，强度不但不增长，甚至会因水结冰而导致水泥石结构破坏。实际工程中，常通过蒸汽养护、蒸压养护来加快水泥制品的凝结硬化过程，但这并不适合在注浆工艺中使用。

（5）养护龄期的影响

水泥的水化硬化是一个在较长时期内不断进行的过程，随着水泥颗粒内各熟料矿物水化程度提高，凝胶体体积不断增加，毛细孔不断减少，使水泥石的强度随龄期增长而提高。研究与实践证明，水泥在 28d 内强度发展较快，28d 后增长缓慢。

（6）拌合用水量的影响

在水泥用量不变的情况下，增加拌合用水量，会增加硬化水泥石中的毛细孔，降低水泥石的强度，同时延长水泥的凝结时间。所以在实际工程中，水泥混凝土调整流动性大小时，在不改变水灰比的情况下，要同时增减水和水泥的用量。此外，为了保证混凝土的长期服役性能，规定了最小水泥用量。

（7）外加剂的影响

硅酸盐水泥的水化、凝结硬化受水泥熟料中 C_3S、C_3A 含量的制约，凡对 C_3S 和 C_3A 的水化能产生影响的外加剂，都能改变硅酸盐水泥的水化、凝结硬化性能。如加入促凝剂（$CaCl_2$、Na_2SO_4 等）就能促进水泥水化硬化，提高早期强度；相反，掺加缓凝剂（木钙糖类等）就会延缓水泥的水化、硬化，影响水泥早期强度的发展。

2.1.5 常用外加剂

水泥注浆施工工艺简单，但是它的稳定性差，易沉淀析水，在地下水流速较大的情况下施工时，水泥浆液易受水的冲刷和稀释，抗水溶蚀性和抗水分散性差。为了改善水泥浆的性质，常在水泥浆中掺入各种外加剂。表 2-5 列出了水泥浆的常用外加剂及掺量。

水泥浆的常用外加剂及掺量[3]   表 2-5

名称	试剂	用量（占水泥重，%）	功能
速凝剂	氧化钙	1～2	加速凝结和硬化
	硅酸钠	0.5～3	加速凝结
	铝酸钠		
缓凝剂	木质磺酸钙	0.2～0.5	增加流动性
	酒石酸	0.1～0.5	
	糖	0.1～0.5	
流动剂	木质磺酸钙	0.2～0.3	
	去垢剂	0.05	产生气泡
引气剂	松香树脂	0.1～0.2	产生约 10% 的气泡
膨胀剂	铝粉	0.005～0.02	约膨胀 15%
	饱和盐水	30～60	约膨胀 1%
防析水剂	膨润土	2～10	
	纤维素	0.2～0.3	
	硫酸铝	约 20	产生气泡
减水剂	木质素系	0.2～0.3	掺量过多，缓凝严重
	萘系	0.5～0.75	坍落损失快
	聚羧酸盐系	0.8～1.5	掺量不大时无缓凝作用

（1）水泥速凝剂

速凝剂是一种使砂浆或混凝土迅速凝结硬化的化学外加剂。速凝剂与水泥加水拌合后立即反应，使水泥中的石膏丧失其缓凝作用，使 C_3A 迅速水化，快速凝结。

速凝剂分为粉剂和液态两种，其性能应满足表 2-6 的要求。

速凝剂性能要求（JC 477—2005）   表 2-6

项目		一等品	合格品
细度（80μm，%）		15	15
含水率（%），<		2	2
净浆凝结时间（min），<	初凝	3	5
	终凝	8	12
砂浆抗压强度比（%），>	1d	7	6
	28d	75	75

速凝剂适宜掺量为 2.5%～4%，可在 3min 内初凝，10min 内终凝，1h 产生强度，但 28d 强度较不掺时下降 20%～30%，对钢筋无锈蚀作用。

（2）缓凝剂

能延缓混凝土凝结时间，并对混凝土后期强度发展无不利影响的外加剂，称为缓凝剂。

高温季节施工的混凝土、泵送混凝土、滑模施工混凝土及远距离运输的商品混凝土，为保持混凝土拌合物具有良好的和易性，要求延缓混凝土的凝结时间；大体积混凝土工程，需延长放热时间，以减少混凝土结构内部的温度裂缝；分层浇筑的混凝土，为消除冷接缝，常需在混凝土中掺入缓凝剂。

缓凝剂的品种繁多，常采用木钙、糖钙、柠檬酸、柠檬酸钠、葡萄糖酸钠、葡萄糖酸钙等类型。它们能吸附在水泥颗粒表面，并在水泥颗粒表面形成一层较厚的溶剂化水膜，因而起到缓凝作用，特别是含糖分较多的缓凝剂，糖分的亲水性很强，溶剂化水膜厚，缓凝性更强，故糖钙缓凝效果更好。

缓凝剂掺量一般为 0.01% ~ 0.03%，可缓凝 1 ~ 5h。根据需要调节缓凝剂的掺量，可使缓凝时间达 24h，甚至 36h。掺加缓凝剂后可降低水泥水化初期的水化放热，此外，还具有增强后期强度的作用。缓凝剂掺量过多或搅拌不均时，会使混凝土或局部混凝土长时间不凝而报废，但超量不是很大时，经过延长养护时间之后，混凝土强度仍可继续发展。掺加柠檬酸、柠檬酸钠后会引起混凝土大量泌水，故不宜单独使用。在混凝土拌合料搅拌 2 ~ 3min 以后加入缓凝剂，可使凝结时间较与其他材料同时加入延长 2 ~ 3h。缓凝剂适宜配制大体积混凝土、水工混凝土、夏期施工混凝土、远距离运输的混凝土拌合物及滑模施工的混凝土。

（3）膨胀剂

膨胀剂是指其在混凝土拌制过程中与硅酸盐水泥、水拌合后经水化反应生成钙矾石或氢氧化钙等，使混凝土产生膨胀的外加剂。分为硫铝酸盐类、氧化钙类、硫铝酸盐－氧化钙类。

膨胀剂的主要作用原理为：混凝土中掺入膨胀剂后，生成大量钙矾石晶体，晶体生长和吸水膨胀而引起混凝土体积膨胀。因此，采用适当成分的膨胀剂，控制掺量，使水泥水化产物凝胶与钙矾石的生成互相制约、互相促进，使混凝土强度与膨胀协调发展，产生可控膨胀以抑制水泥基材料的收缩。另外，大量钙矾石的生成，可填充、堵塞和隔断毛细孔及其他孔隙，改善了硬化体的孔结构，提高浆体密实度，抗渗性可比普通混凝土提高 2 ~ 5 倍。

由于膨胀剂具有良好的抗渗防裂能力，对克服和减少混凝土收缩裂缝作用显著。因此适用于长期处于水中、地下或潮湿环境中有防水要求的混凝土、补偿收缩混凝土、接缝、地脚螺丝注浆料、自应力混凝土等。硫铝酸钙型、硫铝酸钙－氧化钙复合型不得用于长期处于 80℃以上的工程，氧化钙型不得用于海水或有侵蚀性介质作用的工程。膨胀剂的适用范围如表 2-7 所示。

膨胀剂常用品种为 UEA 型（硫铝酸钙型），目前还有低碱型 UEA 膨胀剂和低掺量的高效 UEA 膨胀剂。膨胀剂的掺量（内掺，即等量替代水泥）通常为 10% ~ 14%，低掺量的高效膨胀剂掺量为 8% ~ 10%，可使混凝土产生一定的膨胀，抗渗性提高 2 ~ 3 倍，或自应力值达 0.2 ~ 0.6MPa，且对钢筋无锈蚀作用，并使抗裂性大幅度提高。掺加膨胀剂的混凝土水胶比不宜大于 0.50，施工后应在终凝前进行多次抹压，并采取保湿措施；终凝后，需立即浇水养护，并保证混凝土始终处于潮湿状态或处于水中，养护龄期必须大于 14d。养护不当会使混凝土产生大量的裂纹。

膨胀剂的适用范围[1]　　　　　　　　　表 2-7

用途	适用范围
补偿收缩混凝土	地下、水中、隧道等构筑物，大体积混凝土（除大坝外）、配筋路面和板、屋面与厕浴间防水、构件补强、漏渗修补、预应力混凝土、回填槽等
填充用膨胀剂混凝土	结构后浇带、隧道堵头、钢管与隧道之间的填充等
注浆用膨胀砂浆	机械设备的底座注浆、地脚螺栓的固定、梁柱接头、构件补强、加固等
自应力混凝土	仅用于常温下使用的自应力钢筋混凝土压力管

（4）减水剂

在不影响混凝土拌合物和易性的条件下，具有减水及增强作用的外加剂，称为混凝土减水剂。混凝土中掺入减水剂后，可获得以下效果：

① 用水量不变时，可提高混凝土拌合物的流动性。

② 在保持混凝土拌合物流动性及水泥用量不变的条件下，可减少用水量，提高混凝土的强度，非缓凝型减水剂还可大大提高混凝土的早期强度，并可提高混凝土的耐久性。

③ 在保持混凝土拌合物流动性和混凝土强度不变的条件下，可减少水和水泥用量。

④ 改善水泥基材料的工作性。

2.2　膨润土

膨润土（bentonnite）又叫膨土岩或斑脱岩，是以蒙脱石（也称微晶高岭石、胶岭石等）为主要成分的黏土岩－蒙脱石黏土岩。我国出现的膨润土译名为斑脱岩、皂土、膨土岩等，准确的命名应为蒙脱石黏土，也称微晶高岭土。

膨润土具有各种颜色，如白色、乳黄色、浅灰色、浅绿黄色、浅红色、肉红色、砖红色、褐红色、黑色、斑杂色等。它具有油脂光泽、蜡状光泽或土状光泽，呈贝壳状或锯齿状断口。膨润土矿地表一般松散如土，深部较为致密坚硬。膨润土的结构类型较多，有泥质、粉砂、细砂、角砾凝灰、变余火山碎屑等结构。构造类型主要有微层纹状、角砾状、斑杂状、致密块状、土状等构造，膨润土被敲击时声音发哑。膨润土吸湿性强，放入水中出现迅速或缓慢的膨胀、崩解，最大吸水量为其体积的 8～15 倍，膨胀倍数从数倍到 30 余倍。它有较好的黏结性和可塑性，在阳光下晒干后干裂成碎块，密度一般为 $2g/cm^3$ 左右。

膨润土主要是由含水的铝硅酸盐矿物组成。它的主要化学组分是二氧化硅、三氧化二铝和水，氧化镁和氧化铁含量有时也较高。此外，钙、钠、钾等常以不同含量存在于膨润土中。膨润土的 Na_2O 和 CaO 含量对膨润土的物理化学性能和工艺技术性能影响颇大。一般 Na_2O 含量高的为好，但 Na_2O 过高和 CaO 过低对膨润土的技术性能反而不利。人们往往为了改善膨润土的技术性能，对天然膨润土进行人工钠化或钙化处理，以调节它们的含量及比例，满足使用要求。

欧美国家根据蒙脱石的碱性系数将膨润土划分为钠基膨润土和钙基膨润土。苏联则根据蒙脱石中可交换阳离子占离子交换总量的百分比，将膨润土划分为钠基膨润土、钠－钙基膨润土、钙－钠基膨润土、钙基膨润土、钙－镁基膨润土、镁－钙基膨润土等。

我国对膨润土的属型划分也有几种方案，其中《矿产地质勘探规范 膨润土、滑石》DZ/T 0349—2020 中关于属型分类如下：

（1）钠基膨润土 $E_{Na^+}/CEC×100\% \geqslant 50\%$。

（2）钙基膨润土 $E_{Ca^{2+}}/CEC×100\% \geqslant 50\%$。

（3）镁基膨润土 $E_{Mg^{2+}}/CEC×100\% \geqslant 50\%$。

（4）铝（氢）基膨润土 $(E_{Al^{3+}}+E_{H^+})/CEC×100\% \geqslant 50\%$。

不同属性膨润土的物理化学性质不同，结构也有区别。因此，可以根据其结构和性能的特征进行鉴别。

2.2.1 膨润土的物理性质和化学性质

膨润土具有优良的物理化学性质，包括吸水性、溶胀性、黏结性、吸附性、催化活性、触变性、悬浮性、可塑性、润滑性和离子交换性等。因此，膨润土是一种应用极其广泛的非金属矿物。

（1）吸水膨胀性

膨润土具有吸湿性，能吸附 8 ～ 15 倍于自身体积的水量。吸水后能膨胀，膨胀倍数是自身原体积的 30 余倍。

膨润土的主要成分：蒙脱石和层状硅酸盐的比例为 2：1。其中，Al^{3+} 和 Si^{4+} 可被 Mg^{2+}、Ca^{2+} 或 Fe^{2+} 置换，可交换的阳离子骨架有剩余负电荷，加上蒙脱石晶层间结合力较弱，可吸附阳离子和极性水分子。根据阳离子种类及相对湿度，层间能吸附一层或两层水分子。另外，在蒙脱石晶胞表面也吸附了一定水分子。

钠基蒙脱石比钙基蒙脱石吸水性强，钠基膨润土的吸水量和膨胀倍数是钙基膨润土的 2 ～ 3 倍。引起蒙脱石膨胀的动力是交换性阳离子和晶层底面的水化能。蒙脱石的吸水作用有一定限度，所吸的水分子层（即水化膜）达到一定厚度并分布均匀时，吸水量达到平衡，若此平衡被破坏即失水后，吸水膨胀性能又得以恢复。与钙基膨润土相比，钠基膨润土在水中分散程度高，其特点是吸水速度慢但吸水延续的时间长，总吸水量大，同时 Na^+ 的半径小，所以它在蒙脱石单位晶层底面占据的面积小，晶体吸水膨胀倍数高，可达到 30 倍。钙基膨润土吸水速度快，2h 即达到饱和，但吸水量少。

蒙脱石的湿胀和干缩（包括少量结构水逸出）在一定条件下是可逆的。但到层间水完全失掉后再吸水就比较困难，在高温干燥后则完全失去重新水化的能力。Ca-蒙脱石（钙基蒙脱石）失去水化能力的温度是 300 ～ 390℃，Na-蒙脱石（钠基蒙脱石）失去水化能力的温度是 390 ～ 490℃。

（2）分散悬浮性

蒙脱石以胶体分散状态存在于溶液中。蒙脱石矿物颗粒细小，它的单位晶层之间易分离，水分子易进入晶层与晶层之间，充分水化后以溶胶形式悬浮于水溶液中。在膨润土分散液中，蒙脱石颗粒可能以单一晶胞或晶层面的平行叠置状存在，也可以是少量晶胞的附聚体，即晶层面和晶体端面的附聚体，或晶层端面和端面的附聚体。水溶液中，由于蒙脱石晶胞都带有相同的负电荷，彼此同性相斥，在稀溶液里很难凝聚成大颗粒，是一种很好的助悬浮剂。

若在分散液中加入金属阳离子，尤其是高价金属阳离子的加入或是溶液的碱度降低至中性甚至弱酸性时，则附聚体会发生聚集、絮凝，分散液呈浓厚悬浮液，颗粒增大，均匀程度差，絮凝发展到整个体系时即成凝胶。比较稀薄的、不稳定的蒙脱石分散液随附聚的发展颗粒逐渐增大，蒙脱石颗粒最后产生沉积。

Na-蒙脱石颗粒较细小，在水介质中分散性好，可以解离成单位晶胞，在分散液中分布均匀，沉积速度较慢，故分散性好。

（3）触变性

触变性是指胶体溶液搅拌时变稀（剪切力降低），而静置后变稠（剪切力升高）的特性，非牛顿液体如钻井要求泥浆具有良好的触变性。膨润土结构中的羟基在静置的介质中会产生氢键，使之成为均匀的胶体，并且有一定的黏度。当外界剪切力存在时进行搅拌，氢键被破坏，黏度降低，所以膨润土溶液在搅动时悬浮液表现为流动性很好的溶胶液。停止搅动就会自行排列成具有立体网状结构的凝胶，并不发生沉降分层和有水离析，再施加外力搅动时，凝胶又能迅速被打破，恢复流动性。这种特性使膨润土在混悬剂方面有重要应用价值。

（4）黏结性和可塑性

黏结性指膨润土的胶体悬浮液具有较高的黏度。黏度是胶体流动时固体颗粒、固体颗粒与液体、液体分子等之间的内摩擦力。膨润土与水混合具有黏结性，其来源于多方面，如膨润土亲水、颗粒细小，晶体表面电荷多样化，颗粒不规则，羟基与水形成氢键。由多种聚附形式形成溶胶，膨润土与水混合具有很大的黏结性。高膨胀性的蒙脱石在水溶液中具有较高的分散度；同时黏土颗粒一般条件下聚集状况稳定，颗粒絮凝具有一定凝聚强度，膨润土与水混合具有很大的黏结性，可以用于钻探泥浆等。

膨润土具有较好的可塑性，它的可塑性水的百分含量大大高于高岭石和伊利石，而形变所需的力则较其他黏土小。膨润土中的应力－应变值随蒙脱石交换阳离子种类不同而变化。钠基膨润土的可塑性高，黏结性强。砂－钠基膨润土混合料的工艺性能好，它的湿化强度虽与钙基膨润土做成的混合料接近或略低，但受水分变化的影响小，对水分和热敏感性低，故干拉强度和热湿拉强度均较高。

2.2.2 水泥－膨润土注浆材料

为了减少水泥悬浊液的析水量，通常添加膨润土形成流动性良好的水泥、膨润土浆液。膨润土与水接触就显著地膨胀、分散，形成粒径为 $0.001 \sim 0.01\mu m$ 有黏性和触变性的胶体。因此，将膨润土加入到水泥浆液后具有下列特性：既能防止注浆材料的分离，又能防止水泥和砂的沉淀，并且能与过剩的水结合而膨胀。浆液具有触变性、黏性及黏结力。

2.3 超细水泥

单液水泥浆是以水泥为主的浆液，它具有材料来源丰富、价格低廉、结石体强度高、抗渗性能好、单液注入方式、工艺简单、操作方便等优点，是当前乃至今后相当长时间内应用最多的一种注浆材料。但是，由于水泥是颗粒材料，可灌性较差，难以注入中细砂粉砂层和细小的裂隙岩层，而且水泥浆凝固时间长，容易流失造成浆液浪费，并有易沉淀析水、强度增长慢、结石率低、稳定性较差等缺点，所以水泥浆应用范围有一定的局限性。为此近年来，国内外在改善水泥浆性能方面做了大量的工作，其中超细水泥的研究在扩大水泥浆应用范围、提高水泥浆性能方面取得突破性进展。

自 1838 年英国汤姆逊隧道首次应用以来，经过两个世纪的工程应用经验说明，普通水泥浆的粒径较大，一般只能灌入大于 0.2mm 的裂缝或空隙，小于 0.2mm 尺度的裂缝或空隙需要粒径更小的水泥。国际公认为水泥颗粒最大粒径小于 20μm、平均粒径为 3 ~ 5μm 的水泥称为"超细水泥"。20 世纪 70 年代，日本率先研制出超细水泥，超细水泥可灌入小于 0.2mm 的裂缝或空隙介质（岩、土、混凝土等）中，超细水泥浆液强度高、稳定性好、渗透能力强，几乎可以达到"溶液"化学浆材水平的可灌性。超细水泥的比表面积相当大，因而在非常细小的裂隙中的渗透能力远高于普通水泥。如在其中加入一些外加剂（助剂），可改善超细水泥浆液的可灌性能。

国内外的注浆实践证明，在细小的孔隙中，超细水泥具有较高的渗透能力，能渗入细砂层（渗透系数为 10^{-3} ~ 10^{-4} cm/s）和岩石的细裂隙中，与一般化学浆液相比具有较高的强度和较好的耐久性能。由于其比表面积很大，同等流动条件下用水量增加，欲配制流动性较好的浆液需水量较大，而保水性又很强的浆液中多余的水分不易排除，将影响结石体的强度。所以，当采用超细水泥注浆时，浆液的水灰比应控制在一定范围内，往往需要掺入高效减水剂来改善浆液的流动性。目前超细水泥价格较高，直接影响其使用范围。

2.3.1 化学组成

超细水泥的化学组成见表 2-8。

超细水泥的化学组成（*wt%*）[2]

表 2-8

烧失量	SiO_2	Al_2O_3	Fe_2O_3	CaO	MgO	SO_3	总数
0.3	29.0	13.2	1.2	19.2	5.6	1.2	99.7

2.3.2 超细水泥浆液的特性

（1）在同样水灰比条件下，超细水泥浆液黏度比普通水泥和胶体水泥浆液黏度都低。

（2）超细水泥浆液的稳定性以及与其他水泥浆液的比较试验结果证明超细水泥液具有良好的稳定性。

（3）超细水泥颗粒有较高的化学活性，能较好地凝结硬化，获得较高的早期和后期强度。龄期 3d 的超细水泥结石体抗压强度不低于 20MPa，28d 可达 30MPa 以上（$W/C = 0.6$）。

（4）超细水泥浆液凝结时间的确定可用掺入硅酸钠的方法在 45 ~ 150s 的范围内调解。浙江金华产的超细水泥，在不加附加剂的条件下，初凝时间大于 2h，终凝时间小于 8h（水灰比 W/C 为 0.6 时）。

由于超细水泥具有膨胀率可调的特点，可使结石体充满整个裂隙，使其界面结合得十分严密，大大提高了其抗渗能力。如在其中加入一些附加剂，可显著地改善超细水泥浆液的性能。这种新型水泥的出现为注浆领域开辟了新的途径。在一定的稠度下，它完全可以代替化学浆液。但由于其比表面积很大，因此欲配制成流动性较好的浆液需水量较大。所以当采用超细水泥注浆时，浆液的水灰比应控制在 0.8 以上。正是其比表面积很大，使得浆液的保水性很强，浆液中的水分不易排出而使结石体强度降低，为解决这一矛盾可采用高效减水剂来改善浆液的流动性。

为提高水泥浆液的可灌性，国外近年来还研制了一种湿磨水泥制浆方法（简称 WMC）。湿磨水泥浆的制浆设备是带有高速旋转叶轮的鼓形磨，其中盛有小钢球，通过球体的高速旋转将浆体中的水泥颗粒进一步磨细。鼓形磨安装在注浆泵和搅拌机之间。水泥浆经过鼓形磨后被送入带有搅拌设备的盛浆筒内待用。盛浆筒与注浆泵连通。用这种方法制成的浆液有类似甚至超过黏土浆的稳定性。湿磨水泥在压力作用下，多余的水分可被滤出，形成的结石体强度高。

湿磨超细水泥是对水灰比为 1：1 的普通水泥的浆液再予以磨细 15min，所达到的平均粒径为 4～10μm，比表面积达到 7000～10000cm^2/g，析水率只是普通水泥浆液的 5% 左右，可以在磨细操作的同时进行注浆。通过室内试验测定，用湿磨水泥浆液注入平均粒径为 0.6mm 的砂体后，砂体完全不透水。另外，通过湿磨水泥注浆可把砂层的渗透系数从 10^{-3}～10^{-5}cm/s 改进为 $2 \times (10^{-5}$～$10^{-6})$ cm/s。采用上述湿磨制浆工艺可以把普通水泥浆在现场改性成细度特性更好的水泥浆，避免超细水泥在运输和储存过程中的麻烦。其次，用这种工艺制成的细颗粒水泥浆比用工厂生产的超细水泥制浆更为经济。因此，湿磨水泥工艺有很好的经济效益。

2.4 水玻璃

水玻璃又称硅酸钠，俗称泡花碱。在某些固化剂作用下，可以瞬时产生凝胶，因此可作为注浆材料。水玻璃注浆浆液是注浆中最早使用的一种化学浆液，以含水硅酸钠（水玻璃）为主剂，加入胶凝剂以形成胶凝体。

水玻璃不是单一的化合物，而是氧化钠（Na$_2$O）与无水二氧化硅（SiO$_2$）以各种比率结合的化学物质，其分子式为 Na$_2$O·nSiO$_2$。按照水玻璃本身的 pH 值和在胶凝时的性态，可分为碱性水玻璃和中性水玻璃。碱性水玻璃即普通水玻璃，它本身呈强碱性，当与胶凝剂混合时，在碱性条件下发生胶凝。由于碱性较强，在注浆处理的地层内会发生较强的碱性影响，使生成的二氧化硅胶体逐渐溶出，大大降低了处理体的耐久性。中性水玻璃一般呈酸性，它是在接近中性范围内胶凝的，避免了碱的溶出，从而增加了耐久性。

中性水玻璃可以直接酸化普通水玻璃成为酸性水玻璃（pH = 1.5～2.0），然后以碱性化合物使其接近中性范围内胶凝。也可将普通水玻璃进行脱钠处理，制成硅溶胶，再用胶凝剂使其胶凝。

水玻璃注浆材料具有渗入性较好、无毒、操作简便和价格低廉等优点，广泛应用于地基、水坝、隧道、桥梁和矿井等工程施工，但力学强度不够理想、脆性大、弹性差，并且水玻璃浆材也存在一些其他缺点，如胶凝时间不够稳定、可控范围较小、凝胶强度低、凝胶体耐久性不足等，因此多应用于临时工程。

水玻璃注浆材料具有以下优点：

（1）水玻璃浆材来源广，造价低，经济效益巨大；

（2）水玻璃是真溶液，起始黏度低，可灌性好；

（3）水玻璃浆材主剂毒副作用小，环境污染性小，使用安全；

（4）可以与水泥配合使用，能结合水泥浆材和水玻璃浆材两者的优点；

（5）水玻璃类化学注浆材料是指一系列浆材，可以针对不同施工、水文、地质、土壤条件，选用相应种类。

在应用水玻璃时应注意以下几点：

（1）浆液凝胶后能释放出一定量的自由钠离子，它虽然无毒，但对地下水有污染，应该予以处理后再排放。

（2）由于硅胶具有黏塑性质，注浆后承受长期荷载时，其强度有所降低，因此用水玻璃类浆液加固砂土时，应充分考虑加固体的蠕变特性。

（3）酸性水玻璃浆液在含水量较高的土质中使用时，pH 值容易受到地下水稀释的影响，其结果是较难把握准确的凝胶时间。

2.4.1　水玻璃的性能

水玻璃在空气中能与二氧化碳反应，生成无定形的二氧化硅凝胶（又称硅酸凝胶），凝胶脱水转变成二氧化硅而硬化（又称自然硬化），其化学反应如下：

$$Na_2O \cdot nSiO_2 + CO_2 + mH_2O \rightarrow Na_2CO_3 + nSiO_2 \cdot mH_2O$$

由于空气中的二氧化碳含量极少，上述反应进行缓慢，因此水玻璃在使用时常加入促硬剂，以加快其硬化速度（又称加速硬化），常用的硬化剂为氟硅酸钠（Na_2SiF_6），其化学反应如下：

$$2(Na_2O \cdot nSiO_2) + Na_2SiF_6 + mH_2O \rightarrow 6NaF + (2n+1)SiO_2 \cdot mH_2O$$
$$(2n+1)SiO_2 \cdot mH_2O \rightarrow (n+1)SiO_2 + mH_2O$$

加入氟硅酸钠后，初凝时间可缩短至 30 ～ 60 min。氟硅酸钠的适宜掺量，一般占水玻璃的 12% ～ 15%。若掺量少于 12%，则其凝结硬化慢，强度低，并且存在较多的没参与反应的水玻璃；当遇水时，残余水玻璃易溶于水，影响硬化后水玻璃的耐水性；若其掺量超过 15%，则凝结硬化过快，造成施工困难，且抗渗性和强度降低。

水玻璃在凝结硬化后具有以下特性。

（1）黏结力强、强度高

水玻璃在硬化后，其主要成分为二氧化硅凝胶和氧化硅，比表面积大，因而具有较高的黏结力和强度。用水玻璃配制的混凝土抗压强度可达 15 ～ 40MPa，但水玻璃自身质量、配合料性能及施工养护对强度有显著影响。

（2）耐酸性好

由于水玻璃硬化后的主要成分为二氧化硅，其可以抵抗除氢氟酸、过热磷酸以外的几乎所有的无机酸和有机酸。用于配制水玻璃耐酸混凝土、耐酸砂浆、耐酸胶泥等。

（3）耐热性好

硬化后形成的二氧化硅网状骨架，在高温下强度下降不大。用于水玻璃配制具有耐热性能的混凝土、砂浆和胶泥等。

（4）耐碱性和耐水性差

水玻璃在加入氟硅酸钠后仍不能完全反应，硬化后的水玻璃中仍含有一定量的 $Na_2O \cdot nSiO_2$。由于 SiO_2 和 $Na_2O \cdot nSiO_2$ 均可溶于碱，且 $Na_2O \cdot nSiO_2$ 可溶于水，所以水玻璃硬化后不耐碱、不耐水。为提高耐水性，常采用中等浓度的酸对已硬化的水玻璃进行酸洗处理，以促使水玻璃完全转变为硅酸凝胶。

2.4.2　相对密度（比重）

水玻璃的相对密度在数值上等于水玻璃的密度，水玻璃的相对密度与波美度的关系如下[5]：

$$\rho = \frac{144.3}{144.3 - °Bé} \tag{2-1}$$

式中　°Bé——波美度；

　　　　ρ——浆液密度。

水玻璃密度越大，水玻璃含量越高，黏度越大。土木工程中常用水玻璃的密度一般为 $1.36 \sim 1.50g/cm^3$，相当于波美度 $38.4 \sim 48.3°$ Bé。

2.4.3　模数

水玻璃（$Na_2O \cdot nSiO_2$）的组成中，氧化硅和氧化钠的分子比（$n = SiO_2/Na_2O$）称为水玻璃的模数，n 值一般为 $1.5 \sim 3.5$，它的大小决定着水玻璃的品质及其应用性能。模数小的固体水玻璃易溶于水，n 为 1 的水玻璃能溶解于常温中；n 为 $1 \sim 3$ 时，只能在热水中溶解；而模数大于 3 时，要在 4 个大气压以上的蒸汽中才能溶解。模数小的水玻璃，晶体组分较多，黏结能力较差，模数升高，胶体组分相应增加，黏结能力增大。

水玻璃溶液可与水按任意比例混合，不同的用水量可使溶液具有不同的密度和黏度，同一模数的水玻璃溶液，其密度越大，黏度越大，黏结力越强，耐酸、耐热性均提高。若在水玻璃溶液中加入尿素，可在不改变黏度的情况下，提高其黏结能力。

水玻璃模数的大小对注浆的影响很大。模数小时，二氧化硅含量低、凝结时间长、结石体强度低；模数大时，二氧化硅的含量高、凝结时间短、结石体强度高。模数过大过小都对注浆不利。注浆时，一般要求水玻璃的模数在 $2.6 \sim 3.4$ 较为合适。水玻璃的质量应满足《工业硅酸钠》GB/T 4209—2008 的规定。工程中主要使用液体水玻璃（水玻璃与水形成的胶体液体），其外观呈青灰色或黄色黏稠液体。工程中有时也使用固体粉末水玻璃。

2.4.4　水玻璃 pH 值与凝胶时间

水玻璃注浆材料一般分为在碱性区域凝胶化的碱类浆材和在中性－酸性区域凝胶化的非碱类浆材（即酸性水玻璃）。碱性溶液型水玻璃浆液是以碱性水玻璃溶液为主剂，另外添加凝胶剂（固化剂）的浆液，大多发生瞬间反应，需用双液注浆法，工艺复杂，凝胶稳定性较差，金属离子易脱溶，有腐蚀现象，可能对环境有一定的污染。酸性水玻璃浆材，是用过量的酸先将水玻璃酸化，在中性或酸性条件下产生凝胶的浆液。凝胶体长期不会发生碱溶出，但凝胶时间不易调节。

研究水玻璃波美度和混合液的 pH 值对浆液凝胶时间及浆液凝胶形态的影响，pH 值对水玻璃溶液的凝结时间的影响曲线如图 2-1 所示。

由图 2-1 可以看出：当混合液 pH 值大于 4 时，水玻璃混合液的 pH 值与凝结时间呈正相关关系，凝结时间较长，浆液在地层中渗透或扩散距离过大，造成浆液流失，不利于工程应用；当混合液 pH 值大于 4 且小于 9 时，水玻璃混合液的 pH 值与凝结时间呈负相关关系；当混合液 pH 值大于 9 时，水玻璃混合液的 pH 值与凝结时间呈正相关关系；在 pH 为 9 附近，凝结时间短，浆液在地层中渗透或扩散的范围较小，不利于工程应用。

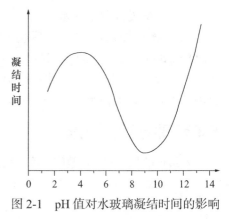

图 2-1 pH 值对水玻璃凝结时间的影响

水玻璃混合液的 pH 值是控制混合液凝胶时间和凝胶形态的决定性因素。在实际注浆工程中，根据工程要求应选择具有合适的 pH 值和凝胶时间的配比，以保证浆液在注浆加固区域内渗透或扩散，有利于工程应用。

2.4.5 酸性水玻璃

碱类水玻璃注浆材料是较常用的水玻璃浆材，以氯化钙作为胶凝剂的水玻璃注浆材料使用最早，固砂体强度是目前所开发的各类水玻璃浆材中最高的，不对环境造成污染，并且会瞬时固化，在处理涌水方面有较大优势，但施工过程不易控制。以铝酸钠为碱性反应剂，浆液渗透性好，注入地层的浆液被地下水稀释，具有凝胶固化时间变快的性质；以酸反应剂作为水玻璃的胶凝剂，固砂体强度低，固结安全性较差。常用的水玻璃属强碱性材料，其凝胶体有脱水收缩和腐蚀现象，因此耐久性差并且可能会污染环境，为了克服这些缺点，国内外开展了酸性水玻璃的研究，酸性水玻璃浆液的起始黏度仅为 $1.5 \sim 2.5 \times 10^{-3} Pa \cdot s$，胶凝时间易调整，凝胶体的渗透系数为 $10^{-8} \sim 10^{-10} cm/s$，固砂体的抗压强度变化在 $0.2 \sim 0.5 MPa$ 之间。酸性水玻璃可在中性或酸性条件下凝胶，且凝胶体没有碱溶出。

酸性水玻璃的制备有酸化法和离子交换法两类。因离子交换法操作比较困难，工程中一般不采用，酸化法又分直接法和间接法两种，前者是把酸性材料直接用作水玻璃的胶凝剂，后者是用酸性材料先把水玻璃酸化，然后再用碱性胶凝剂使之在弱酸性或中性范围内发生胶凝。在酸化过程中，必须保持 pH 值≤ 2，因为这时它的稳定性最高，不易自凝。

在该种酸性（pH = 2）水玻璃中，加入一定量的胶凝剂能使其凝胶。因 pH 值对浆液的凝胶影响很大，对凝胶时间的控制较为困难，可采用加入 pH 缓冲剂的方法来改变凝胶时间的控制条件。从而能较容易地调整浆液的凝胶时间。该种浆液的精度为 $3 mPa \cdot s$，相对密度为 1.10，凝胶时间可以在瞬时到数十分钟内调整。

为使水玻璃浆液在土体中溶出降低到最低限度，减小污染，增加固结体的耐久性，除了上述酸性水玻璃浆液外，还可通过降低水玻璃溶液中的 Na_2O 含量得到高模数的酸性水玻璃。由于在脱钠过程中已经逐步产生了硅胶，所以实际上已完全改变了原水玻璃的特性。这种浆液可在中性或微酸性范围内凝胶，又因为生成水溶性盐的钠离子大部分已被脱去，这就减少了它在土体中的溶出，相应地增加了固结体的耐久性，降低了污染的程度。该浆液的主要性能见表 2-9。

酸性水玻璃主要性能[5]　　　　　　　　　　表 2-9

黏度	5mPa・s
凝胶时间	从瞬时至 30min 内任意调整
固砂体抗压强度	0.39 ~ 0.59MPa
耐久性试验	固砂体在水中浸泡其强度不降低

2.4.6　常用水玻璃类浆液

水玻璃浆液用做主剂时，可以根据工程需要采用不同的固化剂，其凝胶时间及性能可通过不同的配方来确定。做水泥掺加剂时，也应根据不同的目的与要求通过试验确定。下面是几种应用较多的浆液。

（1）单液水玻璃浆液

采用单液水玻璃浆液注浆也称之为单液硅化注浆。由于双液注浆工艺复杂、浆液黏度大，可灌性较差，因此单液硅化注浆应用仍较广泛。其原理是硅酸钠溶液与粉状土本身起化学反应，形成不透水固结体。

单液硅化注浆适用于化学活性黄土，在建筑施工中，有的黄土沉降量很大（达 60cm），为了防止下沉当然可以用桩基础，但还是克服不了下沉的不均匀性。如果采用单液硅化注浆既预防了下沉，又克服了下沉的不均匀性。单液硅化注浆的条件还有：其渗透系数在 2m/d 以上，湿度不大于 17%，土本身具有一定的化学活性。

单液硅化注浆不但用于化学活性黄土，也可用于非活性砂土，这时需要研究浆液的合理配方。例如要选择可做固化剂的酸和做缓凝剂的酸，硅酸钠溶液与这些酸混合后再注入地层，经一定时间凝固形成硅酸胶。

（2）水玻璃氯化钙浆液

水玻璃和氯化钙两种浆液在土体中相遇时发生反应而生成二氧化硅胶体，与土颗粒一起形成整体，起到防渗和加固的作用，这种化学浆液即为通常所称的硅化注浆。硅化注浆加固的土体还具有较高的不透水性。加固土的强度，即使在有腐蚀性水作用下也不会降低强度。这种浆液主要用于建筑、交通部门的地基加固或无黏性土的堵水。水玻璃与氯化钙的反应方程式为：

$$Na_2O \cdot nSiO_2 + CaCl_2 + mH_2O \longrightarrow nSiO_2（m-1）H_2O + Ca（OH）_2 + 2NaCl$$

加固每立方米土体所需浆液量视土体的孔隙率而定，加固后的地基承载力：砂土为 1500 ~ 3000kPa，粉砂为 500kPa，黏性土为 800kPa。

水玻璃-氯化钙浆液可用一根管交替注入，但在换液前必须清洗管路；也可采用双管注入法，即一根管注水玻璃，另一根管注氯化钙，使两种浆液在地基中相遇而起化学反应凝胶。为提高浆液的扩散能力，可将两根管接通直流电，这称为电动硅化法。需要说明的是：两种浆液在相遇时的瞬间可产生化学反应，凝胶时间不易控制，因此注浆效果受操作技术及施工经验的影响很大。

（3）水玻璃铝酸钠浆液

水玻璃与铝酸钠反应生成的凝胶物-硅胶和硅酸铝盐可以胶结土颗粒。改变水玻璃模数、浓度、铝酸钠含量可调节凝胶时间。水玻璃模数越高，凝胶时间越短；浓度越低，凝胶时间越短；铝酸盐含铝量增加，凝胶时间缩短。高浓度浆液的黏度虽高，若被地下水稀释时，反而具有凝胶时间缩短的性质。其次，铝酸盐含量的多少会影响结石体的抗压强度。这种浆液主要用于堵水或加固地基。

（4）新型酸性水玻璃化学注浆材料

黏度低，可灌性好，造价低，这是水玻璃浆材的优点。但其有待改进之处也很多，如胶凝时间的调节不够稳定，可控范围小，凝胶强度低，凝胶体稳定性差。固砂体耐久性还有待进一步考证，金属离子易胶溶等，在永久性工程中的应用有待进一步研究。水玻璃浆材的潜在效益是巨大的，对它的研究一直在不断地进行。

针对添加无机胶凝剂的水玻璃注浆材料凝胶时间太短，渗透性能不能满足要求，黏度低时强度较低，很难同时达到凝胶时间长和抗压强度高的目的的，采用乙酸乙酯和甲酰胺作为复合胶凝剂的水玻璃浆材，在浆液的胶凝时间，固砂体抗压强度和耐久性等方面有了改进：

① 通过往水玻璃和乙酸乙酯中加入两种不同的乳化剂，将两液混合轻轻搅动即可使用，制成水玻璃-乙酸乙酯微乳化学注浆材料，该浆液具有高固结强度、低成本、低污染、胶凝时间可控等优点，尤其适合在钻井护壁堵漏中使用；

② 月桂醇、十二烷基磺酸钠、十二烷基苯磺酸钠三种表面活性剂在提高水玻璃浆材的渗透性能方面进行试验研究，十二烷基磺酸钠作用效果明显；

③ 一种水玻璃高强度的单液法调制剂，其胶凝时间在 3～26h 内可以调节，适用于 70～100℃温度地层，封堵强度高，堵塞率高，配制简单，施工方便，且无污染。这种新型中高温堵剂，能对油田的稳油控水起一定作用。

总结起来，水玻璃凝胶剂的品种较多，有些凝胶剂与水玻璃的反应速度很快，如氯化钙、磷酸和硫酸铝等，它们和主剂必须在不同的注浆管或不同的时间内分别注入，所以称双液注浆。双液法中两种化学剂的反应几乎是立即发生；另一些凝胶剂如盐酸、碳酸氢钠和铝酸钠等与水玻璃的反应速度减慢，因而主剂与凝胶剂能在注浆前预先混合后注入同一钻孔中，所以称为单液注浆法。单液法中浆液的凝胶时间较长，黏度增长速度较慢。故单液法的有效扩散半径比双液法大，但单液法的凝胶强度一般比双液法低。

2.5 丙烯酰胺

丙烯酰胺注浆材料又称"丙烯酰胺"。主要由丙烯酰胺、交联剂和水溶性自由基氧化—还原引发体系组成。丙烯酰胺浆液各组分均溶于水，总浓度可达20%，浆液黏度小，约 1.2mPa·s，在凝胶前黏度变化不大，具有良好的渗透性，可灌入 0.1mm 以下的裂缝。

丙烯酰胺浆液黏度小，具有很好的可灌性，其最大优点是在凝固之前一定时间内能保持原来的低黏度，区别于其他的注浆材料，其他注浆材料的黏度是随着凝胶过程逐渐增大。丙烯酰胺的胶凝时间，可根据需要在数十秒至数十分钟甚至更长的时间段内调节，胶凝时间与引发剂、促进剂和阻凝剂的用量有关，并且与丙烯酰胺浆液的温度和 pH 值有关。丙烯酰胺胶体抗渗性好，渗透系数为 10^{-9}～10^{-10}cm/s，具有高弹性，能适应很大的变形而不开裂，这对混凝土伸缩缝的堵漏极为合适。丙烯酰胺胶体还具有耐酸、碱、抗霉菌的特点，但凝胶体的抗压强度低，约为 0.5MPa。

丙烯酰胺胶体可封闭裂缝和孔隙中的通道，从而达到堵塞防渗的目的，被广泛应用于隧道、矿井、地下建筑等防渗堵漏工程，特别适用于细微裂缝和大量涌水情况下的堵漏。丙烯酰胺与水泥混合，能使浆液迅速胶凝，堵住涌水，且其具有水泥浆的后期高强度。在丙烯酰胺水泥浆液的配制中，所用丙烯酰胺溶液的浓度一般为 10%，水泥用量与丙烯酰胺溶液的质量比通常为（2～0.660）：1。丙烯酰胺和水泥一起使用还可作为抹面防水材料。

总结丙烯酰胺类浆液及凝胶体的特点如下：

（1）浆液黏度小，与水接近，通常标准浓度下为 $1.2×10^{-3}Pa·s$，且在凝胶前保持不变，具有良好的可灌性。

（2）凝胶时间可准确地控制在几秒至几十分钟之间，且凝胶是在瞬间发生并在几分钟之内就达到其极限强度，聚合体体积基本上为浆液体积的 100%。

（3）凝胶体抗渗性好，其渗透系数为 $10^{-9}～10^{-10}cm/s$。

（4）凝胶体抗压强度较低，约 0.2～0.6MPa，一般不受配方的影响，在较大裂隙内的凝胶体易被挤出，因此仅适用于防渗注浆。

（5）丙烯酰胺浆液及凝胶体耐久性较差，且具有一定的毒性，对人的神经系统有毒害，对空气和地下水有污染。

（6）丙烯酰胺浆液价格较贵，材料来源也较少。

（7）丙烯酰胺浆液与铁易起化学作用，具有腐蚀性，凡浆液所流经的部件均宜采用不与浆液发生化学作用的材料制成。

2.5.1 丙烯酰胺（主体）

丙烯酰胺是白色结晶粉末状物质，相对密度为 1.12，是一种极易溶于水，易聚合的单体小分子物质。在光、热或引发剂的作用下易聚合成水溶性聚合物—聚丙烯酰胺。

$$nH_2C=CH \longrightarrow \left[HC=C\right]_n$$
$$\qquad | \qquad\qquad\qquad |$$
$$\qquad C=O \qquad\qquad C=O$$
$$\qquad | \qquad\qquad\qquad |$$
$$\qquad NH \qquad\qquad\quad NH$$

2.5.2 丙烯酰胺交联剂

丙烯酰胺均聚物易溶于水，不能单独用作注浆材料，它必须含有两个以上乙烯基的化合物（交联剂）共聚，形成三维网状聚合物而胶凝。这种胶凝不溶于水，但很容易吸水变成含水凝胶。常用的交联剂有 N，N′-亚甲基双丙烯酰胺和二羟基乙烯双丙烯酰胺。交联剂与丙烯酰胺的混合质量比为 1：（15～20），混合比例增高所得到的凝胶体的弹性减小，脆性增大，吸水膨胀率减小。但如果比例太小，凝胶体的强度低，吸水膨胀率增大。

2.5.3 丙烯酰胺催化剂

在配置丙烯酰胺时使用的催化剂有促进剂、阻凝剂。常用的引发剂是水溶性的过硫酸盐，如过硫酸铵、过硫酸钾、过硫酸钠等。一般用量为丙烯酰胺 0.5%。引发剂在常温下分解速率低，需加入促进剂。常用的促进剂有 β- 二甲氨基丙腈 $[(CH)_2 - NCH_2CH_2CN]$ 和三乙醇胺，用量为浆料的 0.1% ～ 0.4%。由于来源和成本限制，目前使用三乙醇胺的较多。促进剂是还原性的，如要求在极短的时间内（几秒～几十秒）胶凝时，也可加入强还原剂硫酸亚铁，用量一般为丙烯酰胺浆液的 0.1%。当要求胶凝时间较长时，可加入一定量的阻凝剂如铁氰化钾 $[K_3(FeCN)_6]$，用量一般为丙烯酰胺浆液的 0.01%。

2.5.4　浆液性能

（1）凝胶时间

丙烯酰胺类浆液的凝胶时间可以准确地控制在几秒到几个小时之间。在地下水流速较大时，可以采用快凝浆液堵水。

影响浆液凝胶时间的因素主要有温度、过硫酸铵（AP）、β- 二甲氨基丙腈（DMAPN）、硫酸亚铁（$FeSO_4$）、pH 值、铁氰化钾以及水质，其影响规律一般表现如下：

① 温度对凝胶时间影响很大，温度升高，丙烯酰胺聚合反应速度加快，浆液凝胶时间缩短。当温度每升高 10℃时，反应速度加快 2 ～ 3 倍。

② 过硫酸铵（AP）浓度增大，凝胶时间缩短。因而，改变过硫酸铵浓度来控制凝胶时间是一个主要措施。

③ β- 二甲氨基丙腈（DMAPN）浓度加大，则浆液凝胶时间缩短。当 β- 二甲氨基丙腈浓度超过一定范围（1.2%）时，缩短凝胶时间作用不显著。

④ 硫酸亚铁（$FeSO_4$）的还原作用比 β- 二甲氨基丙腈对凝胶时间影响更大。少量的硫酸亚铁即可以使凝胶时间达到几秒至几十秒。

⑤ pH 值对浆液凝胶时间影响也较大，在酸性介质中，浆液凝胶时间随酸度的增加而急剧增长，甚至不形成凝胶。但在碱性较大的介质中，凝胶时间受 pH 值影响较小。

⑥ 铁氰化钾 $[K_3(FeCN)_6]$ 延缓浆液的凝胶，少量的铁氰化钾就能使凝胶时间延长很多。

⑦ 地下水中常含有一些离子对浆液凝胶时间影响不一。试验表明，除（Fe^{2+}）离子外，一般地下水中离子（如 Cu^{2+}、Mg^{2+}、K^+、Na^+、Fe^{3+}、SO_4^{2-}、Cl^-、CO_3^{2-}、HCO^- 等）对凝胶时间影响不大。

（2）抗压强度

丙烯酰胺类浆液凝胶体的抗压强度比较低，一般受配方影响不大，约为 0.4 ～ 0.6MPa。加固不同粒径的砂土，浆液与砂土的结石体抗压强度为：粗砂 0.2 ～ 0.3MPa；中砂 0.5 ～ 0.6MPa；细砂 0.7 ～ 0.8MPa。

（3）丙烯酰胺浆液的黏度

其黏度为 1.2mPa·s，与水相近，且在凝胶以前黏度一直保持不变。由液体变成凝胶体几乎是瞬间发生的，因而具有良好的渗透性，易于注入细砂层中。

（4）抗渗性

该浆液的凝胶体抗渗性能好，渗透系数可达 10^{-9} ～ 10^{-10}cm/s，可认为是不透水的。

（5）耐久性

耐久性较好。

2.6 脲醛树脂

脲醛树脂（urea formaldehyde resin）又称为脲甲醛树脂，是用脲（尿素）与甲醛缩聚制成的一种氨基树脂。合成脲醛树脂的反应包括加成反应和缩聚反应。其合成和固化过程主要由加成反应和缩合反应两步得到线型或带有支链的聚合物，然后在成型过程中通过加热和加入草酸、苯甲酸、邻苯二甲酸等作为固化剂形成交联的结构。脲醛树脂为水溶性树脂，容易固化。脲醛树脂具有表面硬度高、耐刮伤、易着色、耐弱酸弱碱及油脂等介质、耐电弧、耐燃以及固化后无毒、无臭、无味等特点。但脲醛树脂易于吸水，受潮气和水分的影响会发生变形及裂纹，耐热性较差，长期使用温度在70℃以下。

以脲醛树脂或脲甲醛为主剂，加入一定量的酸性固化剂所组成的浆液材料成为脲醛树脂类浆液。该浆液具有水溶性、强度高（较脆）、材料来源丰富、价格便宜等优点，但其黏度变化较大，质量不够稳定，不能长期存放，且必须在酸性介质中固化，对设备有腐蚀，对人体有害，因此限制了它的使用范围。

2.6.1 脲醛树脂浆液的组成

脲醛树脂浆液由脲醛树脂（固体含量为40%～50%）与酸性催化剂组成。酸或酸性盐都可作为催化剂，常用的有硫酸、盐酸、草酸、氯化铵、三氯化铁等，其用量根据浆液所需的胶凝时间来选择。

（1）尿素：分子量为60，为白色品体，相对密度1.335，溶点132℃，易溶于水，呈弱碱性。

（2）甲醛：分子量为30，通常使用的是含有37%左右的甲醛水溶液，有刺激性臭味。长期存放会析出白色多聚甲醛沉淀，加热后仍可分解为甲醛。

2.6.2 脲醛树脂的合成

尿素与甲醛在合成脲醛树脂反应过程中，应严格控制物质的量、溶液的pH值、反应温度与反应时间等。尿素与甲醛用量的物质的量之比一般为1.5～3。反应开始时，用氢氧化钠溶液中和生成溶于水的树脂。必要时，可进行减压脱水，使固体含量由45%～50%提高至50%～60%。使用时，加水稀释至所需浓度。

为使反应过程中的溶液pH值控制得当，应经常加入少量的六次甲基四胺作为缓凝剂。为了克服脲醛树脂类浆液的缺点，有时在脲醛树脂生产过程中加入一种或几种能参与反应的化合物，或在该浆液中加入另一种注浆材料混合使用，以达到改变浆液性质的目的。

2.6.3 脲醛树脂浆液的特性

（1）黏度

由于脲醛树脂是水溶性的，浆液可用水稀释。在满足聚合体的强度和其他要求的基础上，可合理地稀释浆液以达到降低黏度与成本的目的。以尿素直接溶入甲醛的尿素甲醛浆液黏度较低。

（2）凝胶时间

改变催化剂的用量，可以使浆液的凝胶时间在几十秒到几十分钟内调整。

（3）固结体强度

固结体强度与浆液浓度及催化剂的品种有关。当浆液浓度为 40% ～ 50%（固体含量）时，用硫酸作为催化剂的固结体抗压强度为 4.0 ～ 8.0MPa。

2.6.4　改性脲醛树脂浆液

脲醛树脂浆液凝胶体质脆易碎、抗渗性差，为了克服脲醛树脂类浆液的缺点，有时在脲醛树脂生产过程中加入一种或几种能参与反应的化合物，或在该浆液中加入另一种注浆材料使用，以达到改变浆液性质的目的。

（1）丙强浆液

丙强浆液是由脲醛树脂和丙烯酰胺及相应的催化剂组成。它兼备了脲醛树脂的性能，防渗效果显著，强度也较高。其主要成分为脲醛树脂、丙烯酰胺、N，N' - 甲基双丙烯酰胺、硫酸过硫酸铵。

甲液：在每升脲醛树脂溶液中先加入 7.5gN，N' - 甲基双丙烯酰胺，搅拌溶解，再加入 142.5g 丙烯酰胺，并充分溶解。

乙液：在每升硫酸溶液（0.8 ～ 1.2mol 浓度）中，加入 10 ～ 12g 过硫酸铵即可制备乙液。

注浆时，甲液：乙液＝ 10 ：4（体积比）。

脲醛树脂的制备工艺：

尿素：甲醛＝ 1 ：2（摩尔数），另加尿素用量 5% 的六次甲基四胺，反应温度 60 ～ 95℃，待 pH 值下降至 5.4 时，在 95℃维持 30min 后降温，用 10% 氢氧化钠溶液中和或减压脱水。

丙强浆液的基本性能（浆液相对密度：1.19，浆液黏度：5 ～ 15mPa•s）：

① 凝胶时间

可用硫酸用量（浓度）来控制，用量越大，凝胶时间越短。

② 抗压强度

固砂体的抗压强度可达 10MPa，酸的浓度对浆液固砂体的强度影响较大，脲醛树脂的固体含量越大，固砂体的强度越高。

③ 抗渗性能

丙强浆液内丙烯酰胺掺量越多，固砂体的抗渗性能越好。

（2）木铵

木铵浆液是由尿素甲醛浆液与亚硫酸盐纸浆废液混合组成，也可认为是尿素甲醛浆液的改性。纸浆废液与尿素甲醛在硝酸铵作用下能发生缩合反应，生成强度较高的固结体。

木铵浆液的性能：

① 黏度

木铵浆液的黏度主要取决于浆液的浓度。当废液、尿素、甲醛的总含量为 40% ～ 50%

时，浆液的黏度为 2 ～ 5mPa・s。

② 凝胶时间

木铵浆液在胶凝过程中会出现憎水、放热、变色等现象。当甲、乙两液混合后，经过一定时间，浆液即从亲水性变为憎水性，且温度很快上升至 40 ～ 50℃，随后变为淡土黄色，黏度很快增加，发生滞流现象，同时析出黏着力较强的乳白色或米黄色的浆体，最后形成有光泽的金黄色固体。一般情况下，所谓木铵浆液的凝胶时间就是憎水、变色和滞流三个过程时间的总和。

影响凝胶时间的因素很多，主要有硝酸铵的用量与浆液的浓度等。硝酸铵的用量一般在 8% ～ 10% 时，凝胶时间随用量的增加而缩短，如用量超过 10%，则凝胶时间反而延长。一般无机酸对木铵浆液有明显的促凝效果，酸性越强，效果越显著。酸用量从 1% 增加到 6% ～ 8%，凝胶时间可从几十分钟缩短到 1 ～ 2min。

③ 固砂体的抗压强度

影响抗压强度的因素主要有浆液浓度、配比和硝酸铵用量等。随着浆液浓度的增加，抗压强度相应升高。浆液中尿素与甲醛摩尔比为 1∶2 时，固砂体的抗压强度较高。硝酸铵用量为 8% 时，抗压强度最高。无机酸虽然对浆液有促凝作用，但会降低抗压强度。

2.7　环氧树脂

环氧树脂（epoxy resin）简称 EP。环氧树脂是一种分子内含有两个或两个以上的反应性环氧基，并以脂肪族、脂环族或芳香族碳链为骨架的热固性树脂。它未固化时为高黏度液体或脆性固体，易溶于丙酮和二甲苯等溶剂。加入固化剂后可在室温或高温下固化。室温固化剂为多乙烯多胺，如二乙烯三胺、三乙烯四胺。高温固化剂为邻苯二甲酸酐、芳香胺等。环氧树脂具有较强的黏结性能、耐化学药品性、耐候性、电绝缘性好以及尺寸稳定等优点，可用于胶粘剂、涂料、焊剂和纤维增强复合材料的基体树脂等，广泛应用于机械、电机、化工、汽车、船舶、航空航天、建筑等工业部门。

环氧树脂的突出性能是与各种材料具有很强的黏结力，这是由于在固化后的环氧树脂分子中含有各种极性基团（羟基、醚键和环氧基），可与多种类型的固化剂发生交联反应而形成具有不溶性质的三维网状聚合物。环氧树脂和所用的固化剂的反应是通过直接加成来进行的，没有水或其他挥发性副产物放出，因此与酚醛树脂、聚酯树脂相比，它在固化时收缩率很低，而且在发生最大收缩时树脂还处于凝胶态，有一定的流动性，因此不会产生内应力，因而在其固化过程中只显示出很低的收缩性。环氧树脂具有突出的尺寸稳定性和耐久性。固化后的环氧树脂耐热温度一般为 80 ～ 100℃，有些品种甚至可达 200℃或更高。

环氧树脂具有强度高、黏结力强、收缩性小、常温固化、化学稳定性好等特点，但将其用于注浆材料存在一些问题，例如其浆液黏度大、可灌性差、憎水性强与潮湿裂缝黏结力差等。因此在实际运用中，常常将其进行改性处理，消除上述缺点，再作为注浆材料使用。

2.7.1 环氧树脂化学组成

环氧树脂注浆材料一般由环氧树脂、稀释剂和固化剂调配混合而成。其各化学组分及作用如下。

（1）环氧树脂

环氧树脂的种类很多，产量最大、用途最广的是双酚 A 型的环氧树脂，双酚 A 型环氧分子两端的环氧基和链中的羟基均可进一步参加反应而使树脂固化，其结构式如下：

（2）稀释剂

一般环氧树脂的黏度较大，而作为注浆材料浆液的黏度要小。因此如何降低浆液的黏度是环氧树脂注浆材料应用的关键。降低黏度最方便的方法是加稀释剂。稀释剂分惰性稀释剂和活性稀释剂两种：惰性稀释剂，如丙酮、甲苯等，配制浆液简单、方便，稀释效果好，黏度低，固化放热少，在建筑工程中应用较多，加入量大时，由于稀释剂挥发会造成固化物收缩，导致黏结力下降；活性稀释剂，如相对分子质量较小的环氧化物等，由于参与反应而不挥发，可提高固化物的理化性能。但一般活性稀释剂黏度都比非活性稀释剂大，稀释效果不如惰性稀释剂。

目前，稀释剂应用比较广的是糠醛和丙酮的混合物。其优点在于糠醛和丙酮在一定条件下可以进一步反应，成为固化树脂的一部分。研究发现 NaOH 可催化糠醛丙酮缩合，得到糠叉丙酮、二糠叉丙酮及含有活泼双键的化合物等多种产物，可以与环氧树脂混合配制，并都能与伯胺、仲胺等反应形成大分子，成为拉伸强度、冲击强度、耐热性和耐腐蚀性能良好的固结体。该稀释剂不仅降低了浆液的黏度，而且增强了对混凝土裂缝的粘结强度，改善了固化物的韧性。目前已在涵洞、地下建筑物、房屋等结构物的裂缝等缺陷的处理方面有了成功的应用。但使用这种稀释剂的浆液有早期放热量大、对潮湿和缝隙有水的混凝土粘结强度较低等缺点。

（3）固化剂

环氧树脂的固化剂有碱性、酸性和反应性低聚物三大类。但注浆材料的固化通常是在含有水分的场所进行的，为了改善环氧浆液对潮湿裂缝的黏结性，可采用酮亚胺或半酮亚胺作为注浆材料固化剂，这种固化剂遇到水发生水解生成胺固化剂，可破坏被粘接面上的水膜，提高了黏结强度，同时改善了浆液的亲水性，使浆液对有水混凝土裂缝的润湿性能提高，增加黏结强度。

另一种有效的固化剂是半醛亚胺，它是由胺类固化剂和糠醛等摩尔反应制得：

$$\text{(环)} \text{O} -CHO+NH_2CH_2CH_2NH_2 \longrightarrow \text{(环)} \text{O} -CH\!=\!N-CH_2CH_2-NH_2+H_2O$$

半醛氨中的氨基可以使环氧树脂固化，亚胺键水解也生成胺，破坏水膜的同时也可使环氧树脂固化。为了提高早期强度，在浆液中可加入间苯二酚作促进剂，以加速固化。

2.7.2 常用环氧树脂注浆材料

几十年来，经过国内外的广泛研究和应用，环氧树脂应用范围从混凝土裂缝的补强发展到固结岩体裂隙和固砂。环氧树脂注浆材料的内聚力均大于混凝土的内聚力，因而对于恢复混凝土结构的整体性，能起很好的作用。表 2-10 所示为国内常用环氧树脂注浆材料。

国内常用的环氧树脂注浆材料型号及生产／代理单位[6]　　　　表 2-10

序号	名称型号	生产或代理者
1	798	中国科学院广州化学研究所
2	YDS	
3	HK-G	华东勘测设计院
4	LPL	上海麦斯特建材有限公司
5	CW	长江科学院
6	Denepox 40	上海遂星工贸有限公司
7	SK-E	中国水利水电科学研究院
8	Sikadur（r）752	瑞士 Sika 集团
9	EA	南京瑞迪公司
10	LB-91	广州市鲁班建筑防水有限公司
11	JX	中国水电基础局有限公司科研所
12	系列环氧灌浆材料	上海隧道建筑防水材料有限公司

（1）中化 -798 浆材

主要用于低渗透性软弱地基加固处理，该浆材为国内首创，居世界领先地位。最突出的优点是有优异的渗透性和良好的固结性，可注入渗透系数为 $10^{-6} \sim 10^{-8}$ cm/s 的泥化夹层中使其固结改性，其起始黏度为 $5.4 \sim 12.5$ mPa·s，固砂体抗压强度 $50 \sim 80$ MPa，抗拉强度 $10 \sim 20$ MPa，抗剪强度 $10 \sim 40$ MPa，固化时间为 4d。

（2）YDS 系列浆材

此系列浆材是在应用基础研究中开发成功的又一种高渗透性注浆材料，其与介质的接触角更小而亲和力更高，因而对极低渗透性的含水介质也有强渗透能力。此系列浆材中含有 YDS 复合增强剂，使稀释剂分子参与形成网状结构，增强了浆材与黏土介质的结合力，故而固结体具有优良的力学性能。主要用于低渗透性（10^{-5} cm/s）和极低渗透性（10^{-8} cm/s）的软弱地基和不合格混凝土的补强，也适用于混凝土微细裂缝的处理。

（3）上海隧道系列环氧加固材料

低黏度亲水刚性环氧灌浆材料，机械强度高，抗压强度 ≥ 70MPa、抗拉强度 ≥ 15MPa、黏结强度 ≥ 4.0MPa、剪切强度 ≥ 8.0MPa，均优于混凝土。耐候性好，固化后有几十年的使用期，性能不下降。尺寸稳定性好，固化中、固化后均不收缩、膨胀。黏度低，可灌入极细小裂缝，渗透性好，可在水中固化。若有泥沙与水，环氧可将水排出，并混合泥沙一起固化。固含量 100%，不含丙酮等溶剂。

弹性环氧灌浆材料是一种双组分反应型环氧灌浆材料，由主剂和副剂组成。按一定比例配比，固化后呈弹性，在外力下可变形，外力消失后能恢复至原来 95% 以上尺寸。黏度小，可灌性好，可以深入混凝土和岩基缝隙，从而达到防渗、补强的目的。材料与干燥和潮湿基面黏结强度均较高。可在水下固化，适用于管片接缝长期防水的注浆材料。

2.8　聚氨酯

聚氨酯（polyurethane），简称 PU。聚氨酯是指分子结构中含有许多重复的氨基甲酸酯基团的一类聚合物，全称聚氨基甲酸酯。聚氨酯于 1937 年由德国科学家首先研制成功，于 1939 年开始工业化生产。根据聚氨酯组成的不同，可分为线型分子的热塑性聚氨酯和体型分子的热固性聚氨酯，前者主要用于弹性体、涂料、胶粘剂、合成革等，后者主要用于制成各种软半硬质泡沫塑料。聚氨酯也被用作注浆材料，聚氨酯浆液在任何条件下都能与水反应而固化，浆液的固结体具有硬性的塑胶体、延伸性好的橡胶体、可软可硬的泡沫体等形态，不会遇水稀释流失，可作为防渗漏堵水的材料。聚氨酯浆液有水溶性和非水溶性两种，黏度低、可灌性好，结石体强度较高，不仅可以作为防渗堵水、补强加固的注浆材料，又可以作为适用于伸缩变化的嵌缝材料。

聚氨酯注浆材料又称"氰凝"材料，是以多异氰酸酯与多羟基化合物聚合反应制备的预聚体为主剂，通过注浆注入基础或结构，与水反应生成不溶于水的具有一定弹性或强度固结体的浆液材料。其浆液是由聚氨酯预聚体（或多异氰酸酯和聚醚多元醇）为主体，加上溶剂、催化剂、缓凝剂、表面活性剂、增塑剂及其他改性剂等组成的。浆液遇水，与水发生化学反应生成网状结构，产生气体，造成体积膨胀并最终生成一种不溶于水的、有一定强度的凝胶体。在土木工程中起加固、堵漏、堵水、防渗作用。

聚氨酯浆液分为油溶性聚氨酯（PM 型浆液）和水溶性聚氨酯（SPM 型浆液）注浆材料。聚氨酯类注浆材料的应用，极大地扩大了化学注浆的应用范围。

（1）任何条件下都能与水发生反应而固化，浆液不会因被水稀释而流失；

（2）与土粒粘合力大，制得的高强度的弹性固结体能充分适应地基的变形；

（3）固化过程产生二氧化碳气体，气体压力把浆液进一步压进疏松地层的孔隙，使多孔隙结构或地层填充密实；

（4）聚氨酯注浆材料的反应活性大，固结体具有良好的弹性和强度，且固结体可因组成不同具有多种形态，可以是处于玻璃态的硬性塑胶体，也可以是处于高弹态的且延伸性好的橡胶体；

（5）黏度可调，固化速度调节简便；

（6）浆液遇水开始反应，受外部水或水蒸气影响较大，因此在存贮或施工时应防止外部水进入浆液中；

（7）注浆后，管道、设备需用丙酮、二甲苯等溶液清洗。

2.8.1　聚氨酯浆液的化学组成及其作用

（1）多异氰酸酯和聚氨酯预聚体

多异氰酸酯或含端异氰酸根的聚氨酯预聚体都可以作为聚氨酯浆材的主体。常用的多异氰酸酯有甲苯二异氰酸酯（TDI）、二苯基甲烷二异氰酸酯（MDI）和多苯基多亚甲基多异氰酸酯（PAPI）、六亚甲基二异氰酸酯（HDI）及萘二异氰酸酯（NDI）等，分别制得了TT 型、TM 型、与 TP 型等预聚体。

聚氨酯预聚体是由过量的多异氰酸酯与多元醇反应制成的，多异氰酸酯与多元醇物质量的比大于等于 2，其反应式如下：

$$mOCN-R_1-NCO+nHO-R_2-OH \longrightarrow mOCN-R_1-NH-\overset{\text{O}}{\underset{\|}{C}}-O-C-R_2-O-\overset{\text{O}}{\underset{\|}{C}}-NH-NCO+(m-2n)OCN-R_1-NCO$$

TDI 黏度小，用它合成的预聚体黏度小，活性大，遇水反应快。MDI 和 PAPI 合成的预聚体黏度大，固结强度高。所以，直接以多异氰酸酯为浆料主体时常选用 MDI、PAPI，直接使用多异氰酸酯时，还需加入聚酯或聚醚多元醇。以聚氨酯预聚体为浆料主体时常选用 TDI。TDI 是两种异构体的混合物，即 2，4-TDI 和 2，6-TDI。其中 2，4-TDI 活性较大。

（2）催化剂

催化剂能加速浆液中异氰酸酯基与水和多元醇的反应。催化剂有叔胺和有机锡盐两类。常用的叔胺有三乙胺、三乙醇胺和三乙烯二胺三种。叔胺对异氰酸酯基与水和醇的反应都有催化作用。有时两种催化剂混合使用，起到相互协调作用，可得到更好的效果。

（3）促凝剂

常用的有二月桂酸二丁基锡、氯化亚锡、辛酸亚锡等。

（4）缓凝剂

缓凝剂，也叫负催化剂，在注浆过程中用来减缓凝胶反应速度。常用的缓凝剂有苯磺酰氯等酰氯化合物。

（5）稀释剂

为了降低浆液的黏度，提高可灌性，常需选用稀释剂。常用的活性稀释剂有甲基丙烯酸甲酯、甲基丙烯酸乙酯，惰性稀释剂有丙酮、甲苯、二氯乙烷等。其中以丙酮为最好，但聚合体收缩较大。二甲苯对聚合体的收缩影响较小，但会增加浆液的疏水性，使胶凝速度减慢。目前常将活性稀释剂与惰性稀释剂混合使用。

（6）表面活性剂

表面活性剂，可提高泡沫的稳定性，改善泡沫结构。一般多采用非离子表面活性剂，如有机硅油、发泡灵等，用量为 1% 以下。

（7）乳化剂

乳化剂可提高各组分在浆液中的分散性及浆液在水中的分散性，常用的有司盘系列和吐温系列，如吐温 -80（Tween-80）等，用量为 0.5% ～ 1.0%。

2.8.2 聚氨酯的性能

聚氨酯注浆材料的物理性能如相对密度、黏度及化学性能如凝胶时间等受预聚体、稀释剂、催化剂、使用温度以及水的 pH 值、与水接触状况等因素的影响。

（1）相对密度

聚氨酯浆液的相对密度是确定试段注浆压力、估算注浆时间所需浆液量的重要参数。聚氨酯浆液的相对密度除与预聚体的种类有关外，还与稀释剂及增塑剂的种类及用量有关。图 2-2 所示为不同稀释剂和浓度对 TM-1 型预聚体配制的浆液相对密度的影响，测试在 30℃条件下进行。

由图 2-2 可见，由于稀释剂二氯乙烷的相对密度比 TM-1 型预聚体大，随着二氯乙烷用量增加，相对密度增加；相反，丙酮等稀释剂的相对密度比 TM-1 型预聚体的相对密度小，因此随着丙酮等的用量增加，浆液的相对密度下降。

（2）黏度

浆液的黏度是指浆液流动时的黏滞度，黏度的倒数即称为流动度。在相同条件下，黏度越小，流动度越大，可灌性越好，扩散半径越大，相反则可灌性越差，因此黏度是标志化学浆液向地层或裂隙渗透性的重要参数。

① 浆液黏度与温度的关系

浆液流动时内摩擦力的大小，受浆液温度影响。在不同温度条件下，用旋转黏度计在相同转速下测得 TM-1 型浆液绝对黏度的变化如图 2-3 所示。当温度升高时浆液膨胀，自由体积增大，分子间相互滑动比较容易，并且分子间的距离变大，使分子间引力减弱，所以浆液的黏度随温度升高而下降。

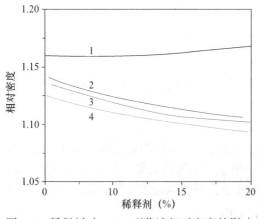

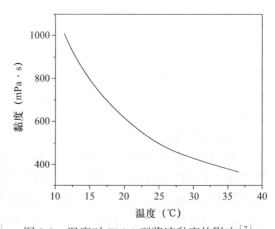

图 2-2　稀释剂对 TM-1 型浆液相对密度的影响[7]　　图 2-3　温度对 TM-1 型浆液黏度的影响[7]
　1—二氯乙烷；2—乙酸乙酯；3—二甲苯；4—丙酮

② 浆液黏度与稀释剂用量的关系

为了降低浆液的黏度，可以加入适当的稀释剂。在其他条件相同的情况下，丙酮稀释剂的用量对几种聚氨酯浆液的黏度变化如图 2-4 所示。当丙酮用量小于 10% 时，预聚体分子间被丙酮分子所充满，从而减小了预聚体分子间的作用力，使聚氨酯浆液的黏度下降，但丙酮用量继续增加时，黏度变化趋于平缓。

在相同条件下，分别在 TM-1 型预聚体中加入不同类型的稀释剂（丙酮、乙酸乙酯、二氯乙烷、二甲苯），测定其黏度的变化如图 2-5 所示。不管是亲水性稀释剂还是疏水性稀释剂，它们对聚氨酯 TM-1 型浆液黏度的影响都是开始黏度急剧下降，然后趋于平缓。

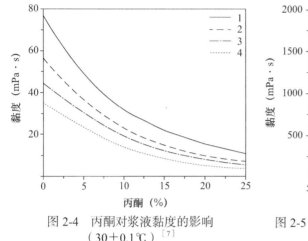

图 2-4　丙酮对浆液黏度的影响
（30±0.1℃）[7]

1—TT$_{-3}$；2—TT$_{-2}$；3—TT$_{-1}$；4—TT$_{-4}$

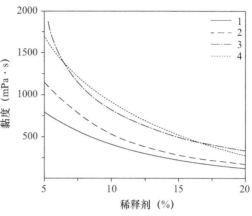

图 2-5　稀释剂对 TM-1 型浆液黏度的影响
（30±0.1℃）[7]

1—丙酮；2—乙酸乙酯；3—二氯乙烷；4—二甲苯

（3）胶凝时间

聚氨酯注浆材料预聚体的分子链由线型或支链型结构转变为体型结构产物的过程称为凝胶化。反应体系表现为黏度逐渐增大，最终转化为凝胶体。此凝胶体在溶剂中不溶解，且加热也不会熔融。

浆液遇水到反应刚刚产生凝胶的这一段时间称为凝胶时间。它表示浆液灌入缝隙或地层后保持流动性的一段时间，凝胶时间越长，浆液渗透的距离就越长，反之则渗透的距离越短。

凝胶时间受各种因素影响，如预聚体、催化剂、稀释剂及填料的种类和用量、水的 pH 值、温度等，且非常敏感，目前常用的方法有：

（1）测定浆液流动性的变化，即在直径为 10mm 的玻璃管内，先注入 2mL 浆液，再注入 0.5mL 蒸馏水，然后加入 8g 标准砂，用玻璃棒把含水的砂层压到玻璃管底，使浆液充分地与含水的砂层接触，迅速把玻璃管置于恒温槽中，记录从浆液接触水到生成凝胶的这段时间，即为凝胶时间。

（2）测定放出二氧化碳的反应速率，做出时间－速率曲线，曲线的最高点所对应的时间即为凝胶时间。

（3）测定浆液与水反应时的热效应，确定凝胶时间。

2.8.3　油溶性聚氨酯

油溶性聚氨酯浆液为溶剂型，浆液黏度可达几十到几百个兆帕秒。固化的固结体强度大，抗压强度可达 6 ~ 10MPa。固结体抗渗性好，渗透系数达 10^{-8} ~ 10^{-9}cm/s，适宜于加固地基、防水堵漏兼备的工程。水溶性类聚氨酯包水量大，渗透半径大，适用于动水地层的堵涌水，土质表面层的防护等。油性聚氨酯的制备过程又可分为一步法和两步法两种：一步法是将主料（多异氰酸酯和聚酯或聚醚）和外加剂，在注浆前直接混合成浆液使用；两步法，又称预聚法，是把主剂先合成聚氨酯的预聚体，然后再把预聚体和外加剂混合配成浆液。预聚的目的是使大部分异氰酸酯基先进行反应，这样可以缓和以后的反应，减少放热，便于控制胶凝时间。两步法制备的聚氨酯注浆材料浆液适合于地基加固、建筑物防渗、堵漏。由于其早期强度很高，一天即可接近最高强度，养护期极短，特别适合于开度较大的结构裂缝。一步法制得的聚氨酯注浆材料浆液胶凝快，所以特别适用于堵漏注浆。

原材料组成如下：

（1）多羟基化合物

多羟基化合物有聚酯类和聚醚类两种，由于酯键容易水解，而醚键比较稳定，且相同分子量的聚醚树脂的黏度比聚酯树脂小，所以一般都采用聚醚树脂作为注浆材料。聚醚树脂的品种很多，常用的聚醚树脂性能见表 2-11。

常用的聚醚树脂性能[5]　　　　　　　　　　　　　表 2-11

名称	合成条件	分子量	羟值（KOH mg/g）
204	以丙二醇为起始剂，氢氧化钾为催化剂，环氧丙烷开环聚合而成	400±40	280±20
303	以丙三醇为起始剂，氢氧化钾为催化剂，环氧丙烷开环聚合而成	300±30	550±60
505	以木糖醇为起始剂，氢氧化钾为催化剂，环氧丙烷开环聚合而成	500～600	500±20
604	以甘露醇为起始剂，氢氧化钾为催化剂，环氧丙烷开环聚合而成	840	400

（2）多异氰酸酯

常用的多异氰酸酯有甲苯二异氰酸酯（TDI）、二苯基甲烷二异氰酸酯（MDI）和多苯基多次甲基多异氰酸酯（PAPI）等。其中，甲苯二异氰酸酯的黏度最小，用它合成的预聚体，黏度低，活性大，遇水反应速度快。而由 MDI 或 PAPI 合成的预聚体，黏度大，且固结体强度高。其性能和规格见表 2-12。

常用多异氰酸酯的性能和规格[5]　　　　　　　　　表 2-12

名称	TDI	MDI	PAPI
分子量	174	250	300～400
-NCO% 含量	48	33.6	28
相对密度	1.22	1.25	1.20
黏度（mPa·s）	约 2.44	约 63	约 240

（3）稀释剂

稀释剂的作用是降低预聚体和浆液的黏度，提高浆液的可灌性。一般采用丙酮、二甲苯、二氯乙烷等稀释剂。其中丙酮的效果最好，但聚合体的收缩较大。二甲苯稀释浆液后，其聚合体的收缩较小。但二甲苯掺量过大时，会增加浆液的憎水性，使凝胶速度显著减慢。

稀释剂的用量不宜过多，否则还会降低其他物理力学性能。

（4）表面活性剂

加入表面活性剂可提高泡沫的稳定性及改善泡沫的结构，一般采用发泡灵，是一种非离子型表面活性剂，是有机硅烷和聚醇的衍生物。表面活性剂的用量一般在1%以下。

（5）乳化剂

乳化剂可以提高催化剂在浆液中的分散性及浆液在水中的分散性。常用的有聚氧化乙烯山梨糖醇酐油酸酯，用量约为0.5%～1%。

（6）促进剂

促进剂可由含量为2%～3%的三乙胺、发泡灵和有机锡组成，具有促进油溶性聚氨酯浆液固化的作用。

（7）缓凝剂

浆液中加入缓凝剂，可以使预聚反应减少支联化，防止凝胶，同时在注浆过程中，也可减缓反应速度，增大浆液扩散距离。

2.8.4　水溶性聚氨酯

水溶性聚氨酯预聚体也是由聚醚树脂和多异氰酸酯反应而成的。但这种聚醚一般是由环氧乙烷开环聚合而得，也可由环氧乙烷和环氧丙烷开环共聚而得。水溶性聚氨酯能与水以各种比例混溶成乳浊液，并与水反应成含水凝胶体。水溶性聚氨酯化学注浆材料最独特的优点表现在其优良的亲水性和遇水膨胀性能。

（1）浆液组成

水溶性聚氨酯浆液是由预聚体和其他附加剂所组成。外加剂与非水溶性聚氨酯所用的基本相同，预聚体主要有两种：

① 高强度浆液的预聚体

环氧乙烷聚醚与环氧丙烷聚醚及甲苯二异氰酸酯反应制得预聚体。预聚体由甲苯二异氰酸酯（TDI80/20，主剂）、环氧丙烷聚醚（分子量604，主剂）、环氧乙烷聚醚（分子量1500，主剂）、邻苯二甲酸二丁酯（溶剂）、二甲苯（溶剂）和硫酸（阻聚）组成，预聚方法与非水溶性聚氨酯的预聚体基本相同，反应温度应控制在40～50℃。维持温度为90℃。最后，将预聚体与其他附加剂混合即配成浆液。

② 低强度浆液的预聚体

先制成环氧丙烷、环氧乙烷的混合聚醚（分子量1000～4000，主剂），然后再与甲苯二异氰酸酯（TDI80/20，主剂）预聚而成预聚体。发生预聚时，先将聚醚加热溶化，再与甲苯二异氰酸酯混合摇匀，在80℃下维持4h即可。因为预聚体是蜡状固体，配浆时，应先加热溶化，再加入附加剂。

（2）浆液主要性能

① 黏度

高强度水溶性聚氨酯浆液黏度在25～70mPa·s，如再多加溶剂则会降低固结体的强度。至于低强度水溶性聚氨酯浆液黏度，则根据加水量或溶剂量而定，当然也会影响其固结体的强度。

② 可灌性

水溶性聚氨酯浆液的可灌性良好，如将其配成黏度为 10mPa·s 的浆液，它的可灌性比丙烯酰胺浆液更佳。

③ 胶凝时间

水溶性聚氨酯浆液的胶凝时间根据催化剂或缓凝剂的用量在数秒到数十分钟之内调整，但低强度水溶性聚氨酯浆液的胶凝时间很短（通常在数分钟之内）。

④ 固结体的抗压强度

低强度水溶性聚氨酯浆液胶凝后是一个含水的弹性凝胶体，其固砂体抗压强度为 0.1～5MPa（随加水量而变化）。

高强度水溶性聚氨酯浆液固结体的抗压强度与非水溶性聚氨酯浆液相近，不同压力下的固结体，其抗压强度变化不大。

⑤ 抗渗性能

水溶性聚氨酯浆液固结体的抗渗性高于非水溶性聚氨酯浆液的抗渗性，一般在 10^{-6}～10^{-8}cm/s，高强度水溶性聚氨酯浆液固结体的抗渗强度可达 1.5MPa。

2.8.5　几种新型聚氨酯材料特性

上海隧道建筑防水材料有限公司基于生成不溶于水的凝胶状固结体堵塞渗漏通道、反应产生 CO_2 气体促使形成更紧密固结体堵塞渗漏通道，两种途径开发了系列聚氨酯加固堵漏材料，主要性能指标见表2-13。

聚氨酯灌浆堵漏材料性能　　　　　　　　　　　表 2-13

名称		浆液类型	25℃时黏度（MPa·s）	发泡率（%）	凝胶时间（s）	凝固时间（s）	特点
油溶性聚氨酯堵漏剂	用于抢险	双液型	200～250	≥2800	—	＜40	发泡速度快，阻燃性
	用于隧道堵漏	双液型	200～250	≥2000		50～150	发泡速度快，凝固快，施工时间短，阻燃性
Z-BH 聚氨酯注浆材料		单、双液型	550～650	≥1000	—	＜800	缓慢渗透泡体不收缩，阻燃性
水溶性聚氨酯堵漏剂		单液型	280～350	≥550	40～60	—	发泡弹性体，不含丙酮等溶剂，可公路运输
聚氨酯凝胶体灌浆材料		单液型	200～250	≥350	20～30		快速包水性，最大包水量可达 15 倍以上

参考文献

［1］郭晓潞，徐玲琳，吴凯．水泥基材料结构与性能［M］．北京：中国建材工业出版社，2020.

［2］郭金敏，李永生．注浆材料及其应用［M］．北京：中国矿业大学出版社，2008.

［3］刘文永．注浆材料与施工工艺［M］．北京：中国建材工业出版社，2008.

［4］姜桂兰，张培萍，金为群．膨润土加工与应用［M］．北京：化学工业出版社，2005.

[5] 邝健政. 岩土注浆理论与工程实例 [M]. 北京：科学出版社，2001.

[6] 邓敬森. 原位化学注浆加固概论 [M]. 北京：中国水利水电出版社，2009.

[7] 许美萱. 氰凝：高效防水堵漏材料 [M]. 北京：中国建筑工业出版社，1982.

[8] 李夏，徐军哲，刘人太，等. 新型酸性水玻璃注浆材料的研究与应用 [J]. 隧道建设，2017，37 （10）：1296-1302.

部分注浆材料试验视频演示

TZS-I　　　　弹性环氧　　　　环氧胶泥实验室试验　　　环氧胶泥在管片上演示

聚氨酯凝胶体灌浆材料　　油溶性与其他厂家比较试验（5℃水）　　油溶性与其他厂家比较试验（20℃水）

第3章　注浆机理

注浆是将设定材料配制成浆液，用压送设备将其灌入地层或缝隙内使其扩散、胶凝、固化，以达到加固地层或防渗堵漏目的，从而满足各类土木建筑工程的需求。注浆技术经过200多年的发展，历经原始黏土浆液、初级水泥浆液注浆、中级化学注浆和现代注浆等阶段，形成了渗透注浆、劈裂注浆、压密注浆、喷射注浆等技术，涉及化学、流体力学、土力学、岩石力学等多门学科，现已广泛应用于水利、采矿、地铁、隧道等许多实际工程，用于堵水、防渗、加固等[1]。

3.1　渗透注浆

3.1.1　工艺定义

所谓渗透注浆是指在注浆压力作用下，浆液克服各种阻力而渗入土体的孔隙和裂隙中，在注浆过程中地层结构不受扰动和破坏的注浆形式。与别的注浆方式不同的是，渗透注浆的压力不足以破坏地层构造，不会产生水力劈裂，在这样的情况下浆液取代了土中的空气与水并排出。如图3-1和图3-2所示，浆液以微小颗粒或分子状态较均匀地进入被加固土体，以此增强土体的强度和防渗能力。

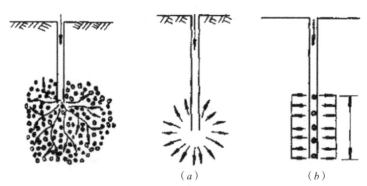

图 3-1　渗透注浆示意图[1]　　　图 3-2　浆液的扩散形状
(a) 球形扩散；(b) 柱面扩散[1]

3.1.2　工艺原理

在渗透注浆理论研究中，由于目前的技术尚难以对浆液在介质内的流动状态进行跟踪观察，并且浆液在岩土体内的扩散受到注浆压力、介质本身物理性质和浆液性质以及其时变关系的影响，所以造成当前对于渗透注浆理论的研究远远落后于注浆工程的应用。现阶段的主要理论分为以下四种：牛顿型（Newton）流体扩散理论、宾汉姆（Bingham）流体扩散理论、黏时变流体扩散理论以及幂律型流体扩散理论[1]。

针对牛顿型流体，随着研究的深入，逐渐形成了以下浆液扩散理论：首先是马格（Magg）球形扩散理论，1938年马格对于浆液在砂土中的扩散进行了如下的假设：砂土介质为各向同性，浆液为牛顿型流体，注浆源为点源且浆液在地层中呈球状扩散，并推导出了浆液在砂层的扩散公式：

$$h_1 = \frac{r_1^3 \beta n}{3Ktr_0} \tag{3-1}$$

$$t = \frac{r_1^3 \beta n}{3Kh_1 r_0} \tag{3-2}$$

式中　h_1——注浆压力水头（cm）；

　　　K——砂土的渗透系数（cm/s）；

　　　β——浆液黏度与水的黏度比；

　　　r_1——浆液的渗透半径（cm）；

　　　r_0——注浆管半径（cm）；

　　　t——注浆时间（s）；

　　　n——砂土孔隙率（cm）。

Magg 理论的出现，真正使渗透从工程实际走向理论化，推动了注浆理论的发展，具有非常重要的理论指导意义。

在后续发展中，拉费尔（Raffle）与格林伍德（Greenwood）在假设点源、其余假设相同的情况下，推导出了浆液以球形扩散的公式：

$$h_1 = \frac{Q}{4nK} \left[\beta \left(\frac{1}{r_0} + \frac{1}{r_1} \right) + \frac{1}{r_1} \right] \tag{3-3}$$

浆液从注浆源扩散到半径 R 的球面所需要的时间表示为：

$$t = \frac{nr_0^2}{Kh_1} \left[\frac{\beta}{3} \left(\frac{r_1^2}{r_0^3} - 1 \right) - \frac{\mu-1}{2} \left(\frac{\beta}{r_0^2} - 1 \right) \right] \tag{3-4}$$

式中　h_1——注浆压力水头（cm）；

　　　t——注浆时间（s）；

　　　r_1——浆液扩散渗透半径（cm）；

　　　β——浆液黏度与水的黏度比；

　　　n——受注介质的孔隙率；

　　　r_0——注浆管半径（cm）；

　　　K——受注介质的渗透参数（cm/s）；

　　　Q——注浆量（cm³）。

国内有关于浆液扩散公式的研究主要在于两方面：球形浆液扩散公式与柱形浆液扩散公式，其中马海龙、杨敏[3]等人推导出的球形扩散公式如下：

$$h_1 = \frac{r_1^3 \beta n}{3Kt} \left(\frac{1}{r_0} - \frac{1}{r_1} \right) \tag{3-5}$$

$$t=\frac{r_1^3\beta n}{3Kh_1}\left(\frac{1}{r_0}-\frac{1}{r_1}\right) \tag{3-6}$$

式中　h_1——注浆压力；

　　　r_1——浆液扩散渗透半径；

　　　β——浆液黏度与水黏度之比；

　　　n——受注介质的孔隙率；

　　　K——介质的渗透系数；

　　　r_0——注浆管半径；

　　　t——注浆时间。

《岩土注浆理论与工程实例》[4]假设受注介质为均匀的各向同性介质，浆液服从牛顿流体，用花管进行注浆，最后浆液呈柱形扩散，其柱形扩散公式如下：

$$r_1=\sqrt{\frac{2Kh_1t}{n\beta\ln(r_1/r_0)}} \tag{3-7}$$

$$t=\frac{n\beta r_1^2\ln(r_1/r_0)}{2Kh_1} \tag{3-8}$$

式中　r_1——浆液扩散渗透半径；

　　　h_1——注浆压力水头；

　　　t——注浆时间；

　　　n——孔隙度；

　　　β——浆液黏度与水的黏度比；

　　　r_0——注浆管半径。

为了进一步探索浆液在受注介质内的流动，掌握受注介质及注浆材料特性参数与注浆后浆液的扩散情况等关系，国内外学者均在不同环境、不同试验装置下进行了试验室及现场试验。

苏联学者曾在现有理论计算公式的基础上，对于无水多孔介质进行了模拟渗透试验，根据不同试验材料的不同渗透系数、粒度模数与不同的注入化学浆液黏度，推导出了注浆压力、浆液流量、渗透速度、注浆时间、浆液扩散半径、土的空隙性质、浆液性质间的关系，列出了一系列回归公式[4]。

在裂隙岩体中，韩国的 J. S. Lee，C. S. Bang[7] 等人就浆液在裂隙岩体中的渗透注浆进行了研究。试验采用的是非均质的合成材料模拟岩体，将受注岩体分为无节理、有一组平行节理、有两组互相垂直节理三种情况进行了模拟试验。图 3-3 是模拟试验模型的概念图。

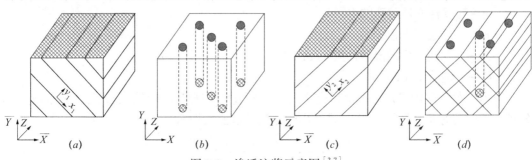

图 3-3　渗透注浆示意图[3-7]

从最后的试验结果来看，主要有四点：（1）受注岩体在功能上与完整岩体几乎相同，不论是从几何性质还是力学性质上来分析；（2）在加载垂直压力的情况下，受注岩体的表现要优于完整岩体，竖向承载能力在渗透注浆后得到了强化；（3）在受注岩体的受注强化部分中，剪力波的传播速度提高了 11% ~ 14%；（4）相较于注浆前的岩石节理，在充分渗透注浆后的岩石节理的刚度提高了将近 6 倍之多。

在动水条件下，Karol 与 Swift[4] 在 1961 年使用丙烯酰胺浆液（AM-9）在三维模型上研究地下水流动对化学浆液的分布产生影响，指出流动地下水对化学注浆的主要影响是把浆液从注入点冲洗掉，另外的影响是改变注浆区域的形状。R.J.Krizek 和 T.Perez[4] 在 1985 年用 4 种浆液和 5 种介质共做了 79 组一维注浆试验，研究浆液的稀释特性，并且在给定地下水流速条件下，详细研究了 4 种浆液在同种介质堵水所需要的凝胶时间和同种浆液在不同介质中堵水所需要的凝胶时间，这里需要补充介绍的一个概念是稀释比，浆液稀释的难易程度用式（3-9）表示：

$$稀释比 = \frac{溢流液最短凝胶时间\, t_{Emin}}{设计凝胶时间\, t_G} \tag{3-9}$$

研究结果显示，稀释比越大，截水曲线越陡峭，越靠近凝胶时间轴，要求的凝胶时间也越短；而从介质性质方面去考虑，介质颗粒越粗，堵水需要的凝胶时间越短，反之亦然，当有效尺寸约为 0.072mm 时，浆液几乎不能注入。

3.2 劈裂注浆

3.2.1 工艺定义

所谓劈裂注浆，是在钻孔内施加压力于弱透水性地基中，当浆液压力超过劈裂压力（渗透注浆和压密注浆的极限压力）时土体产生水力劈裂，也就是在土体内突然出现一条裂缝，导致吃浆量突然增大，而其劈裂面发生在阻力最小主应力面，劈裂压力与地基中的小主应力及抗拉强度成正比，浆液越稀，注入则越慢，导致劈裂压力变小。最后劈裂注浆在钻孔附近形成网状浆脉，通过浆脉挤压土体和浆脉的骨架作用加固土体（图3-4）。由于浆液在劈入土层过程中并不是与土颗粒均匀混合，而是呈两相（图3-5），所以从土的微观结构分析，土除了受到部分的压密作用外，其他物理力学性能变化并不明显，故其加固效果应从宏观上分析，也即考虑土体的骨架效应。实践表明，劈裂注浆可利用其注浆压力在地层中产生劈裂，改善地层可注性，从而达到注浆加固的要求。除此以外，劈裂注浆还有调整坝体应力、形成垂直连续防渗帷幕、通过浆－坝互压作用提高坝体密实度、通过湿陷固结作用提高密实度与增强稳定性等作用，再加之其机理明确、设备简便、工艺合理、操作方便、易于取材、无环境污染、适用范围广等优点，造就了劈裂注浆在现今的工程中的重要地位[16]。

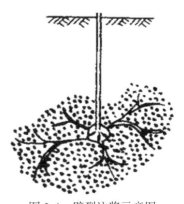

图 3-4 劈裂注浆示意图

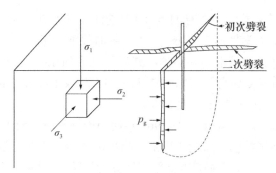

图 3-5   土体中的压力和劈裂面

3.2.2 工艺原理

劈裂注浆技术是目前应用最广泛的一种注浆方法，在软土地基、隧道、路基和堤坝的加固中都有着广泛的应用，但对其机理的认识前还仍然处于定性及弹性力学分析阶段，想要利用它们对土体劈裂注浆机理进行分析仍然是不完善的。

根据现今的研究成果来看，劈裂注浆是一个先压密后劈裂的过程，浆液在土体中的流动主要分为三个阶段：

第一阶段为鼓泡压密阶段，刚开始注浆时，浆液所具备的能量不大，不足以劈裂地层，浆液聚集在注浆管孔附近，形成椭球形泡体来挤压土体，此时吃浆量少，而压力增长快，说明土体尚未裂开，在这段时间里会产生第一个峰值压力，我们称其为启裂压力，在达到启裂压力之前称为鼓泡压密阶段（与压密注浆相似）。鼓泡压密作用可用承受内压的厚壁圆筒模型来分析，可近似地用弹性理论的平面应变问题求径向位移，以此来估计土体的压密变形，其中径向位移 u_r 可用下式计算：

$$u_r = \frac{v-1}{vE} \cdot \frac{pr_1^2}{r_2^2 - r_1^2} + \frac{m-1}{mE}\left(\frac{p_1 r_1^2}{r_2^2 - r_1^2}\right) = \frac{v-1}{vE} \frac{1}{(r_2^2 - r_1^2)}(pr_1^2 + p_1 r_1^2 r_2^2) \qquad (3-10)$$

式中 v——土的泊松比；

p——注浆压力；

m——土的压缩系数；

r_1——钻孔半径；

r_2——浆液的扩散半径；

E——土的弹性模量。

第二阶段为劈裂流动阶段。在接下来继续注浆的过程中，当压力大到一定程度（也即启裂压力）时，浆液在地层中产生劈裂流动，劈裂面发生在阻力最小的小主应力面。这里要考虑实际地层问题，当地层存在已有的软弱破裂面，则先沿着软弱面劈裂流动；而当地层比较均匀时，初始劈裂面则是垂直的。劈裂压力与地基中小主应力及抗拉强度成正比，垂直劈裂压力公式如下：

$$p_v = \gamma h\left[\frac{1-v}{(1-N)\,v}\right]\left(2K_0 + \frac{\sigma_t}{\gamma h}\right) \qquad (3-11)$$

式中 p_v——垂直劈裂注浆压力；

γ——土的重度；

h——注浆段深度；

v——泊松比；

N——综合表示 k 和 μ 的参数；

σ_t——土的抗拉强度；

K_0——土的侧压力系数。

劈裂流动阶段的基本特征是压力值先很快降低，维持在一低压值左右摆动，但是由于浆液在劈裂面上形成的压力推动裂缝迅速张开而在最前端出现应力集中现象，所以此时压力虽然小，但是能使裂缝迅速发展。

第三阶段则是被动土压力阶段。裂缝发展到一定程度，注浆压力重新升高，地层中大小主应力方向发生变化，水平向主应力转化为被动土压力状态（即水平主应力为最大主应力），这时需要有更大的注浆压力才能使土中裂缝加宽或产生新的裂缝，从而出现第二个压力峰值，此时水平向应力大于垂直向应力，地层出现水平向裂缝（即二次裂缝），水平劈裂压力为：

$$p_h = \gamma h \left[\frac{1-v}{(1-N)v} \left(1 + \frac{\sigma_t}{\gamma h} \right) \right] p \qquad (3-12)$$

式中　p_h——水平劈裂压力；

N——综合表示 k 和 μ 的参数，其余含义同上。

被动土压力阶段是劈裂注浆加固土地基的关键阶段，垂直劈裂后大量注浆，使小主应力有所增加，缩小了大小主应力之差，提高了土体稳定性，在产生水平劈裂后形成水平方向的浆脉时，就可能使基础上抬和纠偏。浆脉网的作用是提高土体的法向应力之和，并能够提高土体的刚度。但是在实际注浆过程中，在地层很浅时，浆液沿水平剪切方向流动会在地表出现冒浆现象，因此劈裂注浆的极限压力需要满足式（3-13）：

$$p_u \leqslant \gamma h \tan^2 \left(45° + \frac{\varphi}{2} \right) + 2c \tan^2 \left(45° + \frac{\varphi}{2} \right) \qquad (3-13)$$

式中　p_u——劈裂注浆的极限压力；

γ——土的重度；

h——注浆孔的深度；

c——土的黏聚力；

φ——土的内摩擦角。

对于劈裂注浆中的能量问题，根据能量守恒原理，注浆所消耗的能量应等于存贮在土体中的能量加上劈裂过程所耗能量，即：

$$\Delta E = (\Delta E_{rs} + \Delta E_{rf}) + (\Delta E_{ic} + \Delta E_{ip} + \Delta E_{iv} + \Delta E_{is} + \Delta E_{il}) \qquad (3-14)$$

式中　ΔE_{rs}——土体中的弹性应变能；

ΔE_{rf}——浆液的弹性应变能；

ΔE_{ic}——劈开土体所需要的能量；

ΔE_{ip}——劈裂区塑性变形所消耗的能量；

ΔE_{iv}——浆体表面与土体摩擦所消耗的能量；

ΔE_{is}——浆液流动时克服其内剪力所消耗的能量；

ΔE_{il}——克服浆体系统中各种摩擦所消耗的能量。

除此以外，我们还能推断出注浆消耗的总能量 ΔE 与注浆速率和注浆压力有关：

$$\Delta E = f(p, v) \tag{3-15}$$

因此，注浆速率和注浆压力是一对重要的参数。

3.3 压密注浆

土体压密注浆起源于美国，美国称其为 CPG（Compaction Grouting），20 世纪 50 年代的早期开始运用于工程，但对其原理的研究尚未开始，直到 1969 年格拉夫（Graf）首次描述了压密注浆的过程并提出了有关压密注浆的一些基本概念。1970 年，米切尔（Mitchell）研究了压密注浆的机理；1973 年，布朗（Brown）和奥纳（Warner）报道了有关压密注浆的试验过程和实际工程应用情况，并论述了压密注浆最大的挤密效果发生在最弱的土层或土体中。随后又有许多学者通过现场试验与室内试验等手段对压密注浆的原理进行了不断的探索，最后得出了压密注浆的设计方法等结论，对于现今压密注浆的实际工程起到了非常重要的引领作用。

3.3.1 工艺定义

根据美国土木工程师协会注浆委员会所讲的定义，所谓压密注浆就是使用极稠浆液（坍落度小于 25mm 的浆液）来进行的注浆，通过钻孔挤压土体，在注浆处形成球形浆泡，依靠浆体的扩散形成对周围土体的压缩。钻杆自下而上注浆时，将会形成桩式柱体，浆体完全取代或者说替换了注浆范围的土体，从而使得注浆邻近区存在较大的塑性变形带；离浆泡较远的区域土体发生弹性变形，因而土的密度明显增加。由于压密注浆所采用的浆液为极稠浆液的缘故，浆液在土体中运动时挤走周围的土，起到了置换的作用，而不向土内渗透，这是压密注浆非常重要的一个特性。一般而言，压密注浆固结体在土体中呈似球体或块体状分布。注浆浆液稠度较大，与土体产生两个界面，浆液依靠压力作用挤压土体，起到加固效果。

同样作为静压注浆，压密注浆与渗透注浆、劈裂注浆之间还是有较大区别的。压密注浆的浆液极为浓稠，浆液在土体中仅仅挤走周围的土而起到置换作用，却不向土内渗透。渗透注浆则是浆液渗入土颗粒的间隙中，将土颗粒黏结起来而达到强化土体的效果。相较而言，压密注浆与劈裂注浆的区别便在于"劈裂"这个词上，压密注浆仅仅通过挤压使周围土体发生变形而不产生水力劈裂，这是压密注浆与劈裂注浆最大的区别，可以通过图 3-6 的对比体现出来。

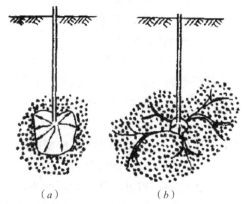

(a)   (b)

图 3-6 压密注浆与劈裂注浆示意图
(a) 压密注浆；(b) 劈裂注浆

3.3.2　工艺原理

虽然压密注浆力学机理分析及应用先后被国外的学者探讨过，但是，目前对压密注浆的认识还主要是依靠工程经验和现场试验，这无疑给工程的应用带来了极大的不确定性，尤其是注浆压力的控制值，更不必说在施工前就给出一个有效的估计值了。巨建勋[8]从注浆扩孔过程中土体的压缩机理出发，考虑能耗区中的土体在注浆压力和土压力共同作用下的应力－应变－体变关系，再根据注浆扩孔过程中的能量守恒和体变平衡原理，得到压密注浆极限扩孔压力的理论解。

在压密注浆中，假设注浆过程无能量损失，根据能量守恒定律进行一定的推算，我们可以得出以下较为定性化的结论：于同一土层中，压密注浆浆液的扩散范围与注浆压力和注浆时间成正比；在注浆压力和注浆时间一定时，扩散范围与阻力系数和浆液重度成反比；压密注浆过程中，注浆能量与压密平衡的建立是一个缓慢的过程，如果太过着急则会造成劈裂等非预期的结果。

对压密注浆进行定量化的描述，最先需要做的一步便是建立适合的模型来模拟。由于弹性理论模型不能描述岩土材料的残余变形特性，因此人们将关注点转向了塑形理论模型，在塑性理论模型中人们也慢慢从最早的理性塑性模型逐渐发展到了塑性功硬化模型、加上一个球形帽盖的塑性模型以及多重屈服面塑性模型等。

这里需要说明的是，虽然在土体的弹性本构模型中，表达简单且参数较少而易于分析，但是在实际工程中存在较大应力的情况下土体就不能仅仅用弹性本构模型来模拟，而是同时具有弹性与塑性，因此用弹塑性本构关系模型来模拟应力－应变关系会更为贴切。

建立土体的弹塑性本构模型，则需要确定屈服准则、流动规则与硬化规律三个方面。

屈服准则：说明材料内某一点达到弹性极限后出现塑性变形的条件，可以通过这个准则来判断一个确定的应力状态情况下发生了弹性变化还是塑性流动，通用表达式为：

$$F(\sigma_x, \sigma_y, \sigma_z, \tau_{xy}, \tau_{yz}, \tau_{zx}, k) = 0 \tag{3-16}$$

式中　F——屈服参数；

　　　k——反映材料塑性特征的试验常数。

流动规则：也被称为正交定律，是用来确定塑性应变增量方向的一条规定，描述塑性应变增量与当前应力状态的关系并以此形成弹塑性本构关系表达式。根据 Mises 在 1928 年提出的塑性位势理论，材料中任意一点的塑性应变增量方向总是与塑性势面正交，我们设塑性势面函数为：

$$G(\sigma_y, H) = 0 \tag{3-17}$$

则塑性应变增量与应力存在着下列正交关系：

$$d\varepsilon_y = d\lambda \frac{\partial G}{\partial \sigma_y} \tag{3-18}$$

式中　$d\lambda$——确定塑性应变增量大小的函数，如上式假设；

　　　H——表示塑性势面的硬化参数。

在 Drucker 公设成立的条件下，塑性势面与屈服面相重合，则有 $F = G$，此种流动规则称为相关联流动规则；否则称为不相关流动规则，在下面的描述中统一采取相关联规则。

硬化规律：本规律是决定一个给定的应力增量引起的塑性应变增量的准则，是确定随着变形的发展屈服准则的变化。对于初始屈服面以后的后继屈服面的变化规律一般有等向硬化和运动硬化两种模型的描述。

在流动规则中，$d\lambda$ 可以假定为：

$$d\lambda = \frac{1}{A} \frac{\partial F}{\partial \sigma_{ij}} d\sigma_{ij} \tag{3-19}$$

式中　F——屈服函数；

　　　A——硬化参数 H 的函数。

这里需要注明，本书此处所采用的均为理想弹塑性本构关系，在初始屈服面便认为已经破坏，故没有硬化规律。

理想弹塑性模型：Drucker-Prager 模型在各类摩擦类材料中，主要使用的是 Mohr-Coulomb 准则和 Drucker-Prager 准则。

其中 Mohr-Coulomb 准则表达如下：

$$f = \tau - \sigma \tan\varphi - c = 0 \tag{3-20}$$

式中　σ、τ——剪切面上的正应力和剪应力；

　　　c、φ——屈服或破坏参数，即材料的黏聚力和内摩擦角。

Drucker-Prager 准则是在 Von Mises 准则的基础上考虑静水压力得到的，它假设为静水压力的线性函数，表达如下：

$$f(I_1, \sqrt{J_2}) = \sqrt{J_2} - aI_1 - k = 0 \tag{3-21}$$

$$f(p, q) = q - 3\sqrt{3}\,ap - \sqrt{3}\,k = 0 \tag{3-22}$$

式中　I_1——应力张量第一不变量；

　　　J_2——偏应力张量第二不变量；

　　　a、k——Drucker-Prager 准则材料常数。

按照平面应变条件下的应力和塑性变形条件，导出 a、k 与 Drucker-Prager 准则材料常数 c 和 φ 之间的关系如下：

$$\left.\begin{array}{l} a = \dfrac{\sin\varphi}{\sqrt{3}\sqrt{3+\sin^2\varphi}} = \dfrac{\tan\varphi}{\sqrt{9+12\tan^2\varphi}} \\[3mm] k = \dfrac{\sqrt{3}c\cos\varphi}{\sqrt{3+\sin^2\varphi}} = \dfrac{3c}{\sqrt{9+12\tan^2\varphi}} \end{array}\right\} \tag{3-23}$$

3.4　高压喷射注浆

3.4.1　工艺定义

高压喷射注浆是水力采煤技术与静压注浆相结合的一项新技术。它主要利用钻机造孔，然后把带有喷头的喷浆管下至地层预定的位置，用喷嘴喷射流（浆或水）冲击和破坏地层。剥离的土颗粒的细小部分随着浆液冒出地面，其余土颗粒在喷射流的冲击力、离心力和重力等作用下，与注入的浆体掺搅混合，并按照一定的比例和质量大小有规律地重新排列，在土体中形成固结体，固结体的形状和几何尺寸与喷射方式和持续时间有关，而喷射方式主要分为三种：旋（旋转喷射）、摆（摆动喷射）、定（定向喷射）。旋转喷射是喷头一面旋转、一面提升，形成圆形柱状体；摆动喷射是喷头一面摆动、一面提升，形成似哑铃或扇形柱体；定向喷射是喷射过程中，喷嘴的方向始终固定不变，形成板状体（图3-7）。为了增大喷射体的几何尺寸，需要较长的喷射时间。按照持续时间划分可以将喷射分为复喷和驻喷，复喷即为重复喷射，而驻喷是只摆动不提升的喷射。也因为这些不同喷射方式、喷射时间，使得高压喷射注浆法有以下几个特点：适用范围广；固结体成形好；浆材来源广、性能好；施工简单等[16]。

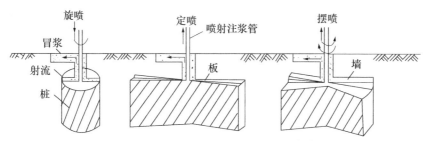

图3-7　高压喷射注浆的三种形式[16]

高压喷射工法 CCP（Chemical Churning Pile）、JSG（Jumbo-jet Special Grout）、CSG（Column Jet Grouting）大约在20世纪70年代开始在日本使用，国内则于20世纪80或90年代分别引进 CCP、JSG 和 CJG 工法，且被广为使用。

近年来由于地层改良深度越来越深，钻孔费用也越来越高，因此加大改良桩径、减少钻孔数量，成为降低施工成本的有效做法，因此，以超高压喷射或机械／喷射并用等喷射注浆工法逐渐被开发出来。配合台北捷运二期路网和高雄捷运的兴建，工程单位陆续引进了多种超高压喷射搅拌工法，例如 SJM（Super Jet Midi）、RJP（Rodin Jet Pile）、X-J（Cross Jet）和 SJ（Super Jet）等。

依中国台湾过去所使用的高压喷射注浆管构造，高压喷射注浆工法可分为日本和欧洲两大系统，其中日本系统又可分成下列主要类型[16]。

（1）单重管法

单重管法是利用高压泥浆泵以15～25MPa的压力，把浆液从喷嘴中喷射出来，冲击切割土体，同时借助注浆管的提升和旋转，使浆液与崩落下来的土混合搅拌，经过一定时间的凝固，便在土中形成固结体，日本称为 CCP 工法。因本工法之成形桩径只有30cm左右，经济效益低，近来已较少使用。

（2）二重管法

二重管法是利用双管同时输送两种介质，在管底部喷头上的同轴喷嘴处，同时喷射高压浆液（10～25MPa）和空气（0.7～0.8MPa）两种介质射流冲击破坏土体。因在高压浆液射流和外圈环绕气流的共同作用下，破坏泥土的能量显著增大，与单重管法相比，固结体的直径明显增加，日本称为 JSG 工法。

还有一种二重管法是用水浆两种介质，用水切割土体，用浆液充填注浆，它克服了单重管法浆液黏度大、切割能力弱和高压喷嘴磨损快及易堵的缺点。

（3）三重管法

三重管法是使用分别输送水、气、浆三种介质的三管（铁路、冶金系统大多采用三重管水电系统有些单位采用并行管），在压力达到 20 ～ 50MPa 左右的高压或超高压水喷射流的周围环绕 0.7 ～ 0.8MPa 的圆管状气流，利用水气同轴射流冲切土体，另由泥浆泵注入压力为 0.2 ～ 0.7MPa、浆量为 80 ～ 100L/min 的稠浆充填。当采用不同的喷射方式时，可形成各种要求形状的凝结体，日本称为 CJP 工法。

（4）多重管法

多重管法是喷管包括输送水、气、浆管、泥浆排出管和探头导线管。目前使用较多的多重管法有 MJS 工法，详见图 3-8。多重管法用逐渐向上同时摆动的超高压力水射流（压力约 40MPa）切削四周土体，经高压水冲击下来的土变成泥浆，立即用真空泵从泥浆排出管内抽出地面。反复冲击土体和抽取泥浆，便在地层中形成一个较大的空间，装在喷嘴附近的超声波探头及时测出空间的直径和形状，最后根据工程要求选用浆液、砂浆、砾石等材料充填。在地层中形成一个大直径的柱状固结体。

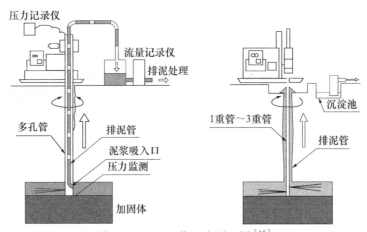

图 3-8　MJS 工艺工法原理图[15]

（5）深层喷射搅拌混合法

深层搅拌法（即深层水泥浆液搅拌法和深层水泥粉体搅拌法）和高压喷射注浆法在我国地基处理方面应用较为普遍。近年来日本把深层水泥浆液搅拌法和高压喷射注浆法结合起来，同时发挥机械搅拌和射流搅拌两者的优点，形成深层喷射搅拌混合法。

由于高压喷射注浆工法的固化材料是以高压强制方式灌入地层中，通常灌注压力并无法立即消散，恢复平衡状态，尤其是在注浆过程中，若回浆或排泥过程不顺畅（即注浆管与孔壁的间隙堵塞，使浆液无法回冒出地面），则很容易因压力累积，引起地表面隆起或挤压邻近埋设物。因此在喷射注浆施工中应随时注意排泥是否顺畅，并监测地表隆起及邻近结构物变形量，若发现地表有隆起现象，且影响到邻近结构物时，应立即检查其灌注情形，调整灌注压力和灌注量，必要时加设解压孔，以减少隆起影响。

3.4.2　工艺原理

高压喷射注浆技术是利用钻机把带有喷嘴的注浆管放到预定深度后，利用高压发生装置喷射高压射流并缓慢提升，破坏射流范围内土体并使水泥浆与所破坏的土体结合，产生较为均匀的固结体，达到提高土体参数、加固地基、防渗防漏的作用。与普通静压注浆相比，高压喷射注浆具有多项突出技术优势，如钻进较小的孔可以得到较大的加固体，加固土体和帷幕堵水可靠性高，破坏土体能力强，固结体耐久性好，浆液较集中，不易窜入土层远处造成浆液流失。这一系列的优点都是传统的静压注浆所无法做到的。

　　高压喷射流是以高压设备加压，使流体以很高的速度通过喷嘴，携带巨大能量的流体通过喷嘴高速喷射而出的射流。由流体力学基本知识可知，在喷嘴直径确定的情况下，射流的速度和能量随着压力的增大而增大；射流的流量随着喷嘴的直径增大而增大；而喷嘴射流的流速与流量直接影响着破坏土体的程度，进而影响形成的固结体的强度与直径。所以在可能的情况下要尽量增大喷射流的流速与流量，以增强旋喷桩固结体的支护效果。

　　高压喷射注浆使用的喷射流有四种：单重管喷射流；二重管喷射流；三重管喷射流；多重管喷射流。这四种喷射流构造可分成单液高压喷射流和水（浆）气同轴喷射流两种类型，单管旋喷喷射高速水泥流和多管旋喷喷射水流都可以用高速射流在空气中的形态来说明，随着高速射流离开喷嘴的距离越来越大，射流的形态可以分为水射流、水滴、雾状流三种，在离开喷嘴较短的距离内，射流可以保持很大的动能与动压力，但是随着射流与喷嘴距离越来越大，其速度和动压力会越来越少。喷射流体的动压与速度直接影响着射流切削搅拌土体的效果。水（浆）气同轴喷射的射流分为初期区域、迁移区域和主要区域，由于射流在水和空气中的摩擦系数不同，射流在水中衰减的速度要远远大于在空气中衰减速度（图3-9），而在射流周围分布气体可以大大减小射流衰减，所以二管或三管喷射就在射流周围喷射环状气体，尽可能地减小射流的衰减，增加射流冲击破坏土体的能力[11]。

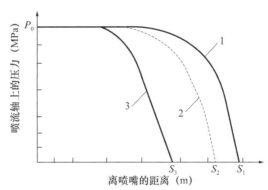

图 3-9　喷射流轴上的水压力与距离关系
曲线 1—高压喷射流在空气中单独喷射；曲线 2—水、气同轴喷射流在水中喷射；
曲线 3—高压喷射流在水中单独喷射

3.4.3　破坏机理

　　高压喷射流破坏土体的机理包括喷流动压、喷射流的脉动负荷、喷射流的冲击力、射流的空蚀现象、水楔效应、挤压力和气流搅动七种作用力[12]。

　　（1）喷流动压

　　高压喷射流冲击土体时，会以很高的能量集中冲击一较小的区域，进而该区域内及其周围的土体之间受到压应力作用，当土颗粒结构的破坏临界值被超过后，土体就会破坏。

（2）喷射流的脉动负荷

射流喷出介质（水、气、浆）因受原动机（空压机、高压水泵、泥浆泵）及介质在管路中运动特性的影响，常出现周期性的振动现象，使喷出的压力难以恒定不变，又因地层情况多变，射流冲切土层远近、深浅不均，阻力大小不同，从而引起喷射流对土体的压力随时间的周期性变化而出现时大时小现象，即产生脉动负荷。当喷射流不断地以脉冲式冲击土体时，土粒表面受到脉冲负荷的影响，逐渐积累起残余变形，使土粒丧失平衡，从而破坏土层。

（3）喷射流的冲击力

由于喷射流断续地冲击土体，产生冲击力，促进土层破坏的进一步发展。

（4）射流的空蚀现象

射流束喷在土层上，由于喷压大小的变化及上层距喷嘴远近的不同，土层产生的压力大小也随之变化，加上射流在土粒表面产生水流，而土粒大小不均匀，使部分颗粒上的压力降低而呈现空蚀现象，使土体受到破坏。此外，高压喷射流本身呈激烈的紊流状态，也对土层产生空蚀现象，土粒不断被剥离下来，使土层受到破坏。

（5）水楔效应

当喷射流充满土层时，由于喷射流的反作用力，产生水楔。喷射流在垂直喷射流轴线的方向上，楔入土体的裂隙或薄弱部分中，此时喷射流的动压变为静压，使土体发生剥落加宽裂隙。

（6）挤压力

喷射流在终期区域，能量衰减很大，不能直接冲击土体使土粒剥落，但能对有效射程的边界土体产生挤压力，对四周土体有压密作用，并使部分浆液进入土粒之间的裂隙里，使固体与四周土紧密相依，不产生脱离现象。

（7）气流搅动

在使用水或浆与气的同轴喷射作用时，空气流使水或浆的高压喷射流将破坏土体上的土粒吹散，喷射流的喷射破坏条件得到改善，阻力减小，能量消耗降低，从而增大高压喷射流的破坏能力。

3.4.4　基本性状

土层在高压喷射注浆过程中，有部分较细小的土颗粒以"半置换"方式带出地面，其余土颗粒在高压喷射动压、离心力和重力的共同作用下，重新排列，和浆液搅拌混合组成具有特殊结构的固结体。黏砂土、砂黏土、粉砂、细砂、中砂、粗砂、砾石砂、黄土、淤泥及杂填土经过喷射注浆后，由松散的土变为体积大、质量较轻、渗透系数小和坚硬耐久固结体，其基本特性如下[12]。

（1）直径较大

固结体直径大小与土体种类、密实程度和喷射工艺有关。单管旋喷注浆加固体直径为$0.3 \sim 0.8m$；三管旋喷注浆固结体直径为$1.0 \sim 20m$；二管旋喷注浆固结体直径介于两者

之间；多管旋喷注浆固结体直径可达 2 ～ 40m。摆喷和定喷的有效长度约为旋喷直径的
1 ～ 1.5 倍。

（2）固结体形状不同

在均质土中，旋喷的圆柱体比较匀称。在非均质或有裂隙土中，旋喷的圆柱体不匀称，
甚至在圆柱体旁边长出翼片。由于喷射流脉动和提升速度不均匀，固结体的外表很粗糙。
三管旋喷固结体受气流影响，在黏砂土中外表粗糙。通过喷射参数可控制固结体的形状，
可喷成均匀圆柱体、非均匀圆柱体、圆盘状、板墙状和扇形状。在深度大的土中，若不采
取其他措施，旋喷圆柱体可能会呈上粗下细的形状。

（3）质量较轻

固结体的质量较轻是因为固结体内部的土粒少并含有一定数量的气泡。通常，黏性土
固结体约比原状土轻 10%，但砂类土固结体比原状土重 10% 左右。

（4）透水、透气性差

固结体内的孔隙不贯通，而且固结体还有一层较致密的硬壳，其渗透系数约为 10^{-6}cm/s
或更小，透水透气性差，具有一定的止水防渗性能。

（5）固结体强度高且不均匀

高压喷射后，土颗粒重新排列，水泥等浆液含量大。一般外侧土粒直径大，数量多，
浆液成分多，故在横断面上，中心强度低，外侧强度高，与土交换的边缘处有一层坚硬的
外壳。旋喷固结体的平均抗压强度约为 0.8 倍半径处的强度。

影响固结体强度的主要因素是土质和旋喷材料。同一浆材配方下，砂土的固结强度远
大于软黏土的固结强度。通常，黄土和黏性土中的固结体抗压强度为 5 ～ 10MPa，砂土和
砂砾层中的固结体抗压强度为 8 ～ 20MPa。旋喷固结体的抗拉强度较低，约为抗压强度的
1/5 ～ 1/10。

固结体强度不均匀的主要原因：① 旋喷注浆时，不同部位的固结体内的土灰比不同。
土灰比指固结体内土的干重量与水泥重量的比值。旋喷固结体在顶部 1 ～ 3m 范围内土灰
比较大，约为 2 ～ 3；向下土灰比比较稳定，约为 0.5 ～ 0.8，从旋喷固结体中心到边缘，
土灰比由大到小；② 施工方法、土层内的含水量。水泥浆液的泌水沉降对水灰比影响较大，
泌水造成旋喷固结体顶部的水灰比远大于其下部；③ 冬季施工会因环境温度影响，引起旋
喷固结体顶部的温度较低，进而造成固结体强度不均匀。

（6）单桩承载力

固结体外表凹凸不平，且具有较高的抗压强度，因此有较高承载力。一般固结体直径
越大，承载力越高。

3.5 搅拌注浆

3.5.1 工艺定义

搅拌注浆即水泥搅拌法，是美国在第二次世界大战后研制成功的。这种方法是从不
断回旋的中空轴端部向周围已被搅松的土中喷出水泥浆，经叶片搅拌而形成泥土桩。国内

1977年由冶金部建筑研究总院和交通部水运规划设计院进行了室内试验和机械研制工作，于1978年底制造出国内第一台SJB-1型双搅拌轴中心管输浆的搅拌机械[13]。

该方法适用于处理正常固结的淤泥与淤泥质土、粉土、饱和黄土、素填土、黏性土以及无流动地下水的饱和松散砂土等。当土的天然含水量小于30%（黄土含水量小于25%）大于70%或地下水的pH值小于4时不宜采用此方法。冬期施工时，应注意负温对处理效果的影响。室内试验表明，有些软土的加固效果较好，而有的不够理想。一般情况下，含有高岭石、蒙脱石等黏土矿物的软土加固效果较好，而含有伊利石、氯化物等矿物的黏性土以及有机质含量高、酸碱度较低的黏性土加固效果较差。《建筑地基处理技术规范》JGJ 79强制规定，水泥土搅拌法用于处理泥炭土、有机质土、塑性指数大于25的黏土。地下水具有腐蚀性时以及无工程经验的地区，必须通过现场试验确定其适用性。

3.5.2　加固机理

水泥土和混凝土的硬化机理不同。在混凝土中，水泥在粗填充料（比表面小、活性弱）中进行水解和水化反应，凝结速度较快。在水泥土中，水泥在土（比表面大、有一定活性）中进行水解和水化反应，且水泥掺量很小，凝结速度缓慢且作用复杂。机械的切削搅拌作用不可避免地会留下一些未被粉碎的大小土团，出现水泥浆包裹土团的现象，土团之间的大孔隙基本上已被水泥颗粒填满。所以，水泥土中有一些水泥较多的微区，在大小土团内部则没有水泥。经过较长的时间，土团内的土颗粒在水泥水解产物渗透作用下，逐渐改变其性质。因此，在水泥土中不可避免地会产生强度较大且水稳定性较好的水泥石区和强度较低的土块区。两者在空间相互交替，形成一种独特的水泥土结构。强制搅拌越充分，土块被粉碎得越小，水泥分布到土中越均匀，水泥土强度的离散性就越小，其总体强度也就越高。

（1）水泥的水解和水化反应

普通硅酸盐水泥的主要成分有氧化钙、二氧化硅、三氧化二铝和三氧化二铁，它们通常占95%以上，其余5%以下的成分有氧化镁、氧化硫等，由这些不同的氧化物分别组成了不同的水泥矿物：铝酸三钙、硅酸三钙、硅酸二钙、硫酸三钙、铁铝酸四钙、硫酸钙等。

水泥土发生物理化学反应使水泥土固化。加固软土时，水泥颗粒表面的矿物很快与土中的水发生水解和水化作用，生成氢氧化钙、含水硅酸钙、含水铝酸钙及含水铁酸钙等化合物。

各自的反应过程如下[13]：

① 硅酸三钙（$3CaO \cdot SiO_2$）在水泥中含量约占全重的50%，是决定强度的主要因素。

$$2（3CaO \cdot SiO_2）+ 6H_2O \rightarrow 3CaO \cdot 2SiO_2 \cdot 3H_2O + 3Ca（OH）_2 \qquad (3-24)$$

② 硅酸二钙（$2CaO \cdot SO_2$）在水泥中的含量较高（占25%左右），它主要产生后期强度。

$$2（2CaO \cdot SiO_2）+ 4H_2O \rightarrow 3CaO \cdot 2SO_2 \cdot 3H_2O + Ca（OH）_2 \qquad (3-25)$$

③ 铝酸三钙（$3CaO \cdot Al_2O_3$）占水泥重量的10%，水化速度最快，促进早凝。

$$3CaO \cdot Al_2O_3 + 6H_2O \rightarrow 3CaO \cdot Al_2O_3 \cdot 6H_2O \qquad (3-26)$$

④ 铁铝酸三钙（$4CaO \cdot Al_2O \cdot Fe_2O_3$）占水泥重量的10%左右，能促进早期强度。

$$4CaO \cdot Al_2O_3 \cdot Fe_2O_3 + 2Ca(OH)_2 + 10H_2O \rightarrow 3CaO \cdot Al_2O_3 \cdot 6H_2O + 3CaO \cdot Fe_2O_3 \cdot 6H_2O$$
$$(3-27)$$

上述一系列反应过程生成的氢氧化钙、含水硅酸钙能迅速溶于水中，使水泥颗粒表面重新暴露出来，再与水发生反应，周围的水溶液逐渐达到饱和。当溶液达到饱和后，水分子虽然继续深入颗粒内部，但新生成物已不能再溶解，只能以细分散状态的胶体析出，悬浮于溶液中，形成胶体。

⑤ 硫酸钙（$CaSO_4$）虽然在水泥中的含量仅占3%左右，但它与铝酸三钙一起与水发生反应，生成一种被称为"水泥杆菌"的化合物：

$$3CaSO_4 + 3CaO \cdot Al_2O_3 + 32H_2O \rightarrow 3CaO \cdot Al_2O_3 \cdot 3CaSO_4 \cdot 32H_2O \quad (3-28)$$

根据电子显微镜的观察，水泥杆菌最初以针状结晶的形式在较短时间内析出，其生成量随着水泥掺入量的多少和龄期的长短而异。由X射线衍射分析可知，这种反应迅速，把大量的自由水以结晶水的形式固定下来，这对于高含水量的软黏土的强度增长有特殊意义，使土中自由水的减少量约为水泥杆菌生成质量的46%。硫酸钙的掺量不能过多，否则这种由32个水分子固化成的水泥杆菌针状结晶会使水泥土发生膨胀而招致破坏。也可利用这种膨胀来增加地基加固效果。

当水泥的各种水化物生成后，有的自身继续硬化，形成水泥石骨架；有的则与其周围具有一定活性的黏土颗粒发生反应。

（2）黏土颗粒与水泥水化物的作用

① 离子交换和团粒化作用

软土和水结合时表现出一般的胶体特征，例如土中含量最多的二氧化硅遇水后，形成硅酸胶体微粒，其表面带有钠离子（Na^+）或钾离子（K^+），它们能和水泥水化生成的氢氧化钙中的钙离子Ca^{2+}进行当量吸附交换，使较小的土粒形成较大的土团粒，从而提高土体强度。

水泥水化生成的凝胶粒子的比表面积约比原水泥颗粒大1000倍，产生很大的表面能，有强烈的吸附性，能使较大的土团粒进一步结合起来，形成水泥土的团粒结构，并封闭各土团之间的空隙，形成坚固的联结，使水泥土的强度大大提高。

② 凝硬反应

随着水泥水化反应的深入，溶液中析出大量的钙离子，当其数量超过上述离子交换的需要量后，则在碱性的环境下，能使组成黏土矿物的二氧化硅及三氧化铝的一部分或大部分与钙离子进行化学反应。随着反应的深入，逐渐生成不溶于水的、稳定的结晶化合物：

$$SiO_2 + Ca(OH)_2 + nH_2O \rightarrow CaO \cdot SiO_2 \cdot (n+1)H_2O \quad (3-29)$$
$$Al_2O_3 + Ca(OH)_2 + nH_2O \rightarrow CaO \cdot Al_2O_3 \cdot (n+1)H_2O \quad (3-30)$$

这些新生成的化合物在水和空气中逐渐硬化，增大了水泥土的强度。其结构比较紧密，水分不易侵入，使水泥土具有足够的水稳定性。

从扫描电子显微镜的观察可见，天然软土的各种原生矿物颗粒间无任何有机的联系，孔隙很多。拌入水泥7d时，土颗粒周围充满了水泥凝胶体，并有少量水泥水化物结晶的萌芽。1个月后，水泥土中生成大量纤维状结晶，并不断延伸充填到颗粒间的孔隙中，形成网状构造。到5个月时，纤维状结晶辐射向外伸展，产生分叉，并相互连接成空间网状结构，水泥的形状和土颗粒的形状不能分辨出来。

（3）碳酸化作用

水泥水化物中游离的氢氧化钙能吸收软土中的水和土孔隙中的二氧化碳，发生碳酸化反应，生成不溶于水的碳酸钙。

$$Ca(OH)_2 + CO_2 \rightarrow CaCO_3 \downarrow + H_2O \qquad (3-31)$$

这种反应能使水泥土强度增加，但增长的速度较慢，幅度也很小。土中 CO_2 含量很少，且反应缓慢，碳酸化作用在实际工程中可以不予考虑。

3.5.3 工艺特点

水泥土搅拌法独特的优点如下[13]：

① 固化剂和原软土就地搅拌混合，最大限度地利用了原土；

② 搅拌时不会使地基侧向挤出，所以对周围原有建筑物的影响很小；

③ 按照地基土的性质及工程要求，可以合理选择固化剂及其配方；

④ 施工时无振动、无噪声、无污染，可在市区和密集建筑群中施工；

⑤ 土体加固后重度基本不变，对软弱下卧层不致产生附加沉降；

⑥ 与钢筋混凝土桩基相比，节省了大量的钢材，并降低了造价；

⑦ 可灵活地采用柱状、壁状、格栅状和块状等加固形式。

水泥土搅拌法有湿法（水泥浆液）和干法（干水泥粉）两种，其施工方法也分为粉喷法和浆喷法。两者的固化剂形态不同，施工机械和控制不完全一致，使得二者出现差异，具体表现为：

① 粉喷法在软土中能吸收较多的水分，对含水量较高的黏土特别适用；浆喷法则要从浆液中带进较多的水分，对地基加固不利。

② 粉喷法初期强度高，对快速填筑路堤较有利；浆喷法初期强度较低。

③ 粉喷法以粉体直接在土中进行搅拌，不易搅拌均匀；浆喷法以浆液注入土中，容易搅拌均匀。

④ 水泥中加入一定量的石膏等物质对粉喷桩的强度大有好处，但是在施工中加入另一种粉体比较困难；浆喷法很容易把添加剂（粉体或液体）定量倒入搅拌池合成浆液掺入土中。

⑤ 浆喷法的浆液搅拌比较均匀，打到深部时挤压泵能自动调整压力，在一般情况下都能将浆液注入软土中，所以，浆喷桩下部质量一般比粉喷桩好。

⑥ 粉喷桩的工程造价一般较浆喷桩低。因为粉喷桩较浆喷桩而言，输入到土中的加固剂数量要少一些。

⑦ 因为粉喷桩施工机械简单，所以其施工操作、移位等较容易。

参考文献

[1] 李慎刚. 砂性地层渗透注浆试验及工程应用研究 [D]. 沈阳：东北大学，2010.

[2] 罗恒. 注浆理论研究及其在公路工程中的应用 [D]. 长沙：中南大学，2010.

[3] 马海龙，杨敏. 基于渗透注浆理论公式的探讨 [J]. 山西建筑，2006.

［4］岩土注浆理论与工程实例协作组．岩土注浆理论与工程实例［M］．北京：中国科学社，2001：101-105.

［5］蒋伟成，倪文耀．钻孔注浆的理论分析和控制技术［J］．煤矿安全，1999.

［6］杨坪．砂卵（卵）石层模拟注浆试验及渗透注浆机理研究［D］．长沙：中南大学，2005.

［7］J. S. Lee, C. S. Bang, Y. J. Mok, et al. Numerical and experimental analysis of penetration grouting in joint rock masses [J]. International Journal of Rock Mechanics & Mining Sciences. 2000.

［8］巨建勋．土体压密注浆机理及其抬升作用的研究［D］．长沙：中南大学，2007.

［9］F. Bouchelaghem, L. Vulliet, D. Leroy, et al. Real-scale miscible grout injection experiment and performance of advection-dispersion-filtrationmodel [J]. International Journal for Numerical & Analytical Methods in Geomechanics. 2001(25): 1149-1173.

［10］Z. Saada, J. Canou, L Dormieux, et al. Modelling of cementsuspension flow in granular porous media [J]. Numerical and Analytical Methods in Geomechanics. 2005, 29(7): 691-711.

［11］黎中银．水平高压旋喷工法在预加固工程中的应用研究［D］．北京：中国地质大学（北京），2009.

［12］贾二红．高压喷射注浆法在卵石土层中的应用研究［D］．成都：西华大学，2009.

［13］陈昌富．地基处理［M］．武汉：武汉理工大学出版社，2010.

［14］杨秀竹．静动力作用下浆液扩散理论与试验研究［D］．长沙：中南大学，2005.

［15］梁利，李恩璞，王庆国，等．MJS工法在轻轨车站换乘通道中的工程实践［J］．地下空间与工程学报，2012（01）：139-143.

［16］邝健政．岩土注浆理论与工程实例［M］．北京：科学出版社，2001.

第4章　注浆技术应用分类

本书第 3 章按照注浆机理对注浆进行分类，本章节将基于注浆技术的不同应用场景，将注浆划分为帷幕注浆、超前注浆、充填注浆、分层注浆、锚杆注浆、堵漏注浆、顶管注浆等，盾构施工过程中的同步注浆与壁后注浆也是注浆技术的应用场景之一，将作为单独章节进行详述。

4.1　帷幕注浆

4.1.1　注浆概述

对于帷幕注浆，目前尚没有确切完备的定义，通常对于注浆范围较大且连续的多孔注浆行为，都可纳入帷幕注浆的范畴。对于隧道工程中的帷幕注浆而言，主要有表面垂直向下帷幕注浆与开挖面超前深孔帷幕注浆两种。当然，隧道工程中还有小导管注浆、管棚注浆、已成衬砌后回填加固注浆等注浆行为，由于其注浆范围为局部的、不连续的，所以不属于帷幕注浆。

隧道超前深孔帷幕注浆作为软弱破碎围岩或存在高压富水区围岩隧道施工的辅助措施，主要目的是围岩加固及防堵水。浆液通过多种运动形式充填到岩土体的孔隙、裂隙、空穴中，将围岩的整体性与强度提高，起到加固作用；另外浆液扩散范围内的岩土渗透系数有显著提高，又可以起到防渗堵水的作用。

隧道超前深孔帷幕注浆的施做方法与管棚超前注浆类似，管棚只在隧道开挖面拱圈周围布置且数量较少，超前深孔帷幕注浆则在大部分开挖断面上布置且数量较多；隧道管棚的钻孔长度一般不超过 20m，隧道超前深孔帷幕注浆的钻孔长度通常在 25 ～ 40m 范围内。另外，隧道超前深孔帷幕注浆的注浆孔布置较为复杂，注浆孔在上半个开挖面成环布置，不同类型的钻孔在纵向的空间位置也有不同。这样布置是为形成大范围连续的筒状封闭加固堵水区，范围一般为隧道开挖轮廓线外 5.0 ～ 6.0m[1]。

4.1.2　注浆分类

（1）封底式帷幕。注浆孔将深入含水层底板，隔水层不小于 5m，适用于含水层厚度不大、透水性相对均一的条件。旨在对含水顶底板全面封闭，以解决地下水管涌问题，一般堵水率较高，但钻孔工程量较大。

（2）悬挂式帷幕。注浆孔仅穿透强含水带进入弱透水带即终孔，适用于含水层厚度大、但随深度增加透水性急剧降低的条件。钻孔工程量较小，在设计堵水率的范围内，可缩短工期，降低造价。

（3）地面注浆帷幕。造浆、压浆和注浆孔钻进均在地面进行，适用于含水层埋藏深度不大于150m、无效钻进占总进尺比例小的条件。便于用大型钻机和大型设备，效率高，质量好，但相对钻孔有效进尺较低，特别是在含水层较薄时。

（4）井下注浆帷幕。造浆、压浆和注浆孔钻进均在井下巷道硐室中进行，适用于含水层埋藏深度大、有可利用的井下巷道或具备开拓注浆巷道的条件。钻孔有效进尺高，揭露含水层快而准，注浆效果直观，但是需增加井巷开拓投资，钻进、注浆不能用大型设备。

（5）地面井下联合注浆帷幕。造浆、压浆在地面通过输浆孔向井下钻进的注浆孔注浆。适用于含水层埋深大、有可利用的井下巷道或具备开拓注浆巷道的条件，可利用大型设备，效率高，节约工作量，钻孔针对性强[2]。

4.2 超前注浆

4.2.1 注浆概述

当隧道施工中遇到软弱破碎围岩、严重偏压地段，围岩自稳能力极差的情况，需要采用超前辅助工法才能顺利进行开挖。小导管注浆法具有施工工艺简单、无需大型机具、可操作性强、经济效益好等优点，在公路隧道不良地质段开挖时被广泛采用。其实质是在拟开挖的隧道轮廓线四周利用小导管注浆形成一定强度和厚度的水泥浆封闭拱，以提高围岩的自承重能力和稳定性。

超前小导管注浆法是沿掌子面外轮廓线，以一定角度（5°～15°）打入管壁带孔小导管（管径为30～50mm，长度小于6m），并以一定压力向管内压注水泥或化学浆液的方法。小导管常与格栅钢架共同组成支护系统。其中小导管的主要作用为两种：一是起棚架梁的作用，二是起浆液通道的作用，通过注浆，加固软弱围岩，又能起超前预支护的作用。此方法适用于自稳时间很短的破碎岩层和软弱土层。

小导管注浆具有以下特点：相比超前锚杆小导管的支护能力更强；相比管棚更简单易行，灵活经济，无须大型机械；相比水平旋喷注浆法更易控制，地层扰动较小，注浆压力较易控制；没有冻结法的冻胀和融沉现象，且超强小导管注浆加固为永久支护。由小导管注浆充填的浆液将围岩、小导管注浆加密区和小导管紧密黏结，形成一个共同承压体，能够提高围岩的力学性能，提高隧道稳定性，有效控制隧道开挖引起的地表变形，且具有较好的防水性能。

4.2.2 注浆机理

在隧道超前小导管的注浆施工中，其注浆机理主要分为三种：渗透注浆、劈裂注浆和压密注浆。

围岩在注浆后，注浆材料将通过渗透、挤压等作用将土体孔隙、裂隙中的空气和水挤出，通过化学胶结、惰性填充加强土体的整体结构，约束土体变形，同时注浆材料在与土体的化学反应中，土体的某些元素与注浆浆液的元素形成新的物质，增加围岩的黏聚力。

其加固效应主要可从以下三个方面来说明：

①填充效应：浆液在压力作用下排挤出围岩孔隙的水和空气，进入围岩孔隙中填充固结，起到加固的作用。

②骨架效应：浆液注入围岩后，浆液与围岩并非均匀混合，而是两相各自存在，这样浆液就在隧道周围地层中形成脉状结构，从宏观上看，应考虑浆液固结体与围岩构成的两相复合体的骨架效应。

③组合效应：未受注浆影响的围岩、脉状浆液固结体和由于注浆压力而挤密的围岩共同组成一种承载结构，来承受外部荷载。

在隧道围岩注浆后，一方面土体中的孔隙和裂隙被浆液填充，减少了土体的孔隙率，另一方面在高压下通过渗透或劈裂或挤压使地层密实度提高，形成一定厚度的止水圈，从而降低围岩的渗透能力，达到防渗止水的作用。

4.2.3　加固机理

4.2.3.1　锚杆作用

小导管的锚杆作用机理如同锚杆的锚固机理，其作用主要为锚固围岩中不稳定的土体，增强围岩的抗拉和抗剪能力。主要有悬吊原理、组合原理和挤压加固原理三种，在实际工程中往往为其中两种或三种的综合作用。

（1）悬吊原理

锚杆的悬吊原理是通过锚杆将不稳定的岩土体锚固在深层且较坚硬的岩土地层上，防止其滑脱。同样，超前小导管在注浆后小导管就形成了锚杆系统，把开挖引起的松动围岩锚固在深处较稳定未受扰动的地层上，防止隧道产生过大变形。

（2）组合原理

组合原理是把理想化的层状岩土体比作简支梁，在未受到锚杆锚固时，他们是简单叠合在一起，在这种情况下受到荷载作用时，每一岩土层将产生各自的弯曲变形，他们的受力状态为上缘受压，下缘受拉。当锚杆加固后各岩土层受锚固作用形成一个组合梁，共同承受荷载，此时产生的内力和变形都大大减小。同样，超前小导管打入后，由于围岩松动使小导管产生一定的抗剪力和抗拉力，将小导管长度范围内的围岩组合在一起，形成一个整体，增加了围岩间的摩擦力，阻止了围岩的滑动和坍塌。

（3）挤压加固原理

隧道开挖围岩松动时，小导管会产生拉力，如锚杆一样在两端形成圆锥形的筒状压缩区域。在小导管间距适当时，压缩区域彼此连接形成一个具有一定厚度的连续拱形压缩带。由于小导管的支撑作用，压缩带处于三向受力状态，能够提高隧道的稳定性。

4.2.3.2　梁拱效应

小导管施做完成后，小导管的前端支撑在掌子面前方未开挖围岩中，后端支撑在钢拱架上，可以看成两端固定的梁，将掌子面上方围岩的荷载分散传递到前方围岩和后方钢拱架上，从而减少掌子面的围岩压力。

在未采用超前小导管注浆加固时，隧道开挖时的上部地层压力，主要依靠隧道自身形成的承载拱来承受，隧道自身形成的承载拱以侧墙作为拱脚；在采用超前小导管注浆加固后在隧道横断面方向，若小导管的间距合适，且注浆饱满，则各个小导管之间也会发生成拱现象，以小导管作为拱脚，其跨度为小导管间距，远远小于隧道开挖形成的拱跨，且小导管能够为承载拱提供足够的支持力，大大提高了承载拱的承载力。因其跨度较小，在隧道开挖时便很快成拱达到平衡，为上部围岩提供抗力，随后与隧道开挖形成的拱一起作用，共同支撑上部地层压力，便形成群拱效应约束围岩。

4.3　充填注浆

4.3.1　注浆概述

充填注浆法是根据气压、液压或电化学原理，把某些能固化的浆液注入各种介质的裂缝或孔隙，以改善地基的物理力学性质。材料的选用是充填注浆工程的基本问题，也是保证此技术达到预期目的的最重要因素，更是降低工程造价、节约成本的关键所在[3]。

（1）盾构壁后注浆

盾构法是在盾构掘进机保护下修筑隧道的一种施工方法，近年来，随着我国隧道及地下工程建设的迅速发展，该施工方法在我国得到了充分应用。其特点是地层掘进、出土运输、衬砌拼装、接缝防水和盾尾间隙充填注浆材料等。主要作业程序都是在盾构保护下进行，施工时需将排除地下水和监测地面沉降等措施结合起来。盾构掘进施工中，由于超挖刀外径与拼装衬砌环外径之间一般存在工作间隙，使地层在释放应力作用下向空隙收缩，引起土体损失，并影响相邻建筑物地下基础和地下管线，造成周围地层和地表发生沉降。特别是在盾构施工曲线段部位，超挖部分土体因留有较大空隙，支撑千斤顶的土体形成不了反力，还会造成盾构无法推进施工。为了使开挖面土体保持稳定，减少推进时对周围土体的扰动及对相邻构筑物、埋设物的影响，应及时对衬砌管片上的预留注浆孔实施同步充填注浆，以及时充填盾尾空隙；并根据地层沉降监测结果，在局部实施二次跟踪充填注浆，将由盾构掘进引起的地表沉降控制在最小范围内。同步充填注浆开始时间越迟，地表沉降越大，因而充填注浆开始时间愈早愈好。可以说及时进行盾尾同步充填注浆，是保证盾构推进中不使地层发生重大沉降的重要措施[4]。

（2）溶洞充填注浆

岩溶又称为喀斯特，是水对可溶性岩石（碳酸盐、硫酸盐、卤素岩等）进行以化学腐蚀作用为特征，并包括水的机械侵蚀和崩塌作用，以及物质的携出、转移和再沉积的综合地质作用以及由这种作用产生的现象的统称[5]。

岩溶地质灾害对地下工程的影响广泛存在，主要有以下几个方面：

① 溶洞的存在使地基承载力减小，增加了围岩的不稳定因素，降低了结构的安全可靠度，溶洞顶板坍塌会造成盾构的沉陷，带来严重后果。

② 隧道顶部溶隙与地面漏斗、地表水系相连通，贯通坍塌可上延至地面，使地表产生较大沉降。

③ 隧洞切穿岩溶有压管流通道或暗河出现突水、涌水将洞内堆积物携出，引发突泥、淹井等安全事故，造成人员伤亡。

④ 地下洞体的存在使隧洞部分悬空，隧道底部溶洞充填物厚度大且松软，暗河水流给隧道基底处理造成困难。

⑤ 洞穴堆积物松软易坍塌下沉，使洞穴周边地层产生应力重分布，应力变化隧道结构受力不利。

⑥ 富含可溶性物质的岩溶水在隧道周边流动，可侵蚀隧道及支护结构，影响隧道的使用寿命。

由于溶洞、土洞填充物性质软弱，随着时间的推移，并受周边环境的变化以及地下水活动的影响，很可能出现洞体坍塌现象。故需通过对洞腔进行充填加固或对洞体充填物加固处理，从而提高洞体的稳定性，降低洞体坍塌而引起的地层塌陷风险，以达到提高该处地层承载力的目的。

（3）裂隙岩体注浆

裂隙岩体注浆本身不能说是一种完全独立的注浆方式，如果要进行概括，裂隙岩体注浆可以说是更为贴近现实、考虑了诸多细节的渗透注浆。裂隙岩体注浆的性质与渗透注浆几乎一致，都是在压力作用下使浆液充填土的空隙和岩石的裂隙，并且采用相对较低的注浆压力，使得浆液在孔隙或缝隙中扩散时不致破坏原本土系结构的注浆方式。

4.3.2　注浆材料

注浆材料的发展具有悠久的历史，早期大都使用水泥为主要注浆材料，19 世纪后期，注浆材料从水泥浆材发展到以水玻璃类浆材为主的化学浆材。所以注浆材一般分为水泥类浆材和化学类浆材。常用充填注浆方法根据其注浆材料的不同又简略归纳为如下几种：

（1）普通水泥砂浆。充填注浆法以水泥及细砂石为原料。优点是固化能力强，固结强度高。缺点是初凝时间较长，流失量大，充填空间不好控制。另外，由于加入一定量的水泥，必然使原料费用升高。

（2）高水速凝材料。充填注浆法以高水速凝材料代替普通水泥。高水速凝材料是英国最早研究成功的新型水硬性凝胶材料，主要成分是硫铝酸盐，具有结石体含水率高、用料少、凝胶快、可灌性能好、结石体强度高等优点。此法的优点是凝固时间短，在浇注后十几分钟便开始凝固，从而可避免流失；同时也无需充填采空区的大量空间，只在基础桩下方构成坚固的承载柱，即满足加固的要求。其缺点是原料费用较高，高水速固材料的单价约等于水泥的 2 倍。

（3）化学注浆材料。充填注浆法其主要材料有酸性水玻璃浆材、丙烯酸盐浆材、高强木素浆材、水下快速固化的 PBM 混凝土等。这些方法在许多方面有良好的特性，但其材料成本高，并具有一定的毒性，对地下水会产生污染。

（4）黏土固化充填注浆法。该技术以能固化的黏土浆液（以水、黏土、水泥及结构剂等组成的具有特殊堵漏效果的浆液）为主要注浆材料。它的主要特点是吸水性强、抗水稀释性能、良好的流变性、良好的抗震性、结石体强度能达 0.1 ～ 2MPa、固化浆液初凝时间可调，终凝时间较长，黏土矿物成分具有良好的化学性能、成本低等。

4.4 分层注浆

4.4.1 注浆概述

袖阀管注浆是由注浆泵、潜孔钻、袖阀管、注浆器、套壳料、注浆浆液组成,注浆过程中,先依据设计深度利用潜孔钻进行开孔,此过程中可对土体结构进行进一步的观察与了解,一般成孔直径 80 ～ 110mm,之后将配置好的套壳料灌入孔中,然后将足够长袖阀管两端封口插入孔中,露出地面约 10cm,上端采用重物压住,防止袖阀管上浮;放置待套壳料固结达到一定强度时进行注浆,注浆时将注浆器插入袖阀管中进行分层注浆,根据不同的土层情况进行分层、多次注浆,一般在出现漏浆或压力急速增加时停止注浆,注浆原理示意见图 4-1。

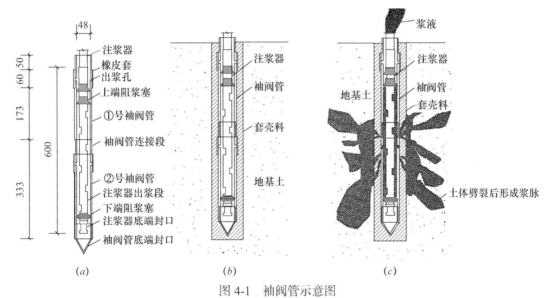

图 4-1 袖阀管示意图

(a) 袖阀管剖面图; (b) 灌入套壳料后剖面图; (c) 压力注浆后剖面图

袖阀管注浆是由法国 Soletanche 注浆公司首创的注浆方式,因此又称为索列坦休斯法,由于袖阀管在注浆过程中浆液为单向流动,因此又称为单向阀管。由于橡皮套的存在使得压力作用下浆液只能出不能进,这样使得注浆后的浆液只能留在土体中,防止返浆,增加注入量(图 4-2)。袖阀管在注浆过程中表现出许多的优点,但正因为它的巧妙性,相应的施工过程精细,施工质量要求高。

袖阀管注浆法是一种注浆加固方法,已经广泛应用于地基处理工程中。这种工艺的施工方法是:在 PVC 管上钻注浆孔作为注浆外管(即袖阀管),然后用橡皮套把注浆孔外包好,注浆时再把两端装有密封橡皮套的注浆芯管插入袖阀管,浆液在压力作用下胀开橡皮套进入地层,逐次提升或下降芯管可实现分段注浆。橡皮套的作用是:当向孔内加压注浆时,橡皮套胀开,浆液从注浆孔中渗入土层,当停止注浆时,橡皮套封闭,阻止土和地下水逆向进入注浆管内。这种方法加固地基的机理是：通过劈裂、挤压密等作用，使浆液与土体充分结合形成较高强度的固结体。该工法目前被认为是较先进的注浆方法，英吉利海峡隧道，英、法、日、意，以及中国台湾和香港地铁工程均曾采用此注浆方法，此工法亦在中国上海、广州、深圳地铁，以及其他工程中广泛应用，取得了良好的注浆效果。

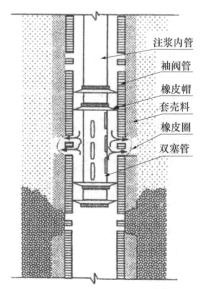

图 4-2　袖阀管示意图[6]

　　袖阀管注浆法施工工艺流程：钻孔→置换套壳料→插入袖阀管→注浆→封孔清场。

　　（1）钻孔：孔径一般为 $\phi 80 \sim 100mm$，采用泥浆护壁，钻孔垂直度误差应小于 1%。

　　（2）置换套壳料：成孔后立即通过钻杆将套壳料置换孔内泥浆，方法是将通过循环泥浆的管接到挤压式注浆机上，在注浆压力的作用下，通过钻杆将孔内泥浆置换成套壳料。套壳料在压力的作用下，通过钻杆进入钻孔底部，随着套壳料的进入，泥浆从地面孔口置换出来，置换出来的泥浆通过钻孔口的泥浆沟排到泥浆循环池。在发现排出的泥浆中含有套壳料时，停止置换。

　　（3）插入袖阀管：套壳料置换结束后立即插入袖阀管。为使套壳料厚度均匀，应使袖阀管位于钻孔中心。

　　（4）注浆：待套壳料具有一定的强度后，即可向孔内注浆，每段注浆时，首先加大压力使浆液顶开橡皮套，挤破套壳料，即开环，然后浆液进入地层。

　　（5）封孔清场。

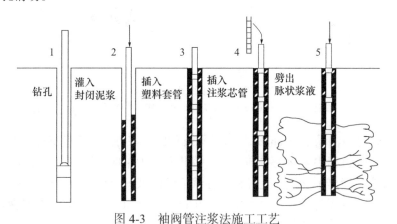

图 4-3　袖阀管注浆法施工工艺

4.4.2　工法特点

　　袖阀管注浆法作为一种适应性比较强的注浆工艺，集中了压密注浆、劈裂注浆和渗透注浆的优点，这种方法适用于各种软弱地层处理，可用于桥梁基础、隧道地层加固、堵水、深基坑截水帷幕等工程施工。袖阀管注浆法和其他注浆法相比，注浆效果较好。对一些已有建筑、钢结构构筑物及建筑地基不适合其他地基处理或者采取其他地基处理方法造价相对较高的情况下，采取袖阀管注浆进行建筑地基处理则是一种较好的选择。

袖阀管注浆法的优点为：

① 一般适用于 50m 以内的地表注浆；

② 可以根据需要灌注任何一个注浆孔和注浆段，而且可以重复注浆，中途可以停止；

③ 由于其注浆压力相对比较小，注浆时冒浆和串浆的可能性很小，一般不会破坏原有地层结构；

④ 浆液主要以渗透和劈裂的形式进入土体空隙中，可以起到填充裂缝和固结土体的目的；

⑤ 钻孔和注浆作业可以分开，设备利用率提高；

⑥ 袖阀管注浆法易于操作，设备占地小，配备设施简单，施工效率高；

⑦ 钻孔、注浆可平行作业，有利于提高工作效率，具有加固土体和防止渗透的效果。

袖阀管注浆法的缺点为：

① 袖阀管被具有一定强度的套壳料胶结难以拔出重复使用，费管材；

② 每个注浆段长度固定为 33 ～ 50cm，不能根据地层的实际情况调整注浆段长度。

4.5　锚杆注浆

4.5.1　注浆概述

锚杆加固技术包括预应力锚杆、非预应力锚杆、锚索等类型，其力学原理是通过人为加载或随岩体变形被动发挥的方式，改善岩体的应力状态，从而充分发挥岩体本身的自承能力和自稳能力，保障岩体工程的安全性和稳定性。

岩体锚杆－注浆复合加固技术（锚注技术）是将锚杆加固技术与注浆加固技术复合成一体的加固技术，即通过特定的施工工艺将锚杆和注浆胶结体结合，形成一种钢筋混凝土结构进而达到加固岩体的目的。具体岩体锚注加固工程设计时，要考虑结构面注浆胶结体对岩体抗剪强度的贡献，锚注结构进入实际工作状态时，由锚杆和注浆体共同承担外部荷载，其中，岩体结构面的拉应力主要由锚杆承担，而结构面的剪应力主要由注浆胶结体承担，如此，发挥了锚杆抗拉能力强而注浆胶结体抗剪能力强的材料本身特性，从而使岩体的结构受力更趋合理。

由于岩体锚注加固技术将岩体注浆技术与锚杆加固技术有机地结合，充分利用了注浆加固与锚杆加固各自的优点，因此，它是一项在采矿、冶金、隧道工程、桥梁建设等众多岩土工程领域里实用性很强、应用范围很广的工程技术。

因为在单独使用锚杆加固技术和注浆加固技术时还存在一些技术问题，所以近几十年来，人们开始尝试将两种加固方法结合起来。一种方式是在实心锚杆加固岩体的基础上，再对岩体实施注浆加固工艺，锚杆加固和注浆加固过程单独进行，但最终作用的结果却相互影响，这也是目前较多采用的一种锚注方式，苏联、德国等是最早把这项技术运用于解决井工巷道治理问题的国家。但由于这种锚注方式注浆孔封孔工艺较复杂，加之多出一道施工工序，致使这种锚、注分离的施工方式在实际应用中受到许多限制。另一种方式是利用特种中空锚杆兼作注浆管，使锚、注工艺同时进行，并最终形成锚注复合结构体[7]。

4.5.2 注浆设备

近年来诸多学者研究了中空注浆锚杆在隧道、巷道中的应用，他们的研究均表明：中空注浆锚杆的抗拔能力显著优于普通砂浆锚杆，对软弱围岩尤其是破碎带具有良好的适应性。中空注浆锚杆是一种基于普通砂浆锚杆发展而来的改良型锚杆，具有普通砂浆锚杆的优点，改良了其缺点。中空注浆锚杆是管锚这一类的总称，是一种采用螺纹钢管作为杆体，通过管体注浆，加固周边岩土体且注浆严密的锚杆。根据其结构特点，具体可以分为普通中空注浆锚杆、自进式中空注浆锚杆、涨壳式中空注浆锚杆和组合式中空注浆锚杆[8]。

（1）普通中空注浆锚杆一般由七部分构成，分别是：止退锚头、锚杆体、连接套管、止浆塞、碗形垫板、固紧螺母和堵头，如图 4-4 所示。其中锚头有注浆孔，从锚杆最前端开始注浆。

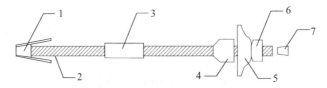

图 4-4 普通中空注浆锚杆结构图
1—止退锚头；2—锚杆体；3—连接套管；4—止浆塞；5—碗形垫板；6—固紧螺母；7—堵头

其施工工艺通常分为以下几个步骤：① 钻孔；② 清孔；③ 放入铺杆；④ 安装止浆塞垫板和固紧螺母；⑤ 注浆；⑥ 加堵头。

（2）自进式中空注浆锚杆一般由七部分构成，分别是：掘进锚头、锚杆体、连接套管、止浆塞、碗形垫板、固紧螺母和堵头，如图 4-5 所示。

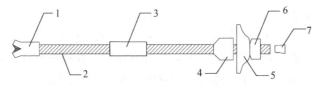

图 4-5 自进式中空注浆锚杆结构图
1—掘进锚头；2—锚杆体；3—连接套管；4—止浆塞；5—碗形垫板；6—固紧螺母；7—堵头

其施工工艺通常分为以下几个步骤：① 架设锚杆；② 钻孔；③ 用连接套管加长锚杆体；④ 循环步骤②、③直至设计长度；⑤ 安装止浆塞、垫板和固紧螺母；⑥ 注浆；⑦ 加堵头。

（3）涨壳式中空注浆锚杆一般由七部分构成，分别是：涨壳锚头、锚杆体、连接套管、止浆塞、碗形垫板、固紧螺母和堵头，如图 4-6 所示。

其施工工艺通常分为以下几个步骤：① 钻孔；② 清孔；③ 放入锚杆，且端头与孔壁接触良好；④ 安装止浆塞、垫板和固紧螺母；⑤ 拧螺母张拉到预应力值；⑥ 注浆；⑦ 加堵头。

（4）组合式中空注浆锚杆根据是否在锚杆前段使用锚固剂又分为两种类型：第一种是锚杆前段未使用锚固剂（图 4-7），一般由九部分构成，分别是：锚头、实心锚杆体、连接套管、中空锚杆体、止浆塞、碗形垫板、固紧螺母、排气套管和堵头。第二种是锚杆前段使用锚固剂（图4-8），一般由八部分构成，分别是：锚头、实心锚杆体、连接套管、中空锚杆体、止浆塞、碗形垫板、固紧螺母和堵头。

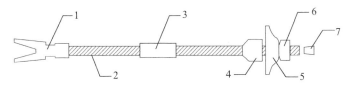

图 4-6　涨壳式中空注浆锚杆结构图
1—涨壳锚头；2—锚杆体；3—连接套管；4—止浆塞；5—碗形垫板；6—固紧螺母；7—堵头

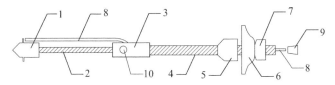

图 4-7　组合式中空注浆锚杆结构图
1—锚头；2—实心锚杆体；3—连接套管；4—中空锚杆体；5—止浆塞；
6—碗形垫板；7—固紧螺母；8—排气套管；9—堵头；10—注浆孔

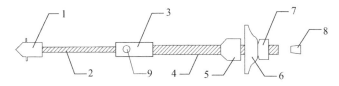

图 4-8　组合式中空注浆锚杆
1—锚头；2—实心锚杆体；3—连接套管；4—中空锚杆体；5—止浆塞；
6—碗形垫板；7—固紧螺母；8—堵头；9—注浆孔

这两种组合式中空注浆锚杆的区别在于锚固方式不同。第一种组合式中空注浆，通过注浆孔注浆，浆液先浸满锚杆外端头，然后逐渐到达锚杆最前端，孔内空气通过排气管排除，之后也可进行后张拉。第二种组合式中空注浆，在钻孔清孔完毕后，先在孔内塞入锚固剂，然后放入锚杆，旋转到指定位置，此时锚固剂把锚杆的前段进行锚固，然后先张拉，再注浆。

4.6　堵漏注浆

4.6.1　注浆概述

随着国民经济的快速发展，高层、地铁等重大工程建筑不仅是一个城市的标志，也是城市化发展的一个方向。基坑条件的大深度、高水位特点导致一些高层、地铁等重大市区工程的基坑设计、施工难度越来越大，事故的危险系数也随之增大，这些重大工程一旦出现突发性的地质灾害事故，其后果往往是严重的，小则基坑变形、破坏，流砂、管涌导致大面积塌方，大则其周边已有建筑出现变形、倒塌，造成重大的经济损失。如 2003 年 7 月，建设中的上海市轨道交通 4 号线突发险情，其区间隧道浦西联络通道施工现场发现渗水，随后出现大量流砂涌入，引起地面大幅沉降。地面数幢建筑遭到破坏，经济损失严重。2005 年 12 月，北京地铁 10 号线，因基坑渗漏，造成 500m² 塌方。这两起基坑工程事故在抢险的过程中均大量使用了聚氨酯注浆材料进行注浆堵水抢险。

据不完全调查，近几年城市工程建设中，90% 的重大工程出现事故都是由于基坑渗漏而引起的管涌、流砂、变形，进一步导致塌方或地面沉降，严重危及周边建筑安全。仅在上海、杭州等沿海城市一带，60% 的深基坑都出现不同程度的渗漏，部分基坑由于治理不及时，最终造成涌水、涌砂，甚至塌方，导致周边建筑物沉陷、开裂。而灾害后的动水注浆成为治理的关键技术。地下工程属于高风险投资工程，由于工程地质条件具有一定的突变性，导致灾害随时都有可能发生，加上施工管理等因素的影响，使其风险更高，一旦发生渗水、突水、流砂等事故，造成的经济损失巨大，同时也会造成严重的社会负面影响。灾害发生后，针对地下水，除了抽排地下水外（抽排容易引起新的地面沉降），另外一种办法就是如何在动水环境中，通过注浆快速形成注浆帷幕，使动水环境变成静水环境，才能有效地控制灾害影响范围，把灾害影响范围降到最低。因此，地下工程在施工过程中，一旦发生事故，如何进行有效、快速抢险是目前地下工程面临且需要解决的问题[9]。

4.6.2　注浆机理

注浆法是用注浆泵产生的压力将能凝固的浆液材料注入岩层裂隙或者土层中，从而使裂缝或土层的现有机能得到改善。注浆的目的主要有两种，分别是堵水和加固[10]。

按照注浆施工在完整开挖施工顺序的前后时间的不同可以分为：预注浆法和后注浆法。

预注浆法是在隧道及地下工程施工以前，预先进行注浆充填岩层裂隙或土层，减少涌水量，加固围岩，使之对施工更有利的方法。

后注浆法是在隧道及地下工程开挖以后，为了减少渗水或涌水和加固支护结构而进行的注浆。是基于隧道开挖以后、修建衬砌以前，围岩虽然已经进行预注浆，但由于爆破震动，个别地段仍有渗漏水，为了使衬砌顺利进行和保证衬砌质量而形成的施工方法。后注浆法的形式主要有两种，一是直接堵塞法，二是注浆堵漏法。

普通意义上的后注浆主要就是从表面对漏水处进行封堵，形式是逆水封堵。本质是利用堵漏材料和墙壁之间的结合力与浆液凝固后自身强度之间的力学关系，当浆液和墙壁之间结合力和自身强度大于水压力时，这时水就堵上了。但是水是源源不断地对封堵处进行冲刷，短时间内从表面上看好像是堵住了，经过一段时间后，注浆材料被破坏，水又开始流出。

而传统注浆堵漏法中，由于无法控制浆液的凝胶时间，也不能依据水文地质条件随时变更注浆材料，封堵效果不好。在工程实际上还是以预注浆为主。

直接堵漏注浆技术是 20 世纪 80 年代在我国兴起的一项新技术。一般的注浆都是盲目性比较大，因为不知道水源在何处，见水就堵，大多数情况下都是逆水注浆，需要比水压力更大的注浆压力才能使浆液进入裂隙。而直接堵漏注浆是将浆液注入主要裂隙上，让水流推动浆液直接进入次要裂隙，这就克服了盲目性。

直接堵漏注浆原理是根据水文地质资料和压水连通试验，配制出相应凝胶时间的注浆材料，针对渗漏水部位，进行注浆。压水试验也能确定与其连通性良好的注浆点作为注浆孔，使浆液进入主要含水裂隙。当浆液遇地下水后，将沿压力梯度反方向，即向漏水点顺向流动。当堵漏材料流至出水点时，按设定的时间，此时堵漏材料刚好凝胶，停泵结束注浆，完成堵漏过程，达到从里向外堵的堵水机制。

4.6.3　堵漏浆液

注浆浆液分为颗粒型浆液和化学浆液，颗粒型浆液也称为悬浊浆液，当悬浊液被注进土体时，悬浊液中的颗粒随着水溶质一起扩散直至其从水中析出固结。

膨润土浆液、水泥浆液、粉煤灰浆液及石灰浆液都属于这类浆液。颗粒型浆液不能注进粉土或者渗透系数小于 10^{-4}m/s 的砂土。化学浆液属于纯溶液，浆液中没有悬浮颗粒，目前应用比较多的化学浆液是水玻璃类、聚合物类、环氧类。悬浊液在土体中的渗透性与浆液中颗粒大小有关，而化学浆液渗透性主要与其黏度有关。文献相关研究表明化学浆液的渗透扩散主要受其初始黏度和其在凝胶过程中的黏度变化影响较大。水玻璃是目前应用最多的化学注浆材料，经常和水泥浆液或者超细水泥浆液一起使用，其可以渗透到渗透系数 10^{-4}m/s 级的土层中，由于其安全、对环境没有危害而得到广泛的应用。但是针对渗透系数小于 10^{-4}m/s 级的土层就应当使用价格相对比较昂贵的树脂类浆液与水玻璃类浆液。树脂类浆液与水玻璃相比有较低的黏度，凝胶时间相对比较容易控制，但是其对环境和身体健康的影响使其应用饱受争议。水玻璃类浆液尽管安全、价格低廉，但其较高的黏度、固结后收缩的特征大大地影响了其应用。硅溶胶黏度比较低，凝胶时间相对也比较容易控制。因此，在澳大利亚、德国等一些国家越来越多地关注硅溶胶浆液的研究与应用。近年来，无毒和低毒化学注浆材料的开发受到国内外同行的重视。

化学注浆技术是高分子化学的一个新应用领域，也是工程建设中的一项新技术。在国外工业发达国家，已广泛应用于大坝、隧道、地铁、矿井、桥梁、房屋建筑等方面，对于解决地下工程中一些常规方法难于解决的困难工程问题，发挥了很好的作用。

4.7　顶管注浆

在长距离顶管时，为了减小顶进时管外壁承受的摩擦阻力，要进行注浆减摩。注浆减摩作为一门新技术，在顶管工程中应用越来越普及。

4.7.1　注浆材料

目前，常用的注浆材料主要有膨润土泥浆、聚合物、泡沫等。在顶管工程中应用最广泛的是膨润土泥浆。膨润土泥浆通常是由膨润土、CMC（粉末化学浆糊）、纯碱和水按一定比例配方组成，通常膨润土浓度占 5% 左右。膨润土是以钾、钙、钠蒙脱石为主要成分（含量一般大于 65%）的黏土矿物，具有膨胀性和触变性。

膨润土微观分子主要结构是 Si-Al-Si，是由非常薄的呈扁平状的晶片层堆叠而成的单体颗粒，颗粒间以钠离子或钙离子连接而成。由于晶片层的上下表面均带负电，相互排斥；特别是钠膨润土的颗粒非常小和薄（一般长度不超过 1.0μm、厚 0.001μm）以及化学价较低，造成晶片层之间的结合能量相对较低，水分子极易渗入晶片层表面的内、外部，使得两个叠层之间的间距扩大到 2 倍以上，造成晶体内部膨胀。膨润土的膨胀性能取决于薄片蒙脱石微粒的大小和数量。由于钙离子提供的结合能强于钠离子，钙蒙脱石比钠蒙脱石不易膨胀，因此，钠膨润土比钙膨润土更适用于顶管施工。

膨润土经加水搅拌后成为悬浮液，当悬浮液静止时，薄片状的蒙脱石微粒会由分散状态经过絮凝，彼此搭在一起形成纸牌房子式的结构，变成凝胶体（图 4-9）。

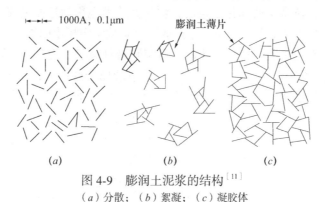

图 4-9 膨润土泥浆的结构[11]
(*a*) 分散；(*b*) 絮凝；(*c*) 凝胶体

当浆液被搅拌、振动或泵送时，大多数微粒结构将被破坏、分散，转变成为具有黏性和流动性的胶状液体，当悬浮液再次处于静止状态时，又会形成凝胶体，这种胶状液体和凝胶体之间的结构交替可以发生无数次，这一特性称为触变性。膨润土泥浆的触变性，有助于顶进管道在地层间运动时成为减摩剂，以黏性液体减少摩阻力；静止时，成为凝胶体支撑地层。

4.7.2 注浆机理

顶管施工中注浆作用机理为：一是起润滑作用，将顶进管道与土体之间的干摩擦变为湿摩擦，减小顶进时的摩擦阻力；二是起填补和支撑作用，浆液填补施工时管道与土体之间产生的空隙，同时在注浆压力下，减小土体变形，使隧洞变得稳定。

（1）泥浆与管道以及土体之间的相互作用

为减小摩擦阻力，后续管节的直径比掘进机的直径要小，使得管道与周围土体之间会产生空隙；纠偏时对土体一侧产生挤压作用，而另一侧由于应力释放形成空隙，因此，在顶管顶进的曲线轨迹中存在许多这种空隙。

注浆时，从注浆孔注入的泥浆会先填补管节与周围土体之间的空隙，抑制地层损失的发展。泥浆与土体接触后，在注浆压力的作用下，注入的浆液将向地层中渗透和扩散，先是水分向土体颗粒之间的孔隙渗透，然后是泥浆向土体颗粒之间的孔隙渗透；当泥浆达到可能的渗入深度之后静止下来，只需经过一个很短的时间，泥浆就会变成凝胶体，充满土体的孔隙，形成泥浆与土壤的混合土体；随着浆液渗透越来越多，会在泥浆与混合土体之间形成致密的渗透块（图 4-10）；随着渗透块越来越多，在注浆压力的挤压作用下，许多的渗透块之间黏结、巩固，形成一个相对密实、不透水的套状物，称为泥浆套。它能够阻止泥浆继续渗入土层。

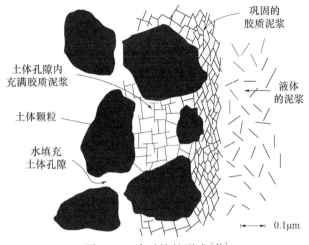

图 4-10 渗透块的形成[11]

由于掘进机的开挖会对管道周围土体产生扰动，使部分土体结构遭到破坏而变成松散土体。在注浆压力作用下，泥浆套能够把超过地下水压力的液体压力传递到土体颗粒之间，成为有效应力压实土体。同时，泥浆的液压能够起到支撑建筑空隙的作用，使其保持稳定，不让土体坍塌到管道上。

如果注入的润滑泥浆能在管道的外周形成比较完整的泥浆套，则接下来注入的泥浆不能向外渗透，留在管道与泥浆套的空隙之间，在自重作用下，泥浆会先流到管道底部，随后向上涨起。当隧洞充满泥浆时，顶进管在整个圆周上被膨润土悬浮液所包围，受到浮力作用，管道将至少变成部分飘浮，它们的有效重量将变小，甚至可能变成负的（图 4-11）。

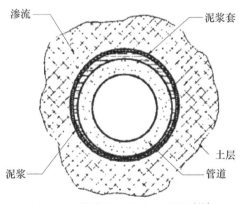

图 4-11 泥浆与土体相互作用[11]

管道在泥浆的包围之中顶进，其减摩效果将是令人十分满意的。

实际施工中，由于受环向空腔不连续、不均匀、泥浆流失、地下水影响以及压注浆工艺等因素影响，可能会对减摩效果产生影响。但大幅度地降低摩擦阻力是毋庸置疑的。

（2）浆液在土体中的渗透

膨润土泥浆将渗入土层的孔隙内，充满孔隙，并继续在其中流动，其流速取决于孔隙的横断面与泥浆的流变特性。土体孔隙将对泥浆的流动产生阻力，在克服流动阻力的过程中，压浆压力（泥浆压力与地下水压力之差）将随着渗入深度的增加而成比例地衰减，所以，相应每一种压浆压力都有一个完全确定的渗入深度，即渗流距离。泥浆的渗流距离就相当于泥浆套的厚度。

为了能够形成低渗透性的膜，就必须使泥浆不太容易渗透到土体中去。试验表明，泥浆浓度越高，在土体中的渗透距离越短。在高浓度泥浆和高注浆压力下容易形成泥浆套。一旦泥浆套形成，泥浆套厚度增加就会变慢，它的过程就像一张处于压力作用下的滤纸。

为了减小渗透，改善泥浆套的形成，可以添加聚合物。聚合物通常是由大量的小化学单体连接在一起而形成大的长链分子。应用在隧道工程中的人工聚合物主要有聚丙烯酰胺、聚丙烯酸酯乳液、部分水解的聚丙烯酰胺（PHPA）、羧甲基纤维素（CMC）、多阴离子纤维素（PAC）等。它们的长链分子就像增强纤维一样，形成一张网留住膨润土颗粒，堵塞土体孔隙。钠 CMC 聚合物在日本被广泛地应用，PAC 材料同样也适用。当它们与先前开挖土体留在泥浆中的淤泥和细砂结合起来时，能够更好地堵塞大的土体颗粒之间的孔隙。

（3）注浆对土层移动的影响

由于管径差以及纠偏操作会使管道与土体之间产生空隙，周围土体要填补这些空隙，进而产生地面沉降。另外，每当后续管节随掘进机一起向前顶进时，会对周围土体产生剪切摩擦力，产生拖带效应，使得土体产生沿管道顶进方向移动；而当更换管节停止顶进时，土体会产生部分弹性回缩，向顶进的反方向移动。

合理的注浆可以减小这些土层运动。从注浆孔注入的泥浆首先会填补管节与周围土体之间的空隙，进而形成泥浆套，能够起到支撑隧洞的作用，使开挖的隧洞保持稳定，不让土体坍塌到管道上，从而，可以减小地面沉降。由于土体与管道之间被泥浆隔离，使得管道顶进对土体产生的剪切摩擦力大大减小，可以减小深层土体水平移动。

参考文献

［1］黄陵武．水下隧道全断面超前帷幕注浆理论及可靠性分析［D］．长沙：中南大学，2010.

［2］卢萍，侯克鹏．帷幕注浆技术在矿山治水中的应用现状与发展趋势［J］．现代矿业，2010，26（03）：21-24.

［3］吴浩，管学茂．粉煤灰充填注浆材料研究［J］．粉煤灰综合利用，2003（04）：17-19.

［4］罗超红，付亚伟．盾构壁后充填注浆材料分析［J］．公路与汽运，2007（05）：176-178.

［5］何志攀．新建公路下伏采空区的稳定性分析和治理技术研究［D］．长沙：中南大学，2004.

［6］韩丽英．袖阀管注浆法套壳料的配比试验研究［D］．太原：太原理工大学，2012.

［7］许万忠．节理裂隙边坡稳定性及锚注加固效应研究［D］．长沙：中南大学，2006.

［8］王思琦．软弱围岩隧道中空注浆锚杆支护效应研究［D］．西安：西安科技大学，2018.

［9］王档良．多孔介质动水化学注浆机理研究［D］．北京：中国矿业大学，2011.

［10］赵晓岩．裂隙岩层直接堵漏注浆法机理研究［D］．阜新：辽宁工程技术大学，2016.

［11］魏纲，徐日庆，邵剑明，等．顶管施工中注浆减摩作用机理的研究［J］．岩土力学，2004（06）：930-934.

第5章　盾构施工注浆工法

5.1　盾构施工注浆概论

5.1.1　摘要

盾构隧道在软土和软砾石地层中，施工从理论上来说会引起地表沉降，导致周围地层发生过大变形，甚至地层塌陷，亦影响到了线路周边建筑物安全。沉降主要根源在于开挖引起的水土流失和对原状地层的扰动，导致隧道附近土体沉降、变形的发展，进而导致周边建筑物产生沉降、倾斜、开裂等不良影响问题，甚至安全问题。盾构通过时的地表沉降占总沉降量的20%～100%，盾构在软土层产生的地表沉降影响要大于硬质土层和岩层，是影响地表沉降的最主要因素。产生的原因是由于盾构机的外径大于管片外径，盾尾过后，留下来的空隙就需实时充填，往往因盾尾壁后注浆没能实时填充盾尾空隙，或是注浆不当，造成浆液厚度环向分布不均（拱部薄），充填不实。盾顶土层在没有形成有效承载拱的情况下就充填盾尾空隙，引起上部土层应力释放，地表下沉。因此实时进行盾尾注浆是控制地表沉降的一个重要施工工序。表5-1为近年来盾构施工过程中所细分的五大沉降区块。

盾构隧道施工产生的地基变形发生原因与相应对策　　　　　　　　表5-1

阶段	变形现象	发生机制原因	相应对策工法构想
1	先行沉陷： 是发生于距盾构机到达之相当距离前方的沉陷	对于砂质土的情况，会因地下水位下降而引起。对于极软弱的黏性土情况，有时会在开挖面因开挖进土量过多而引起	采用适合场地地基条件，能控制开挖面稳定机构，不须特别抽降地下水的密闭式盾构机施工
2	开挖面前方的沉陷或隆起： 是发生于盾构开挖面即将到达时的沉陷或隆起，主要因盾构机操作时，开挖面的土压、水压不平衡所致	开挖面的土压、水压不平衡是指土压式或泥水式盾构机，因推进量与排土量产生差异而使开挖面土压及水压与盾构机的土仓压间产生不平衡，开挖面就会失去平衡状态而产生地基变形。此现象为开挖面的应力释放、加压力等引起的弹塑性变形	1. 设定盾构机操作的开挖面压力管控值，在适宜的施工管控下，不致产生开挖进土量过多的现象。 2. 减低伴随推进所产生盾构机与地基间的摩擦，尽量不扰动周围地基，减少滚转（Rolling）及俯仰（Pitching）等现象，并防止盾构机蛇行
3	通过时沉陷或隆起： 是发生于盾构机通过时的沉陷或隆起，其产生的主要原因为盾构机四周表面与地基间的摩擦，以及伴随超挖产生的地基扰动所造成	推进时地基的扰动是指盾构推进中，因盾构壳体与地基间的摩擦造成地基扰动而产生地基隆起或沉陷。尤其是盾构机进行蛇行修正或因曲线段推进所伴随产生的超挖致使地基松弛情况	按照地层状态，选定渗透性好、固结强度大的壁后注浆材料，尽量于盾构推进的同时进行壁后注浆

阶段	变形现象	发生机制原因	相应对策工法构想
4	盾尾空隙沉陷或隆起： 　是发生于盾构机尾部通过后不久的沉陷或隆起，其产生的主要原因是管片与地基间的盾构机壳厚度的缝隙，称为盾尾空隙（Tail Void），在管片脱离机身时使地基应力释放造成沉陷。一般而言，地基变形产生最大的沉陷量是由这一阶段所造成	1. 盾尾空隙的发生，是由于壁后注浆未能充分填满盾尾空隙，以致机壳板所支承的地基向盾尾空隙方向产生变形，造成地基沉陷。此为因应力释放所引起的弹塑性变形。 　2. 地基沉陷的大小受壁后注浆材料的材质及灌注时期、位置、注入压力、注入量等影响。一般而言，较大的壁后注浆压力可抑制沉陷变形的发生，只有黏性土地基中，过大的壁后注浆压力将可能造成暂时性地基隆起	1. 细心地进行盾构机推进管理作业，适时地施做一次衬砌拼装及壁后注浆作业。 　2. 为了防止管片的变形，必须使用真圆保持装置以确保管片的拼装精度，同时充分锁紧接头螺栓
5	后续沉陷： 　在极软弱的黏性土层发生的现象，主要起因于盾构机推进所引起整体性的地基松弛及扰动	1. 管片接头螺栓若未充分锁紧，则管片易产生变形，盾尾空隙会增大。管片脱离盾构机盾尾后，由于外压不均匀作用致使衬砌变形，为造成地基沉陷增大的主因。 　2. 地下水位降低，发生开挖面涌水或管片漏水，会使地下水位降低而导致地基沉陷。这种现象是由于地基有效应力增加所引起的压密沉陷	为防止来自管片接头及壁后注浆孔等处漏水，管片拼装、止水工程必须仔细妥善地加以设计及施做

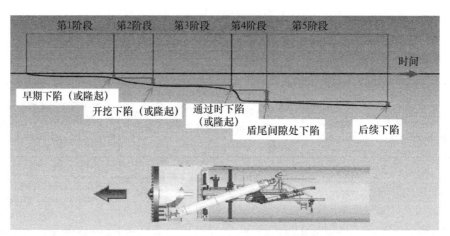

图 5-1 盾构隧道施工产生的地基变形

　　盾构施工工程中最重要的，是如何处理盾构挖掘时所产生的空间（盾构机的周围及管片外围的空隙）。这种填充空隙的工程叫作壁后注浆（Backfill Grout）工法。在实施盾构工程时，以往会将全部精力用在控制工程现场，而将壁后注浆工作延后。但是，随着密闭式盾构工程的普及，现场工程控制变得容易许多，而盾构工程中是否会产生地层下陷的主因，取决于壁后注浆工作执行得完善与否。在初期，盾构法所使用的壁后注浆材料是水泥、砂、黏土（飞灰）、砂浆。在盾构法刚传到亚洲时，当时所使用的壁后注浆材料也是这种砂浆，即单液型注浆工法。

以日本为例，传入日本的盾构法是现场开放式盾构法。但是日本的地质是由复杂的地层所组成，为了配合这种地质，新式密闭型盾构工法，也就是泥水加压式和泥土压平衡式的盾构工法随之产生。另外，要防止地层下陷，就要把盾构挖掘时所产生的空间变小，方法是将钢板用最适当的设计方法把厚度变薄。不过，要把颗粒粗的砂浆灌进这么狭小的空间里是相当有难度的。

因此，早在 1975 年前后，由日本研发出一种双液型壁后注浆工法，浆液的颗粒细小，流动性佳，不但容易灌进狭小的空间里，而且在早期就能有强度。这种双液型壁后注浆工法快速在日本普及，也由于日本的施工项目发表了许多盾构技术论文，影响了世界的盾构技术，泥水加压工法、泥土压工法、泡沫工法等，在世界各地普及开来。双液型壁后注浆工法也同样受到关注，近几年来，在英国、新加坡、泰国、马来西亚、印度尼西亚、菲律宾、印度和以色列的城市地铁工程都有被使用。

在国内，近 30 年来普遍采用单液型注浆工法。近几年来，因施工项目部的技术水平提升，及引进新式管理技术，单液注浆这块已经渐渐成熟了，并且依照实际现场施工的目标，改善了原有的单液浆，并研发出新式惰性浆液及不同配比的浆液，来改善施工的沉降。

5.1.2 壁后注浆工法的原理及概述

盾构掘进施工使用壁后注浆的目的是填充盾尾间隙避免导致地表沉陷，防止地下水渗漏进入管片内，使开挖受扰动土层能及早稳定，防止隧道蛇行及防止隧道管片变形。壁后注浆宜使用注浆后体积变化较小，且能尽早达到相当于地基强度以上的瞬凝型浆液。

壁后注浆必须选择适合于地基土质及盾构机形式的浆液，浆液必须具有如下特性：

填充性：空隙内的填充性良好；

收缩性：硬化中、硬化后无体积变化；

安定性：早期即产生与地层相当之强度，具有良好的压力传达效果及压力分布；

分离性：没有任何材料分离现象、沉淀现象的发生；

压送性：能长距离压送不阻塞，并能长时间作业；

流动性：采用可塑状固结型材料施工的缘故，可自相同处做连续注入；

稀释性：止水性良好，能够承受凝胶化后地下水的稀释；

无毒性：不含有凝胶化后而成为二次灾害起因的有害物质；

作业性：操作简单、好清理。

在日本，曾以做研究的态度进行沉陷观测，发现主要沉陷在管片脱离盾构机时即产生。而根据日本某地表沉陷观测研究案例显示，参见表 5-2，在冲积砂土层中，90% 以上的沉陷在阶段四即已产生，阶段五的沉陷量仅约 5%，即可预知在冲积砂土层中，二次注浆的实际有效性极微。至于在冲积黏土层中，阶段五的沉陷量则约占 45%，由于此是地表沉陷点的观测结果，黏土层的应变反映至地表需较长时间，执行二次注浆的实际有效性仍有待进一步观测验证。

另就机理而言，如将地基区分为土及水，当管片脱离盾壳后（厚约 7 ～ 7.5cm），水将立即充填此一盾尾空隙，而土的部分则与其自立性有关，分析充填时间亦不会太长（砂性土将较黏性土更快），图 5-2 为盾尾空隙充填历时变化的实验量测实例（案例的地基为

$q_u = 0.503 \text{kg/cm}^2$ 的黏性土），盾尾缝隙约在管片脱离盾壳后 60min 内自然充填完毕。因此盾构隧道施工须在最短时间内进行壁后注浆，进而确实能充填此盾尾空隙以减少地基沉陷量。

黏土层与砂土层各阶段的沉陷分布情形　　　　　　　　　　　　表 5-2

地基	阶段一	阶段二	阶段三	阶段四	阶段五
冲积黏土层（%）	6	5	8	34	47
冲积砂土层（%）	0	3	31	60	6

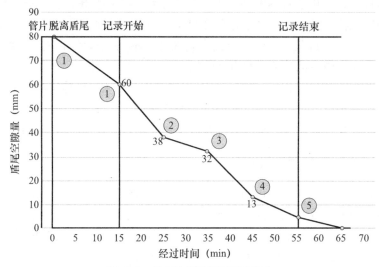

图 5-2　盾尾空隙填充历时变化
（引用：日本社团法人土质工学会）

施工时需要注意的要点如下：

（1）壁后注浆宜采用瞬结型注浆材料，采用非机械手动式的壁后注浆。

（2）随着盾构机向前开挖，管片外缘与盾尾地基所形成的盾尾间隙，必须迅速地以稳定材料填充，以防止地基松动、地表沉陷、隧道漏水及不均匀土压作用于管片上。利用盾构机推进的同时，亦于管片脱离盾壳后第一时间进行壁后注浆。

（3）视地基条件、盾构隧道邻近受保护建筑物的情况，施以不同的壁后注浆压力与注入率，以适时减少地基的变形量，达到建物保护的目的。

（4）壁后注浆的注浆压力一般以盾构机开挖面的操作压力加上 $0 \sim 1 \text{kg/cm}^2$ 为原则，但以管片设计时所允许的最大壁后注浆压力为上限。

（5）壁后注浆的注入率视注浆工法、地基条件、注浆材料种类、注浆压力等而异。参考过去工程案例的统计数据显示，在正常施工条件下，壁后注浆的注入率多在 110% ～ 200% 范围之间，参见图 5-3。若地面环境许可，盾构机通过民房下方前应于地表先行注浆。可考虑从地面小巷或房屋缝隙中进行注浆，若不能使注浆体灌注完整，才需从隧道内来注浆。

（6）盾构机通过之后，原地基和衬砌管片外缘间形成的空隙称为盾尾间隙（Tail void），一般约 50 ～ 80mm。此间隙通常采用壁后注浆（Backfill grouting），以水泥砂浆等填充材料将其填满，但在管片脱离盾壳保护后，尚未实施壁后注浆之前，盾尾间隙一时之间成为无支撑状态，极易引起周围地层的应力释放，而造成土壤的弹塑性变形，导致隧道上方及附近的土壤往此空隙移动，此项为盾构隧道施工引起地基变形的最主要原因。

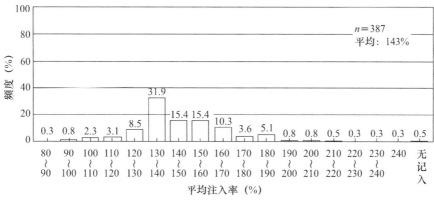

图 5-3　隧道标准区间的壁后注浆量注入率
（引用：日本社团法人日本隧道技术协会）

（7）盾构盾尾间隙造成地基土壤漏失的情形，依土壤自立的时间、土壤暴露于盾尾间隙的长度及所采用的辅助工法（诸如压气工法，注浆工法等）而定。

5.2　壁后注浆工法区分

壁后注浆根据工法的特性，我们将其区分为两种，一种为单液注浆，另一种为双液注浆，而工法内又细分为管片注入及注浆管注入，每种适用的时、地、物、功能性皆不相同，仅能依据开挖前的地质钻探及路线上的调查进行事前的配置及准备。

5.2.1　单液注浆概述

单液壁后注浆的注入方法为两种，有利用管片注浆孔注入或注浆管注入，但由于担心注入时太靠近盾尾刷，故常采用开挖完成后才进行注浆或者是距离掘进中盾尾刷约 0.5 ～ 1m 以上灌注。但由于地铁施工所采用的单液型砂浆因为材料特性的关系，通常需要 2 ～ 3h 才会胶结，在尚未胶结前，容易受到地下水或其他因素的影响而产生粒料分离、体积减小的现象，进而出现坍陷或建筑物倾斜的问题，故目前单液注浆普遍不被多国的地铁工程采用。

而随着我国城市轨道交通建设的快速发展，盾构施工在城市轨道交通建设中已经逐步成为安全、快速的手段。随着对城市建设的安全性、环境友好程度越来越重视，对盾构施工的地表沉降要求及下穿各种建（构）筑物的安全提出了更高的要求。

目前，国内盾构壁后注浆主要采用同步注浆，由于要通过盾构支承环和盾尾内管道系统注入地层内，要求同步注浆浆液具有良好的工作性、稳定性和固结性。因而，对同步注浆材料体配合比的科学设计和有效调控，可以为盾构施工带来巨大的经济、社会效益。

由于盾构刀盘及壳体大于管片外径，当盾尾脱离管片后，管片与土体之间形成一定的环形建筑空间，如不能及时有效填充，将导致管片渗漏、管片出现错台及土体变形引起地表沉降。因此，壁后注浆是保证解决地表沉降、管片错台以及隧道防水的重要措施。

国内对多种类型的浆液均有使用，但单液浆由于注入设备简单、施工操作简单、设备维护简单及施工管理容错率高，在国内盾构施工中占主导地位。

5.2.1.1　一般单液浆的配合比

单液型注浆设备主要由水泥、粉煤灰大罐、搅拌机、料斗秤、进料斗等部件组成，配制水泥砂浆主要原材料为水泥、细砂、膨润土、粉煤灰、水，目前采用的一般配合比如下：

水泥∶细砂∶水∶膨润土∶粉煤灰＝2∶6∶5∶1.5∶3

拌制好的水泥砂浆经事先布设管道运至中板的储浆罐，必要时采用泵送辅助，这类浆液的强度一般为 $0.5 \sim 1\text{N/mm}^2$，实践证明它是一种耐久性优越的注浆材料。但是如果上述材料的水灰比加大，强度会降低，如水泥系黏土类浆液，如果长期浸泡在水中，它的固结强度会降低，因而影响耐久性。可见，周边环境将影响单液型注浆材料的耐久性。

5.2.1.2　单液浆与惰性浆液的对比

单液浆主要是以水泥为胶凝材料的同步注浆材料，辅以细砂、粉煤灰等添加材料作为充填。主要优势在于原材料应用广泛，易取得、浆液终凝强度高；缺点在于施工过程控制要求较高、浆液成本较高、浆液在富水高压情况下易离析、离散，无法形成较密实板体。

基于单液浆基础上发展出来了惰性浆液，惰性浆液同时克服了普通单液浆易堵管、抗水分散性较差等缺点，实现了充填性、流动性和固结强度三者之间的良好匹配，能够达到较好的地层充填效果。同时由于惰性浆液没有使用水泥，有利于节约工程成本。而其浆液性能指针目标具有良好的可泵送性、抗离析、抗水分散以及较高的抗压性能、较小的收缩率、较好的抗渗性能，并以抗压性能、抗渗性能、收缩率、离析率作为主要的目标性能。

虽然惰性浆液是目前盾构工程中的新式主流，但也由于惰性浆液没有使用水泥，并无法取代水泥系的单液浆，要长久地保持管片不上浮、不漏水，最根本的还是注入水泥系的材料。

5.2.1.3　主流惰性浆液的介绍

以目前国内使用的惰性同步注浆浆液来看，其特性应具备以下性能：

（1）保有良好的稳定性及流动性，能够设计出适合项目上的初凝时间，适应盾构施工及远距离输送的要求，具有良好的可泵送性；

（2）在过程中能够满足相对应的抗压要求，以及具有良好的充填性；

（3）在满足注浆施工的前提下，尽可能提早获得高于地层的早期强度；

（4）浆液不易在地下水环境中产生稀释现象；

（5）浆液固结后体积收缩小，泌水率低；

（6）具有良好的抗渗能力；

（7）浆液无公害，价格便宜。

目前国内的施工单位在惰性浆液的配合比上，具有深度的研究，在此无法一一列出其配合比参数，仅能依据各项目的性能需求进行配合比的设计。

5.2.2　双液型壁后注浆概述

双液型壁后注浆是在盾构工程中防止沉降的主要工法。该工艺克服了钻掘过程中引起的土体扰动使地表沉降或造成建筑物倾斜的问题。为了能够有效控制地下施工掘进引起沉降，其中关键为如何将双液的浆液完美的调配，且稳定及有效地注入土壤内，并使其充分填充，以及早期的稳固地基等，这都是最重要的指标。

在整个亚洲区的盾构施工调查发现，目前双液管片壁后注浆使用的地区性以中国台湾地区及东北亚日本韩国为主，东南亚及东盟成员国家反而以同步双液注浆为主，或许是各地域性的法规不同，又或者是施工项目部的喜好选择，若以工法最先进的日本来看，当地的施工却是同步注浆及管片注浆各自一半的占有率，各自有各自的优点及弱点，这的确令人感到好奇。

5.2.2.1 双液壁后注浆原理

双液壁后注浆主要具有克服钻掘中引起的扰动和地基软化作用，有效控制沉降的特点，当双液注浆及时充填到土体中的空隙，尤其是盾构机钻掘中所造成的建筑空隙中后，由于浆液具有速凝并可在瞬时内胶结的特点，因此能起到稳定地基的作用，同时注浆过程中浆液流失少而有效充填量提高，及时补充了由诸多原因造成的土体损失。未影响建筑结构物之前，减少地面沉降。同时当双液注浆在充填土体中的空隙达到一定饱和后，会在压力作用下逐渐扩散不断充填空隙，能对周围土体产生挤压并劈入土体的薄弱部位，形成交叉网状凝固体，增强了土的密实度和压缩模量，扩大了应力场，提高了承载能力，从而大大减少了最终沉降量。

5.2.2.2 双液型壁后注浆工法特点

（1）调配的浆液具有良好的流动性、触变性和扩散性，浆液胶结时间短且具可调性能，能适时提高强度，可以缩短土体沉降稳定时间，能克服注浆中引起的扰动和软化效应。

（2）该工法对盾构工程施工控制地面不均匀沉降具有简易灵活、经济实效的明显效果。

（3）在地面超荷载情况下，地下施工一般难以在短时间内控制建筑物下沉趋势，而双液注浆胶结时间快速、缩短沉降周期、在瞬时间内能起到强化作用，比单液注浆更能有效地控制地面建筑下沉。

5.2.2.3 单液型与双液型注浆工法差异

单液型壁后注浆工法所使用的砂浆，是以防止空隙的崩塌为目的，把数量较多的砂子填入空间里，并未考虑到砂浆流动性的问题。因此，要灌入砂浆就必须要有更多的注入孔及高压注入泵。

针对这点，双液型壁后注浆工法基于流动性与充填方便性，在灌入前一刻将颗粒细小的水泥、胶状黏土、水所组成的泥浆（A液）及硬化剂的材料（B液）两者混合后再灌入。这是因为二者混合后马上就会具可塑性，加上少许压力就能在狭小的空间流动，而且大概只需 1h 左右就会产生 $0.05N/mm^2$ 的强度。由这个早期强度来判断，不但能防止空间的崩塌，也能够防止随着时间而产生的弧形变化。

5.2.2.4 双液型壁后注浆地上搅拌站介绍

双液型壁后注浆搅拌站设备，是壁后注浆工法中的最主要设备，重点在于其能够精准地调配出所设计的配合比，并通过可过程控制器的过程控制，达到更快的工作效率，性能稳定，可靠性高，紧密结合施工计划进行设计，造价合理。

如图 5-4、图 5-5 所示，双液壁后注浆搅拌站包括水泥罐，其作用在于储存水泥及开启罐外的螺旋机输送水泥至立轴式混料机。膨润土罐，其作用在于储存膨润土及开启罐内的螺旋机及输送膨润土至立轴式混料机。立轴式混料机为此注浆设备的搅拌核心，将各个材料依序进行充分混合后，将材料落入慢速搅拌槽中。慢速搅拌槽主要的功用在于储存混合好的浆液，利用慢速搅拌的原理使浆液较不易产生分离现象。A 液泵及 B 液泵作用在于将慢速搅拌槽内的浆液与水玻璃罐内的水玻璃由 A 液泵与 B 液泵运用管道输送至盾构机内的 A 液罐及 B 液罐或者是盾构井下的浆车内。

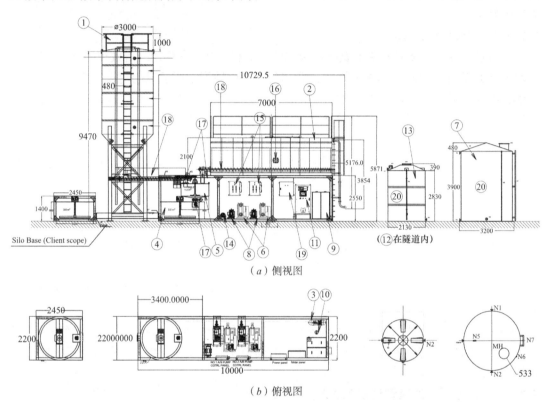

（a）侧视图

（b）俯视图

NO.	名称	形式	kW	Q'ty	记事	NO.	名称	形式	kW	Q'ty	记事
10	安定剂泵		0.25	1		20	液位计	for B, W TANK		2	
9	安定剂罐	1.5m³		1		19	电气柜				
8	B 液泵	TS-2	1.5	2	20L/min 2.5MPa	18	螺旋机	25t/h		2	
7	水玻璃罐	27.5m³		1		17	蝶阀	250A	0.4	3	
6	A 液泵	TS-10	7.5	2	150L/min 2.5MPa	16	震动机	KM75-2PA	5.5	1	
5	混合机	1.2m³	11.0	1		15	泵控制柜			2	
4	搅拌机	3.5m³	3.7	2		14	水泵	80L/min		1	
3	空压机		1.5	1		13	水罐	10.0m³		2	
2	膨润土罐	16m³		1		12	自动泵送柜	for SUPPLY		1	
1	水泥罐	60t		1		11	注浆控制柜			1	

图 5-4   地上搅拌站

图 5-5　双液型壁后注浆搅拌站

关键在于，如何让所设计的配合比能够精准地被制造出来。在工程现场，人为的因素、材料的质量甚至是浆液质量的管控，都是双液注浆中缺一不可的管理要素。

5.2.2.5　双液型壁后注浆各项材料详细介绍

双液型壁后注浆材料的双液分别为 A 液及 B 液两种材料，A 液由水、安定剂、膨润土、水泥组合而成，而 B 液就是水玻璃。

1. A 液

（1）安定剂

安定剂是一种缓凝剂，它是一种有效推迟灰浆液硬化固结的壁后注浆用的安定剂。本产品是一种以灰浆液的推迟硬化为目的，同时又能依据水玻璃的添加与混合来展开瞬间凝结，且无碍于浆材抗压强度的环保材料。

安定剂除了是一种缓凝剂外，与整个壁后注浆材料的分离性也有关系，从材料试验中得知，使用不同性质的安定剂，壁后注浆材料分离的状况都不同，而壁后注浆材料一旦产生过大的分离，对于材料的强度及注浆都会有很大的影响，所以选择适当的安定剂种类也是壁后注浆材料很重要的环节。

安定剂的特征

① 由于能保有 1 ～ 3d 的流动性，所以能减少配管清洁工作的频率，废弃材料的产生也因此相对减少。

② 即使被长时间置放的 A 液，一旦与 B 液混合，凝结硬化后的初始强度与 A 液在新鲜调和之际所得到的结果是相同的。

③ 凝结硬化后壁后注浆材料的特性，与未使用安定剂及过去所使用的安定剂制作的材料是同样的，所以在强度特性上完全没有任何问题。

④ 由于低黏度的缘故，可以进行壁后注浆材料长距离的管线输送，因此可以减轻泵等压送设备的负担。

（2）膨润土

膨润土为通过 200 号筛网，除非另有要求，不然必须符合国标规范 A.P.I.13A（American

Petroleum Institute 13A），其具有防止灰浆液（由水泥、膨润土及水所组成的灰浆液）渗泌现象的产生与防止灰浆液材料分离的作用。

膨润土与水拌合后，即形成高黏滞度的胶体，具极佳的降伏点与胶体强度，作为钻掘稳定液时，其在开挖壁体形成很薄的不渗透性泥膜，可保护挖掘的壁体，同时可降低稳定液的逸流。当用于壁后注浆时，可以降低土壤的渗透性。膨润土质量是影响壁后注浆的关键，因此，除了寻找不同种类的膨润土进行研究外，还应针对膨润土与膨润土浆的质量管控做一研究探讨，以便将来产制壁后注浆时，能在膨润土浆产制的环节中即进行质量管控。有关膨润土试验内容，依据属性主要可区分为物理性质与化学性质两部分，说明如下（表5-3）：

① 物理性质：探讨添加膨润土后，所显现的外在力学行为、流动行为；

② 化学性质：探讨材料内在的化学反应行为。

膨润土试验

表 5-3

类别	检验／试验名称	规范值	试验值
膨润土	600rpm 稳定值（CPS）	min35	37
	降伏值／塑黏性（YP/PV）	max3.0	2.62
	脱液量（cm^3）	max15.0	14.6
	含砂量（%）	max2.5	2.01

（3）水泥

壁后注浆材料中的水泥，通常以普特兰第一型水泥为主。普特兰水泥，又称硅酸盐水泥，是由硅酸盐水泥熟料、0 ～ 5% 石灰石或粒化高炉炉渣、适量石膏磨细制成的水硬性胶凝材料。

普特兰水泥熟料的主要成分为硅酸三钙（$3CaO \cdot SiO_2$）、硅酸二钙（$2CaO \cdot SiO_2$）、铝酸三钙（$3CaO \cdot Al_2O_3$）和铁铝酸四钙（$4CaO \cdot Al_2O_3 \cdot Fe_2O_3$）。当与水混合时，发生复杂的物理和化学反应，称为水化（hydrate）。从水泥加水拌合后，成为具有可塑性的水泥浆，到水泥浆逐渐变稠失去塑性但尚未具有强度，这一过程称为「胶结」。随后产生明显的强度并逐渐发展成坚硬的水泥石，这一过程称为硬固（harden）。胶结和硬化是人为划分的，实际上是一个连续的物理化学变化过程。

普特兰第一型水泥的特性（表5-4）：

① 水泥加水拌合后，成为具有可塑性的水泥浆。

② 抗硫酸盐性较差，胶结硬化速度较快、水合热较高、早期强度略高。

水泥试验

表 5-4

类别	检验／试验名称	规范值	试验值
水泥	细度（m^2/kg）（气透仪法）	min260	351
	抗压 3d（MPa）	min12	26
	抗压 7d（MPa）	min19	34.2

续表

类别	检验／试验名称	规范值	试验值
水泥	抗压 28d（MPa）	min28	45.5
	凝结时间	min45；max375	
	初凝（维卡式针）（min）		183
	终凝（维卡式针）（min）		290
	氧化镁（MgO）（%）	max6.0	1.42
	三氧化硫（SO_3）（%）	max3.0	2.2
	烧失量（%）	max3.0	1.92
	不溶残渣（%）	max0.75	0.16

2. B 液（水玻璃）

（1）硅酸钠介绍

硅酸钠俗称水玻璃，其主要成分由 SiO_2 与 Na_2O 所组成。其生产方式主要分为湿式法与干式法两种。

湿式法化学式如下：

加热 180℃

$$n SiO_2 + 2NaOH / x H_2O \rightarrow Na_2O n SiO_2 + （1 + x）H_2O$$

干式法化学式如下：

加热 1500℃

$$Na_2CO_3 + n SiO_2 \rightarrow Na_2O n SiO_2 + CO_2 \uparrow （玻璃块状）$$

$$Na_2O n SiO_2 + x H_2O \rightarrow 液体（水玻璃）$$

其化合比 $= w \cdot t \times 1.032$（$n =$ 化合比，$w \cdot t = Si_2O/Na_2O$）

（2）硅酸钠目前生产规格及主要用途（表 5-5）

硅酸钠目前生产的规格及主要用途　　　　　　　　　　　表 5-5

规格	状态	主要用途
$N = 0.5$	粉状	金属处理剂
$N = 1.0$	结晶粒状	工业清洁剂、脱脂剂
$N = 1.5 \sim 2.2$	液态	洗衣粉、肥皂、工业用胶粘剂、安定剂
$N = 2.2 \sim 2.5$	液态	砂模铸造、染整、焊条、香皂、纸浆脱墨
$N = 2.5 \sim 2.8$	液态	砂模铸造、焊条、染整、纸浆脱墨、白烟、窑业
$N = 3.0 \sim 3.2$	液态	耐火工业、焊条、染整、保温工业、纸业、土木化学注浆
$N = 3.3 \sim 4.0$	液态	耐火工业、保温工业、土木化学注浆、混凝土及陶瓷工业
$N = 4.0 \sim 12$	液态	耐火工业、陶瓷工业、特殊土木建筑工程
$N = 86 \sim 400$	液态	耐火工业、陶瓷工业、精密铸造工业、航天工程

（3）硅酸钠的相关规范

美国　ASCE，1982 & FHWA-RD-77-50。

日本　JIS-K-1408。

硅酸钠的相关资料：相对密度 $= \dfrac{144.3}{144.3 - Be'}$

（4）水玻璃的成分分析（表5-6）

水玻璃的成分分析

表5-6

成分名称	成分比例（%）	成分名称	成分比例（%）
二氧化硅（SiO_2）	60.2	氧化钠（Na_2O）	2.44
氧化铝（Al_2O_3）	15.67	二氧化钛（TiO_2）	0.64
氧化铁（Fe_2O_3）	4.61	水（H_2O）	5.82
氧化镁（MgO）	3.37	微量元素（Trace Elements）	2.79
氧化钾（K_2O）	0.84	酸碱度（pH Value）	8.9～10.5

（5）盾构施工中常用规格的水玻璃检测标准（表5-7）

水玻璃检测标准

表5-7

外观	黏稠状无色至稍微着色液体（%）
相对密度（15℃波美密度）	40以上
二氧化硅（SiO_2）	28～30
氧化钠（Na_2O）	9～10
铁（Fe）	0.02以下
水不溶物	0.2以下

（6）使用量决定因素

水玻璃（硅酸钠）的使用量是根据土壤的渗透性与地基所需的强度而定，其决定的因素如下：

硅酸钠的浓度；

土壤的类别与土壤颗粒的分布；

水泥、膨润土或其他硬化剂的选择与用量；

周遭水质的化学性质。

（7）使用注意事项

因其对皮肤、眼睛具有腐蚀刺激性，若不慎沾到，立即用清水冲洗。应避免误食，以防产生腹泻、呕吐等现象。

5.2.2.6　双液型注浆材料使用配比

一般的双液型壁后注浆混合比例为每立方米A液：B液为10：1，依照客户的需求去做每个材料的调整，一旦某个材料增加或减少，其他的材料数量也会改变，不同的配比所得到的材料效果也有所不同，材料的抗压强度及分离性也会受到影响，所以选择适当的材料配比也是相当重要的（表5-8）。

调配的基准值　表5-8

A 液				B 液
水泥（kg）	膨润土（kg）	安定剂（L）	水（L）	水玻璃（L）
200～320	20～100	1～10	800～920	50～100

水泥相对密度：约3.15；膨润土相对密度：约2.70；安定剂相对密度：约1.20；水玻璃相对密度：约1.38。

5.2.2.7　材料的检验与规范

一般的双液型壁后注浆材料在使用以前，必须经过以下表内的各种材料审验后，将壁后注浆浆液通过 5cm×5cm×5cm 的立方体试块进行抗压强度试验，其检验的项目及规范如表5-9所示。

双液型壁后注浆材料试验比对表　表5-9

项目	检验项目	管理项目	检验/试验名称	规范值	试验值
1	壁后注浆（A液）材料	水泥	细度（m²/kg）（气透仪法）	min280	351
			抗压 3d（MPa）	min12	26
			抗压 7d（MPa）	min19	34.2
			抗压 28d（MPa）	min28	45.5
			凝结时间	min45；max375	
			初凝（维卡式针）（min）		183
			终凝（维卡式针）（min）		290
			氧化镁（MgO）（%）	max6.0	1.42
			三氧化硫（SO₃）（%）	max3.5	2.2
			烧失量（%）	max3.0	1.92
			不溶残渣（%）	max4.3	0.16
		膨润土	600rpm 稳定值（CPS）	min30	37
			降伏值/塑黏性（YP/PV）	max3.0	2.62
			脱液量试量（cm³）	max15.0	14.6
			含沙量试验（%）	max4.0	2.01
		安定剂	砷（As）（ppm）	0	0
			镉（Cd）（ppm）	0	0
			汞（Hg）（ppm）	0	0
			铬（Cr）（ppm）	0	0
			铅（Pb）（ppm）	0	0

续表

项目	检验项目	管理项目	检验／试验名称	规范值	试验值
2	壁后注浆（B 液）材料	水玻璃	外观	黏状无色至稍着色液体	黏状无色至稍着色液体
			波美比重	min40.0	40.8
			二氧化硅（SiO_2）（%）	28～30	28.5
			氧化钠（Na_2O）（%）	9～10	9.2
			铁（Fe）（%）	max0.02	0.009
			水不溶物（%）	max0.2	0.14
3	注浆离析试验	A 浆液离析	1000mL 标准量筒 1h、3h、6h 浆液离析	离析不能大于 1000mL 标准量筒的 8%	5%
4	A 浆液坍落度试验	测试 A 浆液的流动性	8cm×8cm 中空管所拉坍的面积	面积则越大表示流动性越好	25cm×25cm
5	测试 AB 液混合后所产生的胶结时间	AB 液混合胶结试验（s）	AB 液胶结秒数	3～20	12
6	壁后注浆强度	浆液配比（kg/cm^2）	抗压 1h 抗压 24h	min 0.1 min 2.0	0.8 7.5

5.2.2.8　双液型壁后注浆施工管理

壁后注浆的日常施工管理有以下几个项目：

（1）壁后注浆管理日报

记录注浆环、注浆位置和注浆量，可以成为确定注浆率、管理使用材料及监视沉降量等的参考数据。一般情况下，按各个现场特点设计日报的格式。

（2）使用材料的管理

根据每天对注浆材料使用量的检查，可以避免出现材料准备不足的现象。同时，也要检查配比的异常状况。

（3）机械类的检查和保养

一天注浆结束后，需要检查和保养泵、搅拌机、计量器具及其他机械器具有无异常，以便及时维修调换。

（4）管路的检查

压送注浆材料管路的清洗，不仅要用水洗还要放清洗球，尽量防止管路堵塞。投放清洗球清洗时，一定要确认投放量和回收量，不要遗留在管路中。此外检查管路连接处有无渗漏，以防止材料的耗损。在目前的自动同步壁后注浆系统中，也能看到如上述的考虑，A、B 液在注浆时间上错开的要求，并且也有用水清洗管路的实例。

（5）安全卫生管理

不仅是壁后注浆，盾构工程中的安全卫生管理也是非常重要的。壁后注浆中应该特别注意的事项如下：

① 在造浆设备中，由于要进行粉体物的处理，所以要戴防尘口罩和橡皮手套，并且要

注意换气。为此要开启换气扇和送风机。

② 材料混合和清扫时，不要卷入到混料机上，也不要夹在泵的皮带内。要注意作业场脚手架上的作业，特别是由于水而受潮时，注意不要摔跤。

③ 一方面，在注浆部要重视注浆开关处的作业脚手架是否牢固，有无摔下的危险；也要注意注浆作业人员，特别是在拆卸注浆开关时，若有残压则有 A 液浆和 B 液浆飞溅的危险。如果不巧溅到皮肤上时，要尽快用水冲洗。当进入到眼中时，要用水彻底清洗后去医院治疗。作业中要戴橡皮手套，B 液溢出时很容易溜滑，所以要立即冲洗 B 液溢出的场地。

（6）现场质量管理

双液型壁后注浆材料，必须充分注意 A、B 液混合后的软管管理，即注浆后，先停止 B 液的送入，过一会再进行 A 液（注浆管内只有 A 液的时间）的压送，随后停止 A 液。若不这样做，注浆材料就固结在注浆软管，下一次使用就发生困难。

以壁后注浆对盾构工程的重要性而言，所使用的材料，除应符合所规定的质量外，同时尚需定期确认其质量。为维持搅拌混合后注浆材料的质量，需定期检测其流动性、黏性、泌浆率、胶结时间及抗压强度等。

利用管片注浆孔所实行的壁后注浆，若需采取岩心取样方式，来确认其注浆厚度、状况及强度，对于高水压作用的情况或地基为微细砂层时，对取样时可能发生的地下水渗入，则需十分注意。

5.3 同步注浆

5.3.1 同步注浆的基本原理

当盾构机掘进后，在管片与地层之间、管片与盾尾壳体之间将存在一定的空隙，为控制地层变形，减少沉降，并有利于提高隧道抗渗性以及管片衬砌的早期稳定，需要在管片壁后环向间隙采用同步注浆方式填充浆液，即为同步注浆。

注浆过程是通过地面上的搅拌站按照设计配合比拌合的浆液，经过管道运输至隧道口的浆液车，浆液车通过电瓶车运输至盾构机后配套的储浆罐（浆液车与储浆罐通过软管连接），或是经过注浆管道直接运输到储浆装置，同时在储浆罐和运浆罐内均装有搅拌叶片对浆液随时进行搅拌，以防止浆液凝结或离析，然后储浆罐内的浆液通过两个注浆泵分别输送至安装在盾尾的四个注浆管道（一般管道是上下对称布置），最后由注浆管直接输送至壁后间隙起到填充作用，并且整个注浆过程是与盾构机的掘进同步进行的，泵送注浆量是通过调整液压油缸的速度进行调整，每个泵送油缸都装有计数指示器，盾构司机可以根据计数器上的读数了解每根注浆管内的注浆量。此外，盾构机的盾尾还配挡浆板、密封设备以及为防止盾尾内注浆管发生堵塞而配备的 4 个备用注浆管道。

注浆有手动或者自动两种控制方式。在盾尾注浆管路的出口处装压力传感器，在盾构操作室和注浆控制箱上都可以看到注浆时管路出口处的压力。设置为自动控制时，应预先通过可过程控制器（PLC）设置注浆最大压力值和最小压力值，当注浆压力达到设定最大压力时，注浆管路所连接的液压油缸立即自动停止运作，当注浆压力减小到 PLC 所设定的最小压力时，液压油缸自动启动重新开始注浆。手动控制方式则需要人工根据掘进情况随时调整注浆量。

5.3.2　同步注浆的作用

举例一盾构机刀盘的直径为 6280mm，而管片外径 6100mm，所以当管片拼装完成并脱出盾尾后，管片与土体之间形成一个环形间隙，此间隙若不及时填充，可能造成地层变形，致使地表下沉或建筑物下沉。因此，同步注浆填补了这一空白，及时有效地将浆液注入环形间隙，抑制了地层变形；也使管片得到部分稳定，防止管片偏移；浆液凝结后具备一定的强度，提高了隧道的抗渗能力；可以说同步注浆起到了多方面的作用，主要用途如下：

（1）防止土体松弛下陷；
（2）减少地表沉陷；
（3）保持隧道衬砌的早期稳定；
（4）提高衬砌接缝防水性能；
（5）保证隧道工后不变形、不下沉、不漏水的必要工序措施。

5.3.3　同步注浆的注入方式

一般来说，同步注浆在国内外都采用盾体内置式或盾体外挂式安装同步注浆管，如图 5-6 所示，其优缺点如下：

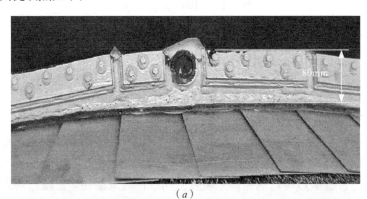

（a）

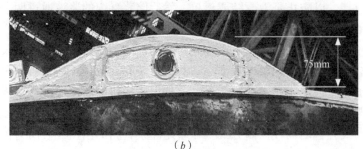

（b）

图 5-6　同步注浆注入方式
（a）盾体内置式；（b）盾体外挂式
（引用：日本タック特固株式会社）

（1）盾体内置式

由于采用内置式，盾体相对较厚，除了原本盾构机的制造成本增加外，另外注浆中的填充量也相对增多，施工成本势必增加，不过防沉降的效果却是最好。以目前国外的施工技术水准来看，全程采用内置式同步注浆管方式进行填充，搭配相对的技术工法，可以达到完全地表无沉降、管片无错台的情况，是目前盾构注浆方面的主流。

（2）盾体外挂式

早期的盾构机，皆采取外挂式的方式进行，其优点是价格较低、制造的技术水准也不需要太高、构造简单。不过由于外挂于圆形盾构机外，在挖掘时需要开启扩挖刀，如遇到地质条件较差的情况，扩挖刀有可能会损坏产生风险；另外由于是外挂式，始发与到达的洞门圈需要另外制作扩挖刀的样式，以避免漏水及坍塌问题发生。

5.3.4 同步注浆工艺

同步注浆是保证地面建筑物、地下管线、盾尾密封及衬砌管片安全的重要一环，因此需严格控制，并依据地层特点及监控量测结果及时调整各种参数，确保注浆质量及安全。为了使环形间隙能较均匀地填充，并防止衬砌承受不均匀偏压，同步注浆对盾尾预置的4个注浆孔同时进行压注，并根据设在每个注浆孔出口处的压力器，对各注浆孔的注浆压力和注浆量进行检测与控制，从而获得对管片后的对称均匀压注。

5.3.5 同步单液注浆

普遍来说，国内的单液浆由粉煤灰、砂、水泥、水、外加剂等组成，在搅拌机中一次拌合而成，这种浆液又可分为惰性浆液和硬性浆液。惰性浆液即浆液中没有掺加水泥等凝胶物质、早期强度和后期强度均很低的浆液。而硬性浆液即在浆液中掺加了水泥等凝胶物质、具备一定早期强度和后期强度的浆液。对于惰性浆液，浆液强度、初凝时间、泵送性能和含水量密切相关，含水量大，则强度低，泵送性好，含水量小，则反之；对于硬性浆液，浆液强度、初凝时间、泵送性能和水灰比密切相关，水灰比高，则强度低，泵送性好，水灰比低，则反之。随着工法的日新月异，针对各种地形、状况，会采取不同配合比施工，单液浆的工艺技术在国内则是越来越千变万化。

随着盾构的推进，在管片和土体之间会出现环形间隙。为了填充这些间隙，就要在盾构机推进过程中，保持一定压力（综合考虑注入量）不间断地从盾尾直接向壁后注浆，当盾构机推进结束时，停止注浆。这种方法是在环形建筑间隙形成的同时用浆液将其填充的注浆方式。

其中同步注浆的作用，普遍有几项指标：

① 用来防止地表变形；

② 减少隧道沉降量；

③ 增加衬砌接缝的防水功能；

④ 改善衬砌的受力状况有利于防止管片上浮错台。

前面所介绍的单液浆为水泥、细砂、膨润土、粉煤灰、水所组合而成。注浆材料主要要求为：① 浆体凝固时产生的体积收缩要小，其目的也是为了减少地表变形；② 凝结时间要合适。初凝要快，即压出去的浆体在短时间内达到初凝，使浆体不易流失，保证压浆质量；③ 终凝要慢，即要求压出的浆体在较长时间内应具有塑性，这样可防止破坏盾尾密封装置；④ 要有一定的强度。注浆的作用之一是支护地层，不使地层产生沉降变形，所以要求浆体在凝固前有一定的早期强度，而凝固后的强度要略高于原状土。然而单液浆材料的特性无法满足上述的要求，近年来许多复杂地层已经改为采用双液浆进行施工。

其次，由于同步单液注浆，采用了注浆压力自动控制系统，一面使压力保持不变，一面直接向盾尾环形空隙注浆。通过电磁流量计在监测流量的同时进行自动注浆。浆罐带有搅拌轴和叶片，注浆过程中可以对浆液不停地搅拌，保证浆液的流动性，减少材料分离现象。

5.3.5.1　单液注浆工艺

盾构掘进中的单液同步注浆于每环开始推进前，先拌制足够一环使用的浆液打入注浆罐。当开始掘进后，保证注浆罐储存的浆液能够满足同步注浆要求，保证施工的连续性。过程中严格控制同步注浆量和浆液质量，通过同步注浆及时填充环形空隙，减少施工过程中土体的变形。做好地面变形情况及地表监测分析，及时调整注浆量。对于压力管控方面要合理控制注浆压力，尽量做到填充而不是劈裂。注浆压力过大，管片外的土层将会被浆液扰动而造成较大的沉降，并易造成跑浆。同时，注浆压力过小填充速度过慢，填充不足，也会使变形增大。在管片脱出盾尾 5 环后，对管片的环形空隙进行壁后二次注浆，整个区间每隔 5 环注浆一次，压浆量的控制根据变形信息确定。当出现漏浆现象时可采取以下措施解决这一问题：

（1）同步注浆的同时应当注意盾尾油脂的及时填充，盾尾刷及盾尾油脂的配合使用能阻挡浆液倒流，避免漏浆。

（2）在盾尾油脂压注到位的情况下，盾尾漏浆大多是由于注浆压力过高或注入速度过快造成，可以通过控制推进速度、调整同步注浆流量及调整注浆压力，防止浆液击穿盾尾漏浆。

（3）在出现漏浆的情况下，应当立即停止压浆，压注盾尾油脂，在管片间隙漏浆处塞上海绵条等防漏材料，待漏浆结束后在推进过程中适当加大注浆量，填补漏失的浆液，同时，根据监测报表决定是否进行壁后二次注浆。

5.3.5.2　结论

盾构施工中同步注入单液浆，目前在国内仍属于主要的注入方式，主要的系统来自于欧洲的注浆工艺，但由于欧洲大陆的地层以岩基居多，且地质的自律性稳定，于注浆上并无太多缺点，相较于国内的地质复杂，单液注浆在同步注入上会有几个缺点：

（1）因为单液注浆材料特性的关系，富含水地层易与水分结合，造成浆液离析。

（2）单液注浆材料的胶结及初凝时间太长，目前平均为 3h 后初凝，但国内的盾构施工快，千斤顶推力大，容易造成管片错台破裂。

（3）浆液的相对密度过大，流动性较差，为了流动更佳，注入压力增大，却因为压力大，导致盾尾刷受损。

（4）浆液容易因为注入压力大，而流窜至盾构机前方，造成盾体包覆。

5.3.6 同步双液注浆

5.3.6.1 同步双液注浆概述

盾构掘进中同时进行壁后注浆工程是非常有效的，以单液型注入工法的简单管路构造，会容易维持管线畅通，但很多管路的最尾端都没有密封盖，由此导致停机时，外面的水砂由注入管内流入盾构机内，造成注浆系统损坏。另外，因为管线堵塞的问题，很多盾构机厂家也使用两支并列的注入管方法，但发现实际的效果由于双液无法充分混合，造成效果极差。

在东南亚的新加坡地铁工程中，需要使用含有双液混合型注入管作为标准装备配置在盾构机上（图 5-7）。而双液型壁后注浆工法中，管理注入压力大小是相当重要的，因此在注入管的注入材喷出孔的旁边会设置土压力计，用来管理注入压力。在开挖面施加的注浆压应该考虑环片的强度、土压、水压及泥水压等，还须设定可充分充填的压力，且该压力可均匀作用于整体环圈。因为浆液在不同地基及灌注压力下的渗透量、浆液的脱水压密及盾构的超挖量等因素，导致壁后注浆的变化，一般注浆量多为盾尾空隙的 110% ～ 200%。

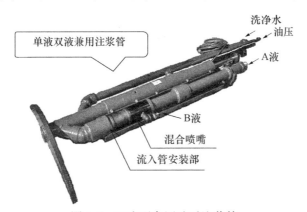

图 5-7 双液型专用壁后注浆管

一般而言，壁后注浆的施工管理方法，分为根据压力管理与根据注浆量管理。根据压力管理的方法，将上述的设定压力经常保持一定的方法，故注浆量不一定；根据注浆量管理的方法，经常以一定量施灌的方法，因此注浆压力不一定。不论如何，仅以一种方法来管理时成效并不周全，因此宜以两种方法共同施行的方式来做综合性的管理。注浆量及注浆压，宜以施工初期配合监测系统先进行某种程度的试注动作，并在注浆效果及对其他的影响确认后决定。全面正式施灌时，宜以一定的区间来进行效果确认，并将其结果回馈于后续施工上。

然而与同时注入管一并改良的，还有同时注入系统。同时注入系统不光只是单纯控制泵等机械的运作，它还是壁后注浆工法管理系统，是重要的注入管理软件设施。在盾构工法初期实行时，很多都是以计算空间大小为基础来计算注入率，以此管理注入量。最基本是不要让注入压力影响到环片，为此有多种补助管理方法。

但是，双液型壁后注浆工法的控制主要是以注入压力为主、注入量为辅的方法。虽说是计算基本注入量，可是实际上的空间会因地层状况而有不同，有时在工程现场也会有留取空间过大的问题产生，因此，因计算值得来的注入量会有不足，使下陷的状况发生。故我们可以理解的是，以土质表层的空间所产生的土水压为目标来设定注入压力，若能在确保一定压力的情况下注入，是能够避免下陷的状况发生。

因此，由初期设定压力的计算来求得注入压力，以此为目标进行初期施工，依照下陷的测量来调整适合的注入压力。此时，有可能会因注入量异常而发生问题，一般都会研究相应对策。将这样的管理思维模式充分组合利用的系统，称之为同时自动注入系统。

5.3.6.2 同步双液注浆工艺

盾构施工使用同步注浆的目的是填充盾尾环形间隙避免导致地表沉陷、防止地下水渗漏进入管片内，使开挖受扰动土层能及早稳定，防止隧道蛇行及防止隧道管片变形。同步注浆宜使用施灌浆后体积变化较小，且能尽早达到相当于地基强度以上的瞬凝型浆液。同步注浆必须选择适合于地基土质及盾构机形式的浆液，浆液必须具有如下特性：

（1）填充性佳，除盾尾间隙外不易渗流至周围土壤；

（2）材料不离析，不易受到地下水稀释；

（3）流动性佳，长距离压送材料不分离；

（4）注浆后体积变化少；

（5）早期达到地基强度以上的强度；

（6）水密性佳。

同步注浆时机通常可分为同步注浆及实时灌浆。同步注浆是在管片推出盾壳的同时，自设于盾壳外侧的注浆管进行同步注浆的一种方式，实时灌浆则是指管片推出后立刻自管片注浆孔进行同步注浆的方式。

（1）同步注浆压力

依据日本隧道工程标准规范（1997）建议，管理压力一般采用100～300kPa（1～3kgf/cm²），视现场地层状况与注浆量的变动做适当调整，目的是使注浆顺利进行，且不致造成土层及管片产生挤压变形。

（2）同步注浆注入量

注入量取决于孔隙体积的计算以及注浆率的设定，注浆率为实际注浆量与理论盾尾孔隙（tail vold）体积之比。注入量受地质状况、小转弯半径施工、超挖及注入材料的种类等因素影响。直线段同步注浆每环注入量 Q 计算方式如下：

$$Q = \frac{\pi}{4} \times (D_m^2 - D_s^2) \times B \times V \tag{5-1}$$

式中 D_m——开挖直径；

       D_s——管片外径；

       B——管片宽度；

       V——注入率。

考虑灌浆材渗入土层、压密、超挖及水泥干缩等因素，一般同步注浆的注入率为110%～200%，视地层状况与施工条件而调整。同步注浆施工管理方法分为压力管理与注入量管理两种。若采用压力管理，需经常保持上述设定压力，故注浆量不固定。若采用注入量管理，需经常以一定量体积施做，因此注浆压力会发生变化，故宜并用两种方式实施综合性管理。

5.3.6.3　注浆压力设定参考

一般来说，同步注浆压力是参考原始的土仓压力（chamber pressure，Pch）管理值，主要是依据沿线的钻孔取样结果，分段后，依所得地层性质资料（如土壤内摩擦角 φ、凝聚力 c、重度 γ_t），施工单位根据现场情况，选用专家提出的侧向土压力计算方式，将覆土压力乘上该处主动土压力系数 K_A，计算出该处顶拱及仰拱侧向土压力（$\sigma_{t,c}$ 及 $\sigma_{t,i}$）并依施工规范决定每段隧道开挖应控制土仓压力上下限值的范围。常使用的土仓压力计算方式如下：

Rankine 主动土压力法－砂土黏土均适用，主动土压系数 K_A：

$$K_A = \tan^2\left(\frac{\pi}{4} - \frac{\varphi}{2}\right) \tag{5-2}$$

盾构机开挖面若能维持土压力平衡状态，原地层将不受到扰动且保持稳定。土仓压力管理目标即维持开挖面稳定，使扰动程度降至最低，确保工程质量与邻近结构物的安全。为判断开挖面的稳定，必须于盾构机装设测量侧向土压、排碴量、切刃扭矩、盾构机推进千斤顶推力计测仪及探查崩塌装置等。

土仓压力的大小是由装设在土仓隔板（bulkhead）的压力计（pressure cell）量测，但土压力计测量的土仓压力（Pch）为作用于土仓隔板的压力，并不等于实际作用于开挖面的侧向土水压力。当盾构机掘进时，土仓隔板挤压土仓内土碴，所测得压力会大于实际作用于开挖面的压力。盾构机停机时，压力计所量测的压力会逐渐降低，甚至小于开挖面压力，也就是土仓内会有压力梯度的效应（M. Mohkam & A. Reda，1994）。

盾构机掘进土仓压力管理值设定的三种基本模式：

（1）设定管理土压

依据现场地质钻探及水位量测资料，推算静止侧向土压＋水压＋预备压（一般经验值为 $2t/m^2$），分区设定管理值，并分别以主动土压和被动侧向土压加上水压作为管理值的上限及下限值。

日本隧道工程标准规范及解说（1997），以极力抑制地面下陷为施工目的，控制土仓内的压力，以采用静止土压作为上限值情形较多。以保持开挖面稳定为目的，容许若干地基下陷者，则以采取主动土压作为其下限值的情形较多。

（2）开挖面土压力与土仓压力

施工时可利用设于土仓隔板上的土压力计，量测土仓内的压力，由于切刃盘开口率不同及盾壳的屏蔽，所造成的轴向压力损失难以正确量化，因此土仓压力施工管理设定值仍需凭经验视情况进行修正。

（3）经验判断法

根据相关资料推算侧向土压力并参考类似的施工案例经验而得知管理值。依据实际掘进获得的成果，包含地表沉陷记录及盾构机运作状况，随时调整土仓压力。

5.3.7　双液注浆注意事项及要求

（1）在开工前制定详细的注浆作业指导书，并进行详细的浆液配比试验，选定合适的注浆材料和配比。作业过程中，严格控制注浆质量，并及时检查、记录、分析数据，做出

P-Q-T 曲线图，并分析注浆速度与掘进速度的关系。

（2）当环形间隙填充不够，结构与底层变形不能得到有效控制或变形危及地面建筑物安全时，或存在地下水渗漏区段时，再通过预留注浆孔对管片壁后进行补充注浆。

（3）在盾尾内侧沿周围布置4条内置式注浆管，每条管上设有压力表及手动球阀，通过软管分别与4条注浆管连接。注浆时最好从拱肩到拱仰。

（4）避免影响地表建筑物和地下管线的安全，要求注浆压力控制在规定范围内。

（5）盾构掘进前，根据注浆指令设定各项注浆参数。

（6）注浆压力由技术员确定，注浆工及时做好注浆量和注浆压力记录，按期检查浆液质量，注浆量一般控制在理论空隙值的1.2～2倍。

（7）根据掘进速度、管片上浮、差异沉降及时调整注浆压力和注浆量。

（8）注浆停止时及时清理管道，检查注浆泵和管道是否堵塞，余浆清理后外运。

（9）拆管清洗时一定要先卸压。

注浆过程中，开启注浆控制系统进行注浆，密切关注注浆系统的运行状况，详细记录注浆全过程的各项参数，并注意冲程数与压力值的变化，由此判断是否堵管，及时查看堵管的位置。

5.4　管片注浆

5.4.1　管片注浆的基本原理

管片注浆，顾名思义就是由管片预留注浆孔，进行壁后注浆的注入，并采用双通管，在盾构机掘进中，进行左右交互注入，以达到完全填充盾尾缝隙的目的。

5.4.2　管片注浆的作用

管片注浆的主要作用，区分为下列几点：

（1）只要是用来防止盾尾通过后的沉降，并稳定开挖面的土压；

（2）能够早期固定管片，避免掘进中因为千斤顶的反作用力使管片错台，并抑制管片上浮；

（3）经过注浆完整地填充管片与地层间的孔隙，能够防止水砂渗入隧道内，造成运营的影响。

5.4.3　管片注浆的注入方式

一般来说由于管片的预留注浆孔位于每个管片的中心，也因此需要等到管片中心脱离盾尾刷后300～500mm，才开始进行注浆，期间需要注意盾尾油脂的充填压力及注浆的压力，要避免注浆压力过高或盾尾油脂充填压力不够伤害到盾尾刷。

5.4.4　管片注浆的工艺

管片注浆中绝大部分都是由人工进行操作或者是半自动化运行，其中如何通过传感器反馈的信号参数，让操作人员能够及时反应是否该换孔位注入，或者是持续注入，这些都是操作人员需要学习的基本知识。

5.4.5 管片单液注浆

以目前来说，世界上使用管片单液注浆已经非常少了，因为有两大因素让单液注浆很少使用在管片注浆中，其一是单液注浆的无法快速胶结，让单液注浆的浆液只能四处乱窜，并无法有效的填充；其二是管片注浆的注入孔前，已经有一段空推前进的距离了，土壤内或多或少会产生些松动的情况，如未能及时充填瞬结型的注浆，则会开始发生较大的沉降，故单液注浆不适合用在管片注浆。

5.4.6 管片双液注浆

以双液壁后注浆来看，由于材料经过配比调整可为瞬结型材料，加上管片上原设计的注浆孔也比同步注浆多，故更能有效地充填到盾构挖掘中产生的间隙，以日本、韩国、中国台湾地区来看，2000～2010年间，采用同步注浆管注入的双液壁后注浆项目为主流，2010年至现在采用同步注浆管及管片注浆注入的项目则略为各半。

5.5 盾构二次注浆

5.5.1 二次注浆原理

二次注浆其主要目的为填补同步注浆所未能填充到的孔隙，并借较大范围的注浆效果来强化地基及抑制沉降，进而获得较佳的建筑物保护及地基稳定效果。其施工时机应慎重考虑地质的沉陷特性，以确保其成效。另二次注浆因需自壁后注浆孔向外钻孔，因此施工时宜有防止涌水、砂的保护装置，且应确实做好注浆材质量及注入压与注入率管理，以确实达到成效。

5.5.2 二次注浆的作用

同步注浆量按照理论计算，应该为盾构穿越地层产生的空隙量的110%～200%，但是在实际施工中，同步注浆注入量有时候即使达到200%也不能完全控制住地面沉降值，原因可能有3个：一是同步注浆的浆液不可能完全填充满盾构穿越产生的空隙；二是地层渗透系数太大，浆液流失到地层中；三是同步注浆的浆液在凝固时体积会产生收缩。所以当管片裂缝、接缝渗漏水及地面沉降控制较高的地段或在盾构施工对地表建筑物或管线影响较大地段，需要采用二次注浆来控制沉降。

5.5.3 需要二次注浆的情况

（1）因各种原因造成同步注浆量或注浆压力未达到设计要求。

（2）通过 P（注浆压力）$-Q$（注浆量）$-t$（时间）曲线分析表明需进行补浆。

（3）出现管片下沉或变形、地表沉降等情况。

（4）通过地质雷达检测管片外有未填充完全的空洞。

（5）通过管片上的注浆孔取心发现连续性不好、厚度小于理论值或注浆孔渗漏超标。

（6）因工程需要提高管片抗渗性能或因其他需要必须进行二次补浆。

5.5.4　二次注浆具体要求

（1）盾构推进施工时，要有专业人员规范记录每个环节的出渣量、同步注浆量、拼装时管片止水条的受损程度，为二次注浆提供依据，加强针对性。

（2）注浆材料可根据管片壁后填充空洞、土体固结及治理漏水，分别选择水泥砂浆、纯水泥浆、水泥＋水玻璃双液浆及双液型壁后注浆液。

（3）注浆准备工作要做好，提前进行试验，选择合适浆液种类及浆液配合比，在注浆过程中严格控制注浆压力和注浆量。

（4）注浆时，要有专业的技术人员监督和记录注浆方量、注浆压力及注浆位置。

（5）注浆过程中要对浆液进行取样并做好标记，为今后注浆提供实际依据。

5.5.5　二次注浆的注浆压力和注浆量

（1）二次注浆主要采用注浆压力控制注浆量大小，通常压力控制应小于管片承压极限0.2～0.5MPa，同时注浆时观察附近管片变形情况；注浆压力控制在0.7MPa以内，连续注浆压力超过0.7MPa后必须停止二次注浆。

（2）在松散地层，当注浆压力与地层压力相差很小即可实现较大注浆流量时，应考虑增大注浆量，直到注浆压力超过控制压力的下限，若注浆量超过理论注浆量后，也应停止二次注浆。

（3）在地基承载力较小的地层，因地基软弱导致部分管片下沉而造成管片错台时，管片下部的注浆量不受计算值限制，以压力限制为准。

（4）盾构始发出洞和到达进洞二次注浆施工时，因洞口端有较大空隙，注浆量应根据实际需求确定。

（5）要制订详细的注浆施工设计、工艺流程及注浆质量控制程序，严格按要求实施注浆、检查、记录、分析，及时做出 p-Q-t 曲线，分析注浆速度与掘进速度的关系，评价注浆效果，回馈指导下次注浆。

5.5.6　二次注浆注意事项

（1）尽量在同步注浆浆液未固结或固结强度较低时进行，避免对同步注浆效果造成破坏。

（2）一般采取"先底部、后两侧、最后顶部"的顺序进行，注浆点应尽量避开同步注浆位置以提高注浆效果。

（3）应打开距离注浆环3～5环顶部或两侧靠上部注浆孔作为泄水和泄压孔，同时作为观察孔，如同步注浆效果较好，则开孔处应距离注浆点近一些。

（4）注浆结束时应调整浆液配比，加大水玻璃液等速凝剂的用量，使注浆孔附近浆液尽快凝固。

（5）注浆时要时刻注意观察压力表变化，变化不大时要及时取下压力表进行清理以免泥浆进入压力表，导致其无法正常工作。

（6）尽量减少注浆过程中注浆压力大范围浮动。

（7）在注入过程中出现压力过高但注入效果不明显的情况时，应检查注浆泵及注浆管路是否堵塞，并及时清理。

（8）待浆液压注完成后需用清水对管路进行冲洗，以防浆液将管路堵塞。

（9）注浆完成后，待浆液终凝，打开球阀阀门确认无渗漏水，方可拆下注浆球阀，若拧开注浆阀门仍有少量渗水现象，则对注浆孔压注聚氨酯进行封堵。

（10）在注浆过程中如果土仓压力有明显变化，可适当将盾构机向前推进150mm，避免其被浆液包结。

5.6　结论

双液型壁后注浆特性：① 具有易流动，易填充的特性；② 将双液（A液及B液）混合马上就变成具可塑性的固体；③ 在短时间内就能发展强度。双液型壁后注浆为具备下列特性的材料，有效率地注入环形间隙，以此防止地层下陷，确保管片安定。

填充性：空隙内的填充性良好。

收缩性：硬化中、硬化后无体积变化。

安定性：早期即产生与地层相当的强度，具有良好的压力传递效果及压力分布。

分离性：没有任何材料分离现象、沉淀现象的发生。

压送性：能长距离压送不阻塞，并能长时间作业。

流动性：采用可塑状固结型材料施工的缘故，可自相同处做连续注入。

稀释性：止水性良好，能够承受凝胶化后地下水的稀释。

无毒性：不含有凝胶化后而成为二次灾害起因的有害物质。

作业性：操作简单、好清理。

为确保双液型壁后注浆的特性，各项材料的选择非常的重要，必须根据各项材料的特性及规范，选择符合规范的材料。再根据不同的地质情况做出适当的配比设计，用符合规范的材料根据配比设计于试验室做"试配比"，确定材料配比符合工地上的设计要求与规范。

选择合适的双液型壁后注浆搅拌站设备更是确保双液型壁后注浆如质如期完成的重要决定。双液型壁后注浆搅拌站重点在于其能够精准地调配出所设计的配合比，并通过可过程控制器的过程控制，达到更快的工作效率、性能稳定、可靠性高；紧密结合施工计划，进行设计，造价合理。

双液型壁后注浆由材料的改良、泵的改良、系统的开发、注入管的改良等，现在越来越被工程技术人员接受，使用范围也越来越广阔。

双液注浆现场视频演示

双液注浆：注浆材料试验　　双液注浆：注浆设备　　双液注浆案例：水中注浆　　双液注浆案例：小直径导管注浆

第6章 注浆设备

6.1 注浆设备

6.1.1 往复泵

往复泵是泵类产品中出现最早的一种，在旋转式原动机出现以前，往复泵几乎是唯一的泵类。往复泵的产量只占整个泵类总产量很少的一部分，但往复泵所具有的特点并没有被其他类型泵所替代。

1）往复泵的特点

往复泵属于容积式泵，亦即它是借助工作腔里的容积周期性变化来达到输送浆液的目的，原动机的机械能经泵直接转化为输送浆液的压力能，泵的流量只取决于工作腔容积变化值及其在单位时间内的变化次数（频率），而（在理论上）与排出压力无关。

往复泵和其他类型容积式泵的区别，仅在于它实现工作腔容积变化的方式和结构特点上：往复泵是借助于活塞（柱塞），在液缸工作腔内的往复运动（或通过隔膜、波纹管等挠性元件在工作腔内的周期性弹性变形），来使工作腔容积产生周期性变化的。在结构上，往复泵的工作腔是借助密封装置与外界隔开，通过泵阀（吸入阀和排出阀）与管路沟通或闭合。因此往复泵有以下特点。

（1）瞬时流量是脉动的

这是因为在往复泵中，浆液的吸入和排出过程（即容积变化过程）是交替进行的，而且活塞（柱塞）在位移过程中，其速度又在不断地变化之中。在只有一个工作腔（单缸泵）的泵中，泵的瞬时流量不仅随时间变化，而且是不连续的，在具有多个工作腔（多缸泵）的泵中，如果工作腔的工作相位安排适当，则可减小排出集液管路中瞬时流量的脉动幅度，往复泵瞬时流量的脉动性也就不可避免，只不过因不同泵型其脉动程度有大有小。

（2）平均流量（即泵的流量）是恒定的

由前述往复泵实现工作腔容积变化的方式和结构特点可知，当泵的设计合理、制造质量又好时，泵的流量只取决于工作腔容积的变化值及其频率。具体而言，泵的流量只取决于泵的主要结构参数，而（在理论上）与排出压力无关，且与输送介质（浆液）的温度、黏度等物理、化学性质无关（实际上，由于介质性质和排出压力不同，密封或泵阀处的泄漏量也有所不同，因此也可以说有一点关系）。当泵的每分钟往复次数一定时，泵的流量也是恒定的。

（3）泵的压力取决于管路特性

离心式泵流量和扬程是由泵本身所限定的，而且两者是密切相关的。往复泵则不同，它的排出压力不能由泵本身限定，而是取决于泵装置的管路特性，并且与流量无关。由这一特点导致往复泵在启动和操作过程中与离心泵有着重大区别：① 在泵的排出管路上必须设置安全阀，以保证泵的排出压力不高于它的额定值；② 在泵启动前，必须把管路上的排出阀门全部打开，且不允许排出管路堵塞，否则就有可能造成设备损伤或人身伤亡事故；往复泵允许降压使用，此时不会产生超载，也没有机件损伤的可能，只不过没有充分发挥原设计的功能而已。

（4）对输送的介质（液体）有较强的适应性

往复泵原则上可以输送任何浆液，不受浆液的物理性能或化学性能的限制。当然，在实际应用中，有时也会遇到不能适应的情况。但是，当遇到这种情况时，多半是因为液力端的材料和制造工艺以及密封技术一时不能解决的缘故。其他类型泵就不能做到这一点。

（5）有良好的自吸性能

往复泵不仅有良好的吸入性能，而且还有良好的自吸性能。因此，对多数往复泵（除高速泵外）来说，在启动前通常不需灌泵。

由上述往复泵的特点可以看出往复泵的主要适用范围。即往复泵主要适用于高压（或超高压）、小流量，要求泵的流量恒定或定量（计量）浆液，或者要求吸入性能好、有自吸性能的场合。

2）往复泵的分类

（1）按泵的液力端特点分

按与输送浆液接触的工作构件可分为：活塞泵、柱塞泵和隔膜泵。

① 按泵的工作原理或流量的脉动特性可分为：单作用泵、双作用泵、差动泵、单缸泵、双缸泵、三缸泵、多缸泵等；

② 按泵的活塞（柱塞）数目可分为：单联泵、双联泵、三联泵、多联泵等；

③ 按活塞（柱塞）中心线所处的位置可分为：卧式泵、立式泵、角度式（Y形、V形等）泵、对置式泵和轴向平行式（无曲柄）泵等。

（2）按传动端的结构特点分

根据传动端把原动机的旋转运动转化为活塞（柱塞）的往复运动的方式特点可分为：曲柄（曲柄连杆机构）泵、凸轮（凸轮轴机构）泵和无曲柄（无曲柄机构）泵等。

（3）按泵的驱动方式或配带的原动机分

机动泵（以电动机或旋转式内燃机驱动）、直动泵（以蒸汽、气体或液体直接驱动）和手动泵（人力驱动）。

6.1.2　柱塞泵

柱塞泵是一种靠圆柱形柱塞在缸体孔内作往复运动而工作的液压泵。柱塞（Ram）与活塞（Piston）是两种不同的结构，柱塞泵（Plunger Pump）的塞体长，可充满柱塞缸；后者的活塞体较短，与连杆相连并在连杆带动下在缸体中往复运动。柱塞泵与活塞泵相比，加工难度低，有利于使泵的结构紧凑，泵的体积较小，所以柱塞泵被广泛用于高压、大流量、大功率的系统中和流量需要调节的场合。

1）柱塞泵的特点

柱塞泵的优点：① 参数高，包括额定压力高，转速高，泵的驱动功率大；② 效率高，容积效率为 95% 左右，总效率为 90% 左右；③ 寿命长；④ 变量方便，形式多；⑤ 单位功率的重量轻；⑥ 柱塞泵主要零件均受压应力，这对提高材料寿命和充分利用材料的强度有利。

柱塞泵的缺点：① 结构较复杂，零件数较多；② 自吸性（Self priming）差；③ 制造工艺要求较高，成本较贵；④ 要求较高的过滤精度，对使用和维护要求较高。

2）柱塞泵的分类及原理

柱塞泵的形式很多。柱塞泵按柱塞的排列和运动方向不同，可分为径向柱塞泵和轴向柱塞泵。柱塞泵按照配流方式的不同，可分为斜盘式和斜轴式。

直轴式轴向柱塞泵的工作原理如图 6-1 所示，斜盘、配油盘不动，传动轴带动缸体、柱塞一起转动。柱塞靠压力或弹簧力压紧在斜盘上。当传动轴按一定方向转动时，柱塞在自下而上的半周内向外伸出，密封工作腔容积增大，从吸浆窗口吸浆。柱塞在自上而下的半周内推入，密封工作腔容积减小，从压浆窗口排浆。改变斜盘倾角 γ 可作变量泵。

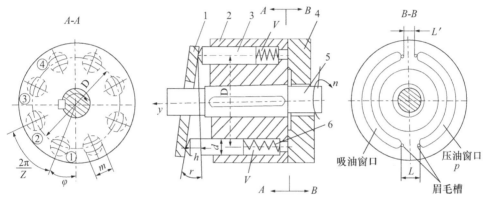

图 6-1　斜盘式轴向柱塞泵的工作原理示意图
1—斜盘；2—缸体；3—柱塞；4—配油盘；5—轴；6—弹簧

斜轴式轴向柱塞泵（Bent Axis Axial Plunger Pump）的工作原理如图 6-2 所示，通过中心杆，轴向与传动轴呈一定夹角的缸体在传动轴的驱动下转动，使连杆被迫在柱塞腔内带动柱塞做往复直线运动，完成吸浆和压浆的动作。设计不同的缸体轴线与传动轴轴线的夹角 γ，就能够使柱塞的往复行程发生改变，从而改变泵的排量。

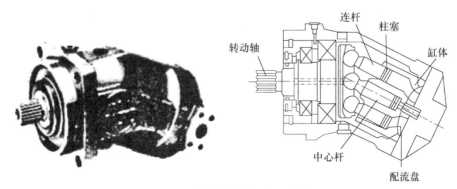

图 6-2　斜轴式轴向柱塞泵结构

径向柱塞泵（Radial Plunger Pump）的工作原理如图 6-3 所示。柱塞径向安装在转子内，并可以在其中自由滑动，在转子转动过程中，柱塞受离心力作用紧贴在泵的外壳定子内壁上。由于转子与外壳定子的内壁不同心，所以转子转动的同时，柱塞在定子的槽缸内不断地做往复运动，其往复运动的位移等于定子与转子之间的偏心距，改变这个偏心距的大小就可改变泵的排量，而改变这个偏心距的方向，就能改变泵的输浆方向。浆液的吸入和排出孔都布置在泵轴上。由于径向柱塞泵径向尺寸大、结构复杂、自吸能力差，且轴受到径向不平衡液压力的作用，易磨损，从而限制了它的转速和压力的提高。

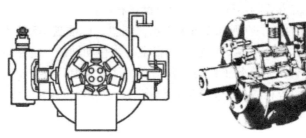

图 6-3 径向柱塞泵结构剖面

径向柱塞泵有两种：一种是旋转凸轮，而柱塞在定子内壁上不转动；另一种是柱塞随转子一起转动，轴不动，转子和定子有偏心。柱塞在上半周运动时向外伸出，密封容积增大、吸浆。柱塞在下半周运动时向里推入，密封容积减小、排浆。径向柱塞泵与轴向柱塞泵相比，效率较低，径向尺寸大，转动惯量大，自吸能力差，且轴受到径向不平衡压力的作用，易于磨损。但径向柱塞泵在极大的压力下可以产生非常平稳的输出。

3）常用柱塞泵

① YZB 型液动压注浆泵

该泵是由行程控制阀组控制，液压驱动的双室轴向注浆泵。适用于各种松软岩土进行化学注浆，也可以用于土建、地基注浆、铁路隧道等加固工程。产品特点是：液压力驱动、压力大，排量准确，并且可以无级调速，可以运输排黏度较大及腐蚀性材料，结构紧凑、重量轻、便于井下移动，是软岩注浆加固较好的设备。产品技术性能见表 6-1。

YZB 型液动压注浆泵技术特征 表 6-1

泵型号	最大输出压力（MPa）	运行速度（次 /min）	最大排量（L/min）	驱动压力（MPa）	最小驱动流量（L/min）
YZB63-2-32	20	40～90	2×0.11	16～31.5	31.5
YZB40-2-25	10	40～120	2×0.03	10～20	16

泵型号	外形尺寸：长×宽×高（mm×mm×mm）	质量（kg）	输送介质	驱动液
YZB63-2-32	1500×385×288	95	多种液体	乳化液
YZB40-2-25	720×192×180	20	多种液体	乳化液

② HFV 型注浆泵

该泵为日本生产的液压驱动注浆泵。主要输送水泥浆和化学浆，其外形如图 6-4 所示，技术指标见表6-2，该泵为双缸作用往复式活塞泵，由主油泵产生高压油液，推动油缸活塞做往复运动，并借助于活塞杆带动浆液缸活塞运转，从而完成吸排浆液工作，辅助油泵产生的低压油，通过换向控制阀，完成双缸自动换向工作。该泵特点有：① 压力和排量可以按照油泵标定的试验曲线，进行无级调节；② 液压系统内设有安全装置，运转安全可靠；③ 停机或运转中，压力和流量皆可调节；④ 活塞行程较长，往复次数少，有益于延长易损零件寿命；⑤ 液压元件已经标准化，加工简单；⑥ 装有流量计及压力、流量自动记录装置，能记录瞬时及累计排量，便于施工管理。

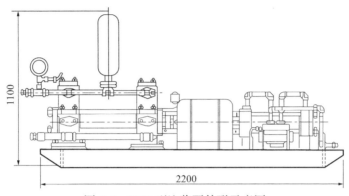

图 6-4　HFV 型注浆泵外形示意图

HFV 型注浆泵技术规格　　　　　　　　　　　　　　表 6-2

注浆泵部分			动力部分		
项目	HFC-2D	HFV-C	项目	HFC-2D	HFV-C
排出压力（10^5Pa）	50～200	30～130	油泵转式	轴向柱塞变量油泵	
排量（L/min）	100～20	200～0	转数（转/min）	1500	1450
行程长度（mm）	300	300	最大排量（L/min）	105	140
往复次数（次/min）	23～4.5	27～0	排出压力（10^5Pa）	50～210	50～210
活塞直径（mm）	75	100	油缸直径（mm）	75	80
吸浆口直径（mm）	37	65	电动机（kW）	18.5	22
排浆口直径（mm）	25	40	油箱容积（L）	250	250
质量（kg）	1110	1045			

③ HGB 型化学注浆计量泵

该泵属立式双缸计量泵类，能满足一般和特殊的双液化学注浆要求。在调节流量上，采用了多种形式，总的排浆量可通过可控硅无级调速器控制直流电动机的转速，从而改变两个柱塞的往复次数，进行调整。此外，也可利用杠杆原理，在运转过程中，改变柱塞行程，以分别调整两个缸的排浆量，从而控制两个缸之间的排浆比例或改变总的排浆量。

该泵在大柱塞中又套了一个小柱塞，所以除调节每个缸的排浆量外，还可根据要求使用大的或小的柱塞，从而提高两种浆液比例的精度，更加准确地控制浆液的胶凝时间。

6.1.3 活塞泵

活塞泵属于往复式容积泵，泵缸内做往复运动，将浆液定量吸入和排出。活塞泵适用于输送流量较小、压力较高的各种浆液，对于流量小、压力大的场合更能显示出较高的效率和良好的运行特性。

活塞泵由液力端和动力端组成，液力端直接输送浆液，把机械能转换成浆液的压力能，动力端将原动机的能量传给液力端。动力端由曲柄、连杆、十字头、轴承和机架组成。液力端由液缸、活塞、吸入阀、排出阀、填料涵和缸盖组成。

如图 6-5 所示，当曲柄以角速度 ω 逆时针旋转时，活塞自左极限位置向右移动，液缸的容积逐渐扩大，压力降低，上方的排出阀关闭，下方的浆液在外界与液缸内压差的作用下，顶开吸入阀进入液缸填充活塞移动所留出的空间，直至活塞移动到右极限位置为止，此过程为活塞泵的吸入过程。当曲柄转过 180° 以后，活塞开始自右向左移动，浆液被挤压，接受了发动机通过活塞而传递的机械能，压力急剧增高。在该压力作用下，吸入阀关闭，排出阀打开，液缸内高压浆液便排至排出管，形成活塞泵的压出过程。活塞不断往复运动，吸入和排出浆液过程不断地交替循环进行，形成了活塞泵的连续工作。

单缸活塞泵的瞬时流量曲线为半叶正弦曲线，脉动较大，当采用多缸结构时，其瞬时流量为所有缸瞬时流量之总和，脉动减小。液缸越多，合成的瞬时流量越均匀。高压均质机采用的就是三缸单作用柱塞泵。

活塞泵的特点是：泵压力可以无限提高，流量与压力无关，具有自吸能力，流量不均匀。此泵适用于小流量、高压力的输液系统。

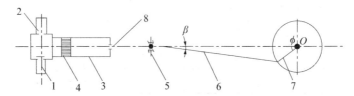

图 6-5 单作用活塞泵示意图

1—吸入阀；2—排出阀；3—液缸；4—活塞；5—十字头；6—连杆；7—曲柄；8—填料涵

常用活塞泵如下：

（1）TBW 型电动往复泵

TBW 型电动往复泵是一种代用注浆泵，在没有专用泵的情况下，可选用这种泵，其技术特征见表 6-3。

TBW 型电动往复泵技术特征　　　　　　　　　　　　　　　　　表 6-3

项目 型号	TBW-50/15	TBW-200/40	TBW-250/40
最大排量（L/min）	50	200	250
最大压力（MPa）	1.5	4.0	4.0
缸套直径（mm）	60	85	89

续表

型号 \ 项目	TBW-50/15	TBW-200/40	TBW-250/40
往复次数（次/min）	双塞380	81	70
活塞行程（mm）	50	140	150
吸水管径（mm）	27	89	89
排水管径（mm）	23	38	38
齿轮传动比	1：5	71：19	1：6
所需功率（kW）		18	24
长×宽×高（mm×mm×mm）	1050×353×645	1670×890×1600	2170×820×1770
质量（kg）	192	680	1120

该泵也因其压力和排量不高，使用受到一定限制。但是该系列泵国内产品较多，现场较容易解决，在注浆压力不高的条件下，使用还是较多的。

（2）300型电动水泥泵

该泵具有压力高、排量大的特点，在需要高泵压、大排量的注浆工程中并缺乏专用设备的条件下，可以代用该泵，其主要用途是供应石油固井作业。该泵另一个特点是将吸浆口的连通管去掉，改成单缸双作用，就可以用一台泵注两种浆液，或一缸注浆（单液），另一缸打循环水，这样一台变"两台"就能满足注浆工艺的要求。这种代用对机器运转的稳定性和构件的寿命有影响，特别在单缸注单液时，一定要以另一缸同时进行打循环水。该泵的额定功率为115kW，满载转速1465r/min，泵的性能参数见表6-4。

电动水泥泵性能参数　　　　表6-4

变速箱排挡	曲轴转速（r/min）	缸套直径（100mm）		缸套直径（115mm）		套缸直径（127mm）	
		最大排量（m³/min）	最大压力（MPa）	最大排量（m³/min）	最大压力（MPa）	最大排量（m³/min）	最大压力（MPa）
I	25.34	0.152	30	0.206	22.1	0.256	17.9
II	37.51	0.225	20.3	0.306	14.9	0.378	12.1
III	58.13	0.348	13.1	0.474	9.6	0.586	7.8
IV	86.04	0.617	8.8	0.702	6.5	0.868	5.3
V	119.1	0.715	6.4	0.972	4.7	1.203	3.8

注：活塞行程：250mm，质量：2775kg，球面蜗杆、涡轮副传动比：1：20：5，外形尺寸：2389mm×945mm×1895mm。

（3）YSB-250/120型液力调速注浆泵

该泵是为适应我国当前注浆工艺要求而设计的。泵的调速系统采用了可调式液力变矩器的调速转动装置，由于变矩器功率可调而且具有相对稳定的恒定公率运转特性，使泵具备稳定压力时可无级变速调量和增高压力、流量自动降低的特性，从而满足了注浆工艺要求，其技术特征见表6-5。

YSB-250/120 型液力调速注浆泵技术特征 表 6-5

最大工作压力	最大排量	缸套直径	缸数	吸水管直径	排水管直径
12MPa	250L/min	80mm	2	75mm	45mm
涡轮、蜗杆传动比	电动机功率	电动机转数	质量	外形尺寸: 长 × 宽 × 高	
13 : 66	75kW	1480r/min	3000kg	3900 ×800×1600	

（4）SYB50-1 液压注浆泵

SYB50/50-Ⅰ、Ⅱ型液压注浆泵是参照近年来国外先进技术研制，利用液压，具有耗能小、振动小、噪声小、体积小、效率高、性能稳定可靠、压力和流量调节方便、使用寿命长等优点。

该泵最高压力可以设定，可避免在注浆过程中不必要的损失，可以压水及黏稠性浆液，能压浆液内含外径小于 2mm 的砂浆。适用范围广，如各种建筑工程、市政工程、隧道工程、矿井、石油化工工程和农业水利系统的压密注浆、化学注浆、地基加固、防水堵漏、土锚杆施工、旋喷施工、钻井施工、树根桩、双溢注浆、霹雳注浆、旋喷桩等。

SYB50/50-Ⅰ、Ⅱ液压注浆泵技术性能见表 6-6。

SYB50/50-Ⅰ、Ⅱ液压注浆泵技术性能 表 6-6

柱塞直径（mm）	$\phi75$	$\phi95$
冲程（次 /min）	0～50	0～50
流量（L/V）	0～35	0～50
压力（kg/cm²）	0～50	0～32
外形尺寸: 长 × 宽 × 高（mm×mm×mm）	1340×370×900	
重量（kg）	270	

（5）双缸双作用活塞泵

图 6-6 为双缸双作用活塞泵。其工作原理为：由油泵产生的高压油液，推动油缸内的活塞做往复运动，浆液缸的活塞亦同时进行往复运动，结合吸排浆阀组的作用，完成浆液缸的吸、排浆工作。该泵由电机、变量泵、蓄能器、换向阀、油缸、冷却器、浆液缸、吸排浆阀组、底盘等组成。该泵利用工作介质（浆液、油液）传递压力信号，组成闭环自动调控性能。结构简单，使用安全可靠，无注浆超压问题。

6.1.4 气动注浆泵

图 6-6 双缸双作用活塞泵

气动注浆泵采用压缩空气为动力源，利用气缸和注浆缸具有较大的作用面积比，从而以较小的气压，便可以使缸体产生较高的注射压力。气动注浆泵主要用于矿井、地铁、隧道、水利、建筑等注浆堵水和破碎岩层的注浆凝结工程，也可以用于矿井的工作面预注浆。

气动注浆泵具有以下特点：① 该泵结构先进，额定输出压力高、大排量、效率高、便于移动、使用维护方便；② 功能全，既可以注单组分浆液，也可以注双组分浆液；既可以注化学浆液，也可以注水泥等其他浆液；③ 各缸同步工作，混合比可以调整，混料均匀；④ 可以充当乳化液泵、液压泵等，用于其他场合；⑤ 安全性好，在易燃、易爆、温度、湿度变化较大的场所，均可以安全使用。

（1）气动隔膜泵

气动注浆泵中较为常用的一种泵是气动隔膜泵。气动隔膜泵是一种新型输送机械，是目前国内最新颖的一种泵类。采用压缩气体为动力源，对于各种腐化性浆体，带颗粒的浆体，高黏度、易挥发、易燃、剧毒的浆体，均能予以抽光吸尽。

气动隔膜泵具有如下特点：由于用气体作动力，所以流量随背压（出口阻力）的变化而主动调节，适合用于中高黏度的浆体。而离心泵的工作点是以水为基准设定好的，如果用于黏度稍高的流体，则必需配套减速机或变频调速器，成本就大大地提高了，对于齿轮泵也是如此。

在易燃易爆的环境中用气动隔膜泵可靠且成本低，因为：① 接地后不可能产生火花；② 工作中无热量产生，机器不会过热；③ 流体不会过热，因为气动隔膜泵对流体的搅动最小。

在施工场地，由于浆料中的成分复杂且颗粒多，管路易于梗塞，这样对电动泵就形成负荷过高的环境，电机发热易损。气动隔膜泵可通过颗粒且流量可调，管道梗塞时主动停止。另外气动隔膜泵体积小易于挪动，不需要地基，占地面积小，安置简便经济。在有危害性、腐化性的浆料处理中，隔膜泵可将物料与外界完全隔离。

（2）ZBQ-50/6 型气动注浆泵

该泵是一种气压传动注浆泵，该泵体积小、重量轻、结构简单，采用气压传动，性能优良。特别适用于易燃、易爆、强磁、辐射、多尘埃、温度变化大以及淋水场所。可广泛用于矿井、隧道、水利、建筑等工程巷道的注浆堵水及破碎岩层的注浆堵水及破碎岩层的注浆固结，也可用于井深 300m 左右的地面注浆。

该泵可输送单液水泥浆或双液水泥、水玻璃，也可用于输送其他腐蚀性不大的各种浆液或清水。该泵主要由框架、气缸、活塞、端盖、连接箱、液缸、拉杆、进排浆阀、行程阀、换向阀、调压器和一些辅助件组成。其结构及外形如图 6-7、图 6-8 所示。

压缩空气通过球阀到分水滤气器，净化后的气体进到定值式调压阀，在这之间装有一只气压表，可以观察风源压力及判断分水滤气器是否堵塞，也可以判断调压阀的工作是否正常。调压阀上的气压表指示调节后输出的气体压力。从调压阀输出的气体，经过油雾器（自动随气流加润滑油）到二位五通换向阀及行程阀。气缸拉杆上的拨盘拨动行程阀，由行程阀控制换向阀，变换出气方向，推动气缸活塞往复运动，气缸排出的废气通过消声器排到大气中去。气缸活塞拉杆直接推动液缸活塞，通过进排浆阀，完成吸排浆的工作。浆液通过混合器及注浆口，被压入井壁的水眼，扩散到岩层的裂隙中去。定值式调压阀具有自动调节输出气体流量而保持输出气体压力不变的性能，由此构成了该泵的闭路自动控制，使排液具有定压自动调量的性能，表 6-7 所示为其主要技术特征。

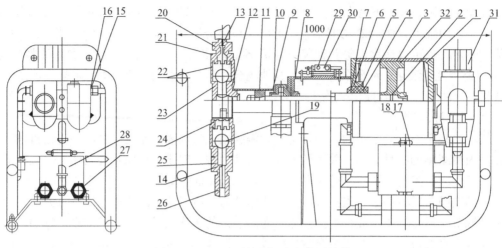

图 6-7　ZBQ-50/6 型气动注浆泵结构

1 ～ 3、6、9、10、13 ～ 15、17、18—O 型密封圈；4—导套；5—YX 型密封圈；7—防尘圈；8—压环；
11—橡胶活塞；12、16—密封垫圈；19—钢球；20—胶管接头；21—出浆接头；22—阀体；23—阀座；
24—吸浆接头；25—螺母；26—吸浆接头；27—组合接头；28—换向阀；29—消声器；30—控制阀；
31—气源处理二联体；32—活塞

图 6-8　ZBQ-50/6 型气动注浆泵

ZBQ-50/6 型气动注浆泵的主要技术特征　表 6-7

项目		参数值		
供气压力（MPa）		0.4	0.5	0.63
最大排浆压力（MPa）		4.5	6	7.0
最大排浆流量（L/min）		50	50	50
耗气量（工况）（m³/min）		≤ 0.64	≤ 0.7	≤ 0.77
噪声（dBA）	声压级	≤ 95	≤ 95	≤ 95
	声功率级	≤ 110	≤ 110	≤ 110
使用温度（℃）		0 ～ 50		
浆液混合比		1：0.6 ～ 1：1（可调最低至 1：0.3）		
重量（kg）		100		

续表

项目	参数值
最高工作气压（MPa）	0.63
适用介质	水泥、水玻璃
浆缸直径（mm）	60、75、100
往返次数（次/min）	55～2
行程（mm）	120
调节气压（MPa）	0.05～0.63
通气管径	G1″
外形尺寸（mm×mm×mm）	1000×504×645

注浆初期，由于岩层裂隙大，浆液的扩散阻力小，形成了泵压低。这时，气缸活塞的运动阻力小，工作气体压力低，调节阀为维持其输出气体的压力，便自动增大输出气体的流量，因此泵的往复运动速度大（当耗浆量大于泵的最大排量时，注浆的指示压力低于调定压力）。当注浆后期，岩层裂隙逐渐被充填，浆液的扩散阻力增大，使泵压增高，这时气缸活塞的运动阻力随之增大，工作气体的压力也增高，调压阀便自动减少输出的气体流量，以保证输出气体的压力不超过调定值，从而使泵的运动速度减慢，排量减小。这时，由于浆液扩散时间充裕而维持了注浆压力不变，保证了施工安全。当岩层裂隙被浆液填满后注浆量达到零时，泵仍可以维持终压不变，因而注浆充填的密实性好。该泵的自动调节性能，比其他形式操作调控及时，而且准确，因而可以缩短时间，保证注浆质量，节省注浆材料，保证安全施工。

液缸为单缸双作用式，前后缸排量比为1:0.8，能适应一般水泥-水玻璃双液注浆操作。该泵具有闭环自动控制功能，可以自动调节排浆量控制注浆压力，一般在注浆过程中，不要人为地操作、调节。在特殊情况下，如需要封孔，并向两组中途改变注浆量或改变注浆压力，随时调节球阀或调压阀即可。在单液注浆中换注双液浆液时，必须先使泵吸入清水，冲洗泵的过流部分至少5min，清除残留浆液后，再更换另一种浆液；否则，必然发生浆液凝固堵塞的故障，吸浆及造浆不可在同一桶内，这是该泵能否正常工作的关键。

6.1.5　螺杆泵

（1）螺杆泵的特点和应用范围

螺杆泵是一种内啮合回转式容积泵，当单线螺旋的转子在双线螺旋的定子孔内绕定子轴线作行星回转时，转子、定子之间形成的密闭腔将连续的、匀速的、容积不变的介质从吸入端输送到压出端，输送压力稳定，并具有以下特点：① 螺杆泵结构紧凑，重量轻，具有良好的可靠性，操作维护容易；② 可泵送浆液水灰比范围大，尤其适用于高浓度稠浆或膏状浆液，根据泵的大小不同，可输送20000～200000mPa·s的介质；③ 可泵注大灰砂比及较大砂粒粒径范围的砂浆，固相含量一般大于40%；④ 输浆压力平稳，避免了柱塞泵过大的瞬时脉动压力；⑤ 被动升压，当浆液灌满后，压力逐渐升高至设计要求，压力根据工程需要进行调整，便于控制和保持注浆压力；⑥ 注浆压力达到设计压力后，可反转卸压。

螺杆泵可用于公路、铁路、地下洞室、城市地铁、水利水电、边坡处理、地基处理等工程的锚杆、固结、防渗注浆工程中。

（2）螺杆泵的组成及结构形式

螺杆泵的组成及结构形式见图6-9，外形见图6-10。

（3）常用螺杆泵型号及技术参数

常用螺杆泵型号及技术参数见表6-8。

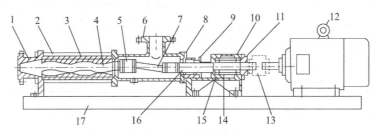

图6-9　G型螺杆泵结构

1—出料口；2—拉杆；3—定子；4—螺杆轴；5—万向节总成；6—吸入口；7—连节轴；8—填料座；9—填料压盖；
10—轴承座；11—轴承盖；12—电动机；13—联轴器；14—轴套；15—轴承；16—传动轴；17—底座

图6-10　G型螺杆泵

常用螺杆泵型号及技术参数　　　　　　　　　表6-8

型号	出浆量（L/h）	电机功率（kW）	沙粒粒径（mm）	注浆压力（MPa）	输送距离（m）垂直	水平	外形尺寸（mm×mm×mm）
RKGJ500	6000～7000	7.5	≤6	2.5～6.0	60（水泥砂浆）/90（水泥浆）	180	1350×970×1100
RKGJ200	1500～3000	5.5	≤5	2.5～5.0	50（水泥砂浆）/80（水泥浆）	180	1200×660×870
RKGJ400	5000～6000	7.5	≤5	2.5～6.0	60（水泥砂浆）/90（水泥浆）	200	1260×660×910
RKGJ500J	5000～6000	7.5/3.0	≤6	3～6.0	60（水泥砂浆）/80（水泥浆）	200	1460×800×1210
HS-B03	300	1.5	≤2	≤3	40	10000	11000×3500×000
HS-B6H	5400	22	≤15	≤1.5	20	50	3000×880×1800
G10-1	100	0.5	0.8	0.8	—	80	

6.1.6　手压注浆泵

手压注浆泵一般适宜缺乏电力，且注浆量和注浆压力不大的情况下使用。手压注浆泵结构原理如图 6-11 所示，工作原理和柱塞泵一样。泵量的大小，可由缸径活塞行程和往复次数来决定。一般注浆用手压泵的流量为 6～10L/min，压力 3～4MPa。其特点是体积小，重量轻，结构简单，加工容易。液体过流部分材质用不锈钢的，耐磨、耐蚀性较好，可用于输送水灰比不超过 0.75：1.00 的水泥浆液和化学浆液。适于在井壁淋水小条件下的注浆，在小型注浆工程中得到了广泛应用。

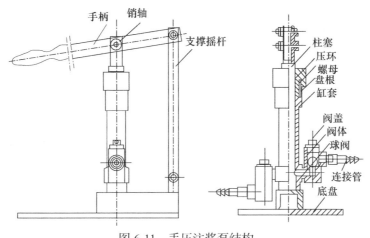

图 6-11 手压注浆泵结构

6.1.7 高压泵

高压泵是为高压旋喷水泥浆提供高压动力的设备，用于建筑、公路等地基强化加固。通过将喷嘴的注浆管插至土层的预定位置后，使得 20MPa 以上的浆液从喷嘴中喷射出来冲击破坏土体。部分细小的土料随着浆液冒出水面，其余土粒在喷射流的冲击力、离心力和重力等作用下，与浆液搅拌混合，并按一定的浆土比例有规律地重新排列。浆液凝固后，便在土中形成一个固结体，与桩间土一起构成复合地基，从而提高地基承载力，减少地基的变形，达到加固地基的目的。

不同的旋喷方式，高压载能介质分别是水或水泥浆，高压泵的选择按不同的载能介质、工作流量和工作压力大小来选定。以水为载能工作介质时，选用高压水泵。用水泥浆液时，则宜选用高压注浆泵。根据工作流量和工作压力大小选定其具体型号，泵的工作流量、工作压力、喷嘴形状特征和面积大小有关系。以下我们介绍几种高压注浆泵。

1. 高压水泥泵

（1）80/80 THG-200 型液压砂浆注浆泵

液压砂浆注浆泵（液压砂浆泵）是一种多用途的注浆泵，液压砂浆泵利用高压力将易凝固的物质或混合料（水、水泥浆、砂浆等）向岩层或土壤的裂缝和空腔中进行准确注射，以达到减少渗水、固结岩层和土壤的目的。具有压力感应敏捷、结构紧凑、工作可靠、故障率低、清理维护便捷及机送压力高等优点。广泛用于隧道开凿与维护、矿井工程、修建水坝、大型桥梁和高层建筑的基础处理工程以及各类地下工程等的砂浆输送和注浆。其基本参数见表 6-9，外形见图 6-12。

80/80 THG-200 型液压砂浆注浆泵基本参数   表 6-9

类型	液压砂浆注浆泵	材质	铸钢
性能	自动	缸数	2
作用形式	双作用	转速（r/m）	1440
流量（m³/h）	5	扬程（m）	200
功率	11kW	型号	80/80 THG-200

液压式的特点是双缸双作用，机器工作可靠，泵送压力高。特殊的换向机构，对有特殊要求的工作场所（防爆）也能适用。结构紧凑，适合狭小空间施工。

（2）BW100-5 型高压水泥注浆泵

BW100-5 型砂浆泵是新一代大压力大排量、大砂粒的砂浆泵，该泵采用了大流道系统和高的吸收性能以及大颗粒的通过能力，有效地防止了大颗粒砂石的堵塞现象，并且采用了可调式限压卸荷阀结构，安全方便，持久耐用。主要可用于：① 水库、河道的土坝、土石坝的坝体、坝基的裂缝、松散层、溶洞进行灌注水泥砂浆，锚杆灌注水泥砂浆；② 隧道工程灌注水泥砂浆；③ 地下连续墙灌注水泥砂浆；④ 高速公

图 6-12   80/80 THG-200 型液压砂浆注浆泵

路路桥结合处注浆，以达到固结、防渗漏的目的；⑤ 其他水利设施建设过程中输送石灰浆、黏土砂浆、水泥砂浆等固液相混合浆液。高压水泥注浆泵与搅拌机组合，在施工过程中可连续地制浆和输送。其技术参数如表 6-10 所示，外形如图 6-13 所示。

BW100-5 型高压水泥注浆泵技术参数   表 6-10

类型	高压水泥注浆泵	泵速（min⁻¹）	108
形式	卧式单缸往复单作用柱塞泵	流量（L/min）	100
性能	耐磨	泵压（MPa）	5
作用形式	单作用	吸水高度（m）	2.5
流量（m³/h）	6	被输送介质一般粒径（mm）	≤ 3
功率	18.5kW	输送固液相物料密度（g/cm³）	≤ 2.4
材质	铸钢	水：灰：砂极限浓度	1:1.5:4
缸数	单缸	进水管直径（mm）	75
转速（r/m）	108	排水管直径（mm）	40
型号	BW100-5	外形尺寸（mm×mm×mm）	2395×780×1700
柱塞直径（mm）	110	质量（kg）	700
柱塞行程（mm）	120		

BW100-5 型水泥砂浆泵具有如下几个特点：① 该泵采用了大流道系统，有效地防止了大颗粒砂石的堵塞现象；② 整机安装在拖轮挂式机架上，便于工地上的移动；③ 采用了可

调式限压卸荷阀结构，无论进行哪一类注浆工程，可将该阀调至所需压力限压，可在 0.5 ～ 5.0MPa 范围内调定，当注浆压力超出调定值时，卸荷阀打开，浆液返回浆池，不致因超压影响工程质量并保护了设备和管路；④ 本泵采用了双吸入口，主吸入口为水泥浆吸入口，副吸入口为清水吸入口，当泵中途需停机时间较长时，可打开清水阀门随时清洗泵各流道，使泵不致因水泥浆的沉积而阻塞，双吸入口的结构还可适应于某些双液注浆的工程；⑤ 柱塞采用了多道多级密封，球阀采用高硬度的钢球阀，使主要的易损件的寿命大大延长；⑥ 高的吸入性能和大颗粒的通过能力，使大颗粒砂石（6mm 总含量少于 5% 时）可通畅输送。

图 6-13　BW100-5 型高压水泥注浆泵

（3）ZBI-150 型高压水泥注浆泵

ZBI-150 型泵是一种三缸单作用往复卧式注浆泵，经济、轻巧、耐用、维修方便。该泵可以输送清水、水泥浆、泥浆及含 3mm 以下粒径的水泥砂浆、黏土砂浆。主要可用于水库、河道的土坝、坝基的裂缝、松散层以及溶洞进行注浆、旋喷注浆、静压注浆等压力注浆，建筑工程、高速公路、铁路的地基加固注浆。也可用于其他水利施工建设及建筑行业施工中输送石灰浆、水泥浆等固液相混合的浆液。小口径地质岩芯钻机作冲击回转钻进配套用泵，其技术参数如表 6-11 所示。

ZBI-150 型高压水泥注浆泵基本参数　　　　　　　表 6-11

型号	ZBI-150	
形式	卧式	
作用方式	单作用	
工作缸数	三缸	
柱塞直径（mm）	55	
柱塞行程（mm）	90	
泵速（min^{-1}）	0 ～ 220	
流量（L/min）	0 ～ 150	
泵压（MPa）	7.5kW 电机	11kW 电机
	7	10
输入转速（r/min）	1320	
驱动功率（kW）	7.5/11	
吸水高度（m）	2.5	
吸水管直径（mm）	51	
排水管直径（mm）	32	
质量（kg）	7.5kW 无极电机 YCT20-4B	11kW 无极电机 YCT225-4A
	488	633
尺寸（mm×mm×mm）	7.5kW 无极电机 YCT20-4B	11kW 无极电机 YCT225-4A
	1700×700×800	800×1000×800

ZBI-150 型水泥砂浆注浆泵（图 6-14）有如下几个特点：① 主要动力采用调速电机，可以实现供浆量无级调速，操作方便，不易损坏，输出扭矩恒定；② 柱塞采用高耐磨材料热处理，经久耐用；③ 高压柱塞结构，密封可靠，工艺简单，装拆方便；④ 泵头采用耐高压的球铁铸造，且采用分体结构，更换球阀座更快；⑤ 主要耐压部分采用高压封闭密封方式，密封可靠；⑥ 易损件少，维修费用低，更换周期长；⑦ 采用柱塞及球阀结构，对浆液中的颗粒物不敏感，适合输送多种介质。

图 6-14   ZBI-150 型高压水泥注浆泵

2. 高压水泵

（1）3W-6B（及 7B）卧式三柱塞高压泵

为了扩大旋喷加固体的直径，减小机具磨耗（高压泵、管路等），在旋喷施工时，以水作为高压载能介质，是较理想的。常采用的高压水泵，其中 3W-6B4 与 3W-7B5 两种比较符合施工要求，如图 6-15 所示。该系列高压水泵为三缸卧式单作用电动往复泵，其主要性能见表 6-12。

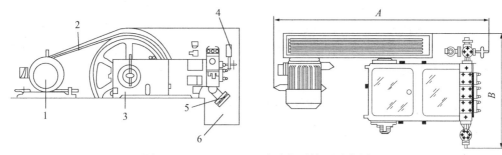

图 6-15   3W6B ～ 7B 系列水泵外观示意图

1—电动机；2—传动皮带；3—泵本体；4—压力表；5—吸入口；6—排出口

3W-6B4 和 3W-7B5 高压泵技术规格表　　　　　　　　表 6-12

项目 \ 型号	3W-6B4	3W-7B5	项目 \ 型号	3W-6B4	3W-7B5
类型	卧式三柱塞		电动机型号	JO₂-91-4	JO₂-82-4
输送介质	乳化液、水、油		电动机功率	55kW	40kW
介质温度（℃）	≤ 55		电动机转速（r/min）	1460	1460
进口压力（MPa）	常压		减速机型号	LHD-250	—
出口压力（MPa）	20	20	减速机速比	1：378	—
排液量（L/min）	120	75	进口管直径（mm）	100	89
柱塞直径（mm）	35	28	出口管直径（mm）	32	44
行程（mm）	120	100	外形尺寸（mm×mm×mm）	3040×1530×1130	2680×1360×1130
往返次数（次/min）	380	470	重量（kg）	2300	1990
缸数	3	3			

该系列泵的特点是，流量基本上是定值，若需调节流量，必须采取专门的措施方能实现。如改用调速电机、装设变速箱、变换柱塞和缸套等。在流量一定时，排出压力则取决于管路和喷嘴特性。该泵的瞬时流量等于同一瞬时各缸瞬时流量之和。由于瞬时流量的脉动引起吸入和排出管路内液体流速的脉动，并产生加速度和惯性力，增加了吸入和排出的阻力和管路的振动。

（2）3XB 型柱塞泵

3XB 型泵为卧式小机座三柱塞往复泵，具有当输出压力变化时，保持排量基本不变的特性，适用于经常移动工作场合。3XB 型三柱塞泵为天津市通用机械厂产品，其技术性能见表 6-13。

3XB 小机座三柱塞技术性能表　　　　　表 6-13

	连续运转用泵	断续运转用泵
输入轴转速（r/min）	1470	
曲轴转速（r/min）	400	500
齿轮减速比	3.652	2.963
柱塞行程（mm）	95	

（3）3DS 型高压泵

3DS 高压泵为卧式三柱塞往复泵，输送介质为水、乳化液及油，介质温度≤60℃。适合旋喷用的型号有 3DS6/200 及 3DS6/250，其主要技术性能如表 6-14 所示。

3DS6/200 及 3DS6/250 型高压泵的技术参数　　　　　表 6-14

项目 ＼ 型号	3DS6/200 型	3DS6/250 型
出口压力（MPa）	20	25
排出量（L/min）	100	100
柱塞直径（mm）	35	45
柱塞行程（mm）	80	80
柱塞往返次数（次/min）	490	600
电动机功率（kW）	40	55

6.1.8　齿轮泵

齿轮泵是依靠泵缸和啮合齿轮间所形成的工作容积的变化、移动来输送液体或使之增压的回转泵，由两个齿轮、泵体与前后盖组成两个相对密封的空间，当齿轮转动时，齿轮脱开侧的空间体积由小变大，形成真空，吸入液体，啮合侧的空间由大变小，而将液体挤入管路中，形成高压。

齿轮泵是液压传动系统中常用的液压元件，在结构上可分为外啮合齿轮泵和内啮合齿轮泵两大类。外啮合齿轮泵的优点是结构简单、尺寸小、重量轻、制造维护方便、价格低廉、工作可靠、自吸能力强、对油液污染不敏感等。缺点是齿轮承受不平衡的径向液压力，轴承磨损严重，工作压力的提高受到限制。流量脉动大，导致系统压力脉动大，噪声高；内啮合齿轮泵结构紧凑、尺寸小、重量轻，并且由于齿轮同向旋转，相对滑动速度小、磨损轻微、使用寿命长、流量脉动远比外啮合齿轮泵小，因而压力脉动和噪声都比较小。内啮合齿轮泵允许使用较高的转速，可获得较高的容积效率。但是内啮合齿轮泵同样存在着径向液压力不平衡的问题，限制了其工作压力的进一步提高。另外，齿轮泵的排量不可调节，在一定程度上限制了其使用范围。

6.2　拌浆设备

注浆使用的泥浆及灰浆搅拌机是注浆工程的主要设备之一，对注浆的质量有重要的影响。根据注浆工程量大小及注浆孔吸浆量情况，所使用的搅拌机容积亦不相同，容积较小的搅拌机方便，但生产率较低，一般适用于化学注浆。对于黏土及悬浊液浆液，一般要求生产率较高。

搅拌机主要由桶体、搅拌器和传动装置组成。随着搅拌器轴的转动，搅拌桶里的混合料在搅拌器的作用下被强行搅拌。根据搅拌器的不同可以分为叶片式搅拌机、旋流式搅拌机和螺杆式搅拌机等。而从形状上来看又分为卧式和立式两种。

6.2.1　叶片式搅拌机

叶片式搅拌机使用的桨叶式搅拌器，是搅拌器中最简单的一种，制造方便，它对黏性小或固体悬浮物含量在 5% 以下的浆液，以及仅需保持缓慢混合的场合最适用。当轴在液体中旋转时，平板桨叶的作用主要是造成水平的圆形液流。为了使浆液在容器中上下翻动，可以使桨叶与水平方向形成一定的倾斜角（45°～60°）。桨式搅拌器在慢转速时的剪切作用不大，液流轴向运动小，适合黏度较小的非均一系浆液的搅拌，尤其适用于流动性液体的混合，保持固体颗粒呈悬浮状态等。

平板桨叶的主要缺点是不易产生轴向液流，但只要尺寸及转速选择正确，叶片式搅拌机仍不失为一种有效的搅拌机。可溶性固体溶解时，平桨的直径一般选为搅拌桶直径的 0.7 倍，叶端圆周速度维持在 90～120m/min，液体的深度与搅拌桶的直径相等。如欲使较轻的不溶性固体均匀地悬浮于液体中，此时平桨的直径大致等于容器直径的 1/3～1/2，桨叶宽度为桨叶直径的 1/6～1/4，桨叶下方边缘离容器底的距离等于桨叶的宽度。为了达到较剧烈的湍流以制止固体颗粒下降的倾向，桨叶的圆周速度可以高于 90～120m/min，但以不超过 180m/min 为宜，实际上叶片式搅拌机在高转速下已起到涡轮式搅拌机的作用。

桨式搅拌器在液体中旋转时主要是造成水平的圆形液流，靠近转轴的液体形成漏斗状的旋涡。这种旋涡将直接影响混合的效率，因为相对密度较小的固体在靠近轴的区域里作回转运动，而相对密度较大的固体则由于受到较大的离心力，被抛到离轴较远

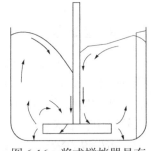

图 6-16　桨式搅拌器具有挡板时的流体模型

的区域运动，这样便形成固体的分离作用，而不是混合作用。为了克服这个缺点，搅拌桶内可以装设数个与液面等高而宽度为容器直径的挡板。这些挡板可以阻止液体的水平运动，而增加上下翻动的液流，以此消除转轴旁的旋涡（图6-16）。同时，在挡板周围还可以造成较小的涡流，因此搅拌的效率会大大增加。

6.2.2　旋流式搅拌机

旋流式搅拌机使用的搅拌器是推进式搅拌器。推进式搅拌器有 2～4 片短桨叶（一般为 3 片），桨叶是弯曲的，呈螺旋推进器形式，犹如轮船上的推进器。

推进式搅拌器的叶端圆周速度往往可达 900m/min，与电动机直接连接的小型桨叶的最大圆周速度可达 1500m/min。搅拌桨叶与运动方向的水平面间呈一定的倾斜角度，整个桨叶的直径为容器直径的 1/4～1/3。由于这样的构造，推进式搅拌器主要是产生轴向液流。在高速旋转时，它能从一面吸进液体，从另一面推出液体，当转速高时，剪切作用较大，并产生强烈的湍动，因此它的容积循环率高。由于它能产生大的液流速度，且能持久而波及远方，因此对搅拌低黏度的浆液有良好的效果，但不适用于高黏度浆液。

桨叶与运转水平面间的倾斜角度有向上倾斜及向下倾斜两种（图6-17）。当倾斜角 a 大于 90° 时（即向上倾斜），液体质点在撞击后向上翻转；当倾斜角小于 90° 时（即向下倾斜），则液体质点在撞击后向下折转。因此，当搅拌的目的是要从搅拌桶底将沉重的沉淀物搅起时，应使搅拌器靠近器底，并将桨叶装成大于 90° 的倾斜角。

为了增进搅拌效果，必须消除推进式搅拌器在高速旋转下产生的旋涡和圆形液流。消除旋涡一般有下列几种方法：

（1）安装宽度为搅拌桶直径 1/10 的垂直挡板（图6-18），可减少水平旋转的液流，而垂直的上下液流则增加。或在容器底上安装十字形挡板，可使液体有更好的轴向流动，同时避免了旋转的液流（图6-19）。由于作用于转轴上的旁推力大大减小，轴长可达 3m 而不致发生摆动。

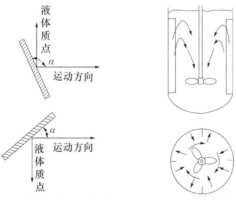

图6-17　推进式搅拌桨叶的倾斜方向　　图6-18　挡板　　图6-19　十字形挡板

（2）加装导流筒，如为向上推进浆液的搅拌器，液体将产生在导流筒内向上流动而在筒外向下流动的循环；如为向下推进液体的搅拌器，则将产生与上述反方向的循环。加装导流筒后，能严格控制流型，混合效果也显著加强，所以导流筒有时能达到与挡板相同的作用，且搅拌时浆体中央仍有旋涡，但两者的流型也不相同。

（3）搅拌轴以一定的角度（15°～30°）斜插入或偏心地插入液体中，如图 6-17 所示，均能提高搅拌效率。但这种安装法在高速搅拌时，转轴可能产生摆动。

（4）搅拌器水平伸入液体，这种安装法适用于直径大的深槽搅拌，因转轴短，可避免引起转轴摆动。但转轴浸没在液体中，必须要有密封良好的填料，以防液体漏出。

在用于搅拌水泥浆体的场合，推进式搅拌器常常可装有 2 排或 3 排的桨叶，最下一排桨叶离锅底的距离为设备直径的 1/9～1/7。这种搅拌器的叶端圆周速度一般为 300～600m/min，适用于容积在 2m 范围之内的场合。

6.2.3 螺杆式搅拌机

螺杆式搅拌机中配备的是螺杆式搅拌器。在螺杆式搅拌器中，搅拌叶以一定螺距的螺旋片焊接于中心轴上。此类搅拌器为慢速型搅拌器，在层流区操作，液体沿着螺旋面上升或下降形成轴向的上下循环，适用于中高黏度液的混合和传热等过程，螺杆式搅拌器直径小，轴向推力大，可偏心放置，槽壁可起挡板作用。螺杆带上导流筒，轴向流动加强，在导流筒内外形成向下向上循环，可以用于中高黏度的浆体搅拌（图 6-20）。

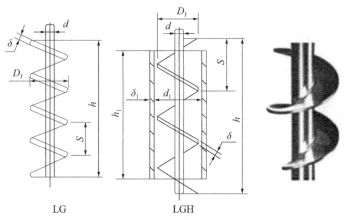

LG LGH

图 6-20 不带导流筒和带导流筒的螺杆及其实物图

6.2.4 射流式搅拌机

（1）射流搅拌机的结构

在射流式造浆系统中起关键作用的是射流式水泥浆液制造器（图 6-21）。产生液流的速度与方向决定了搅拌器结构的设计。浆液从切线方向射入，使浆液高速旋转并促使水泥等粉料颗粒互相碰撞、摩擦，达到充分分散、混合的作用。在混合效率方面，液体在搅拌器的作用下形成轴向流，则说明搅拌器是高效的，轴向流可以有效消除容器中上下层的黏度差异、温度差异，达到有效的混合。

为了防止素流，即水泥颗粒在高速旋转时线速度相同，水泥

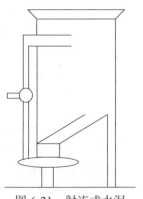

图 6-21 射流式水泥
浆液制造器示意图

颗粒之间将不产生碰撞、摩擦，无法起到分散效果。因此，把制造器下半部分设计成不对称偏心结构，浆液高速旋转降低至非对称区时线速度将发生改变，水泥等粉料颗粒将重新产生碰撞和摩擦，进一步提升均匀分散的效果。

（2）射流搅拌机的特点

射流搅拌机把人工体力劳动的工序射流化了。整个施工过程工作效率高，劳动强度低，节省人力，现在一个注浆工地有15人左右即可。灰浆黏度可被掌握，每天造浆可高达300～600t。注浆人员在造浆过程中，仅存在操作阀门、清洗、维护工作，劳动强度大大降低。

水泥基本上在密闭的容器内进行，减少了尘土飞扬，极大地改善了卫生环境。与风动造浆系统相比，设备安装简单、操作方便，不受场地、工作量大小、注浆点的远近等限制，可根据需要随意调整。水泥运输罐及储灰罐均由生产厂家提供，不需自己运输、卸灰。

该搅拌机还有送浆功能，可以把搅拌均匀的浆液送入储浆桶。

6.2.5 储浆桶

储浆桶一般体积比较大，可以储存足够量的浆液。为了确保浆液不沉淀，在储浆桶内设置慢速搅拌装置。

在长距离的运输流程中，会根据储存缓冲与调节需要设定各种不同类型的储浆罐，这些储浆罐作为浆体储存和运输系统的关键设备，其结构性能因素对保证长距离管道输送的连续、安全、质量有着重要的影响。

6.3　流量计

6.3.1　电磁流量计

电磁流量计是基于法拉第电磁感应原理研制出的一种测量导电液体体积流量的仪表。根据法拉第电磁感应定律，导电浆体在磁场中作切割磁力线运动时，导体中产生感应电压，该电动势的大小与导体在磁场中做垂直于磁场运动的速度成正比，由此再根据管径、介质的不同，转换成流量。

（1）电磁流量计的特点

电磁流量计具有如下优点：① 变送器内径与管道内径完全相同，内部无阻力元件及活动部件，因此避免了涡轮、靶式、差压等形式的流量计由于压力损失大和可动部件磨损而影响仪表寿命的缺点，并克服了可测流量上限小的缺陷。② 可测腐蚀性液体并耐磨损，与被测液体接触的部分是内衬和电极，

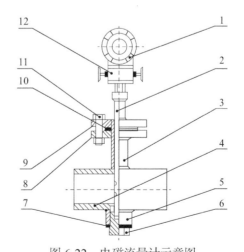

图 6-22　电磁流量计示意图

1—差压变送器；2—阿纽巴管；3—短接管；4—工艺管道；
5—支承凸台；6—支承螺塞；7—密封垫；8—下法兰；
9—上法兰；10—密封垫；11—安装螺栓；12—三阀组

它们的材质可根据被测液体性质来选定。例如，采用耐磨橡胶做内衬，可测磨损较大的矿浆、水泥浆，并适合测量各种纤维溶液和纸浆等。③ 电磁流量计输出的是与被测流体流速成比例的电信号。这不仅便于测量，而且能保证输出电流和容积流量间呈线性关系，因此显示仪表不需要采取刻度线性化措施。④ 因为它对流体纵向速度分量敏感，对环流不敏感，所以流量计前面的直管段长度要求比其他流量计短。⑤ 电磁流量计反应灵敏，能测定正、反方向流体的流量，所以可用以测脉动流量，并适用于作为自动调节系统的流量信号。⑥ 可测管流口径范围大，管道直径从 2.5mm ～ 2.4m 范围内均适用。⑦ 用电磁流量计测量流体的容积流量，不受流体的温度、压力、密度、黏度等参数的影响，故不需进行参数补偿。

目前，电磁流量计还有不足之处，使用上仍有一定的局限性：① 被测介质必须导电。② 被测介质的磁导率应接近于 1，这样浆液磁性的影响才可忽略不计，所以不能用来测量铁磁性介质的流量，例如含铁的矿浆流量等。③ 变送器材料为满足非磁性、不导电以及强度方面的要求，一般采用复合管，即外层是非磁性的金属管道，内层壁面上覆一层不导电绝缘层，如聚四氟乙烯、环氧树脂玻璃、氯丁橡胶或陶瓷等。④ 为消除外界电磁干扰及电源波动带来的测量误差，目前生产的电磁流量计结构复杂，成本较高，调试较麻烦。⑤ 目前生产的电磁流量计的转换器不少是采用霍尔元件的，而这种元件特性不稳，影响了仪表的稳定性。⑥ 为避免电磁干扰，变送器与转换器之间用屏蔽电缆连接，两者距离一般只允许在 30m 以内。

（2）电磁流量计的组成

电磁流量计主要由变送器和转换器两大部分组成，如图 6-23 所示。变送器将被测介质的流量转换为相应的感应电动势。转换器将代表流量的感应电势转换为相应的标准电流输出，以便进行显示并可与电动单元组合仪表配套进行流量的累计、调节。

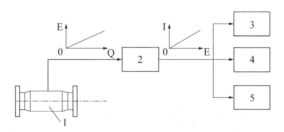

图 6-23 电磁流量计的组成

1—电磁流量变送器；2—电磁流量转换器；3—流量显示记录仪；4—流量积算器；5—调节器

为了使变送器能适应被测介质的腐蚀性，并防止两电极被金属导管所短路，在变送器导管内与被测液体接触的地方以及金属导管与电极之间，都必须有绝缘衬里。衬里与导管可制成复合管形式，衬里的材料根据被测介质的性质及工作温度而定。常用衬里材料性能见表 6-15。

常用绝缘内衬材料性能及适用范围 表 6-15

名称	性能	最高工作温度（℃）	试用液体
聚三氟乙烯	化学稳定性高，仅次于聚四氟乙烯，但耐磨性能差	100	水、酸溶液

续表

名称	性能	最高工作温度（℃）	试用液体
聚四氟乙烯	化学稳定性很高，对浓酸浓碱、最高的氧化剂在高温下也不发生变化，但黏结性能和耐磨性能差	130	腐蚀性强的浓酸、碱、盐溶液
聚氨酯橡胶	耐磨性能好，但耐酸耐碱性能差	70	水泥浆、纸浆类液体
氯丁橡胶	弹性好，耐磨、耐腐蚀，抗冲击性能好，成本也较低	70	水泥浆、矿浆、稀酸
耐酸搪瓷	耐酸（除氢氟酸和磷酸外），有一定的耐碱性，抗冲击性能差	180	一半酸、碱腐蚀性液体

6.3.2 差压式流量计

差压式流量计是测量浆液流经动压测定装置或节流装置所产生的静压差，来显示流量大小的一种流量计。它由节流装置（或动压测定装置）、差压信号管路和差压计三部分组成（图 6-24）。差压流量计发展较早，经长期的实践，积累了可靠的试验数据和运行经验，成为工业上广泛应用的管流流量计。

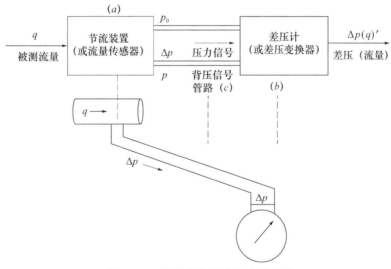

图 6-24 差压式流量计组成示意图
（a）节流装置；（b）差压计；（c）差压信号管路

1）差压流量计的组成

差压式流量计由一次装置和二次装置组成。一次装置称流量测量元件，它安装在被测流体的管道中，产生与流量（流速）成比例的压力差，供二次装置进行流量显示。二次装置称显示仪表，它接收测量元件产生的差压信号，并将其转换为相应的流量进行显示。差压流量计的一次装置常为节流装置或动压测定装置（皮托管、均速管等）。二次装置为各种机械式、电子式、组合式差压计配以流量显示仪表，差压计的差压敏感元件多为弹性元件。由于差压和流量呈平方根关系，故流量显示仪表都配有开平方装置，以使流量刻度线性化。

多数仪表还设有流量积算装置，以显示累积流量，以便经济核算。节流装置和差压计之间是由差压信号管路来连接的。

2）差压流量计的特点

作为一种在注浆工艺中常使用的流量计，差压流量计有如下特点：① 差压流量计结构简单，尤其是节流件为孔板的差压流量计，安装很方便，并且实验数据可靠；② 由标准节流装置组成的差压流量计，只要按规范要求对节流装置进行加工、安装，经检验合格后就可以在不确定度的范围内进行流量测量，而不需要用实液检定。该特点是差压流量计从古到今被广泛应用的主要原因。

3）差压流量计的分类

（1）孔板流量计（图6-25）

工作原理：浆液充满管道，流经管道内的孔板型节流装置时，流束会出现局部收缩，从而使流速增加，静压力低，于是在节流件前后便产生压力降，即压差。介质流动的流量越大，在孔板前后产生的压差就越大，所以孔板流量计可以通过测量压差来衡量浆液流量的大小。这种测量方法是以能量守恒定律和流动连续性定律为基准的。

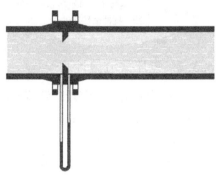

图 6-25 孔板流量计示意图

工作特点：① 节流装置结构简单、牢固，性能稳定可靠，使用期限长，价格低廉；② 应用范围广，全部单相流皆可测量，部分混相流亦可应用；③ 标准型节流装置无须实流校准，即可投用；④ 一体型孔板安装更简单，无须引压管，可直接连接差压变送器和压力变送器。

（2）文丘里流量计（图6-26）

工作原理：当浆液流经文丘里流量计管道内的节流件时，流速在文丘里节流件处形成局部收缩，导致流速增加，静压差下降。文丘里流量计前后便产生了静压差，浆液流量越大，静压差就越大，根据压差来衡量流量。

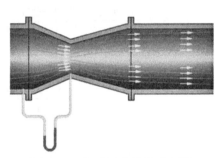

图 6-26 文丘里流量计示意图

工作特点：无磨蚀与积污的问题，同时可以有一定的整流的作用，测量精度和稳定性高。

（3）喷嘴流量计（图6-27）

工作原理：喷嘴流量计的测量是依据流体力学的节流原理，充满管道的浆液，当它们流经管道内的喷嘴时，流速将在喷嘴形成局部收缩，从而使流速加快，静压力降低，于是在喷嘴前后便产生了压力降（压差），浆液流动的流量越大，在喷嘴前后产生的压差也就越大，所以可通过测量压差来测量流体

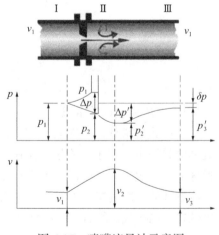

图 6-27 喷嘴流量计示意图

流量的大小。

工作特点：① 结构简单，安装方便；② 喷嘴比孔板的压力损失小，要求直管段长度也短；③ 无需实流校验，性能稳定；④ 可耐高温高压、耐冲击；⑤ 耐腐蚀性能比孔板好，寿命长；⑥ 精度高、重复性好、流出系数稳定；⑦ 圆弧形结构设计可测量各种液体、气体、蒸汽以及各种脏污介质；⑧ 整体锻造加工技术，造价较高。

6.3.3　涡轮式流量计

涡轮式流量计属于速度式流量计，也将这类流量计称为叶轮式流量计。叶轮式流量计是利用置于流体中的叶轮的旋转角速度与流体流速成比例的关系，通过测量叶轮的转速来反映通过管道的流体体积流量大小，是目前流量仪表中比较成熟的高准确度仪表之一。主要有涡轮流量计、分流旋翼式流量计、水表和叶轮风速计等，涡轮流量计是其主要的品种。

涡轮流量计由涡轮流量传感器和流量显示二次仪表（流量积算仪）组成，可实现瞬时流量和累积流量的计量。传感器输出与流量成正比的脉冲频率信号，该信号通过传输线路远距离传送给显示仪表，便于进行累积和显示。此外，传感器输出的脉冲频率信号可以单独与计算机配套使用，由计算机代替流量显示仪表实现密度或温度、压力补偿，显示质量流量或流体体积流量。

涡轮式流量计有如下优点：① 测量准确度高，复现性和稳定性均好；② 量程范围宽；③ 耐高压，压力损失小；④ 对流量变化反应迅速，可测脉动流；⑤ 抗干扰能力强，信号便于远传及与计算机相连。但也局限于其制造困难，成本高。

（1）涡轮流量计结构组成

涡轮流量计由涡轮流量传感器和流量显示仪表（体积修正仪或流量积算仪）组成，如图 6-28 所示，可实现瞬时流量和累积总量的计量，加温度和压力补偿时可实现标准状态的瞬时流量和累积总量的计量。

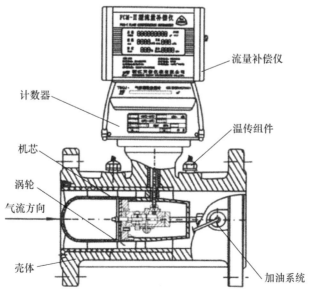

图 6-28　涡轮式流量计

通常将涡轮流量计感知流体流速的涡轮组件（包括前后导流体、叶轮、轴承、壳体、信号检测组件）统称为涡轮流量传感器，而将涡轮转速检出后的信号处理、转换部分称为二次仪表或显示仪表。

我们也常常将涡轮流量计的组成归纳为如下典型的五部分：

① 表体：表体的材料一般为铸铁或钢，其两端为连接法兰，小口径表也有采用螺纹接口。

② 整流器：整流器用来使流体流过涡轮流量计时处于规则状态，以消除扰动对计量的不利影响。

③ 测量组件：涡轮上有经过精密加工的叶片，它与一套减速齿轮和轴承一起构成测量组件，支撑涡轮的两个高精度不锈钢永久自润滑轴承，保证该组件有较长的使用寿命。涡轮流量计也可以选用外部润滑油泵润滑轴承，但注意不能过量。

④ 磁耦合传动装置：该装置将处于大气环境中的计数器部分与被测量浆液分离开来，并将测量组件的转动传递给计数器。

⑤ 计数器：计数器面板上标有最大工作压力/温度、最小和最大流量/计量等级、产品编号/型号、防爆标志、低频或者高频脉冲所对应的流体当量和接线方式。

（2）涡轮流量计的工作原理

涡轮流量计按叶轮相对于流向的安装方向，分为切向式和轴流式两种。切向式的构造是：由介质切向流动，使计量室内叶轮转动，它可以形象地描述成"水车"；与此相反，轴流式把叶轮设置成保持轴与管中流向平行，叶轮在轴向介质作用下而使其转动，可以形象地描述成"风车"。

涡轮流量计的原理示意图如图6-29（a）所示。在管道中心安放一个涡轮，两端由轴承支撑。当浆液通过管道时，冲击涡轮叶片，对涡轮产生驱动力矩，使涡轮克服摩擦力矩和流体阻力矩而产生旋转。在一定的流量范围内，对一定的介质黏度，涡轮的旋转角速度与浆液流速成正比。由此，流体流速可通过涡轮的旋转角速度得到，从而可以计算得到通过管道的浆液流量。

涡轮的转速通过装在机壳外的传感线圈来检测。当涡轮叶片切割由壳体内永久磁钢产生的磁力线时，就会引起传感线圈中的磁通变化。传感线圈将检测到的磁通周期变化信号送入前置放大器，对信号进行放大、整形，产生与流速成正比的脉冲信号，送入单位换算与流量积算电路，得到并显示累积流量值。同时亦将脉冲信号送入频率电流转换电路，将脉冲信号转换成模拟电流量，进而指示瞬时流量值。涡轮流量计总体原理框图如图6-29（b）所示。

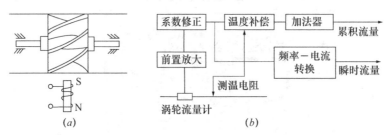

图6-29　涡轮式流量计原理示意图及框图
（a）涡轮流量计原理示意图；（b）涡轮流量计总体原理框图

6.3.4 机械式流量计

机械式流量计，又可以称之为机械型指针式流量计或指针式流量计。机械式流量计（属仪表阀门类）是观察管道内浆体流动情况及计量流量的必要附件。通过透光视窗玻璃，目视指针摆动角度与视窗刻度相吻合，来判断介质是否流动或流速快慢、流量大小情况，进而判断管路及设备是否正常运行的流量计。其主要连接方式包括螺纹式、焊接式、法兰式。

机械式流量计由阀体、玻璃视窗、指针、紧固帽、密封圈、弹簧六大元件组成。各个部分的材质如表 6-16 所示。

机械式流量计各部分材质 表 6-16

阀体	碳钢或不锈钢铸造
玻璃	钠钙玻璃、钢化玻璃、硼硅玻璃、石英玻璃
指针	金属材质
弹簧	特殊金属材质
紧固帽	螺纹并帽、法兰片
密封圈	丁腈橡胶垫片、聚四氟乙烯垫片、金属垫片、石墨垫片

机械式流量计无需在阀体上安装电子仪器，利用指针与视窗刻度相结合情况下以机械式运行模式进行计量，克服了电子流量计需要电源启动电子仪器达到流量计量效果且无法在高温高压情况下进行作业的历史性难题。

机械式流量计分类如下：

① 金属浮子流量计（图 6-30）

金属浮子流量计常用来测量水、酒精、甲醇或是一般气体，不能测量黏度较高的介质。其缺点是会受到安装方式影响，可以垂直安装（下进上出），也可水平安装。主要连接方式为：法兰、螺纹、卡装。选型时需考虑如下参数：流体名称、管径、介质温度、工作压力、量程比、最大流量和最小流量以及工作流量、介质密度、安装方式等。

图 6-30 金属浮子流量计外观示意图

常用型号为 DQH-25FA-R40-1.6E-M1，如下为型号注解：金属浮子流量计，纯机械式，测量介质为水，DN25，表体的材质为 304 不锈钢，下进上出型，温度低于 100℃，额定压力 1.6MPa，显示瞬时流量，无累计无输出，法兰型，自配安装法兰等紧固件。技术要求如表 6-17 所示。

DQH-25FA-R40-1.6E-M1 技术参数		表 6-17
测量范围	2.5 ～ 60000L/h	
准确度等级	1.5、2.5 级	
量程比	10：1	
工作压力	DN15 ～ 50：4MPa	
	DN80 ～ 100：1.6MPa	
介质温度	−80 ～ 200℃（内衬 F46 流量计 0 ～ 80℃）	
液体介质黏度	DN15：＜ 5mPa·s	
	DN25 ～ 100：＜ 5mPa·s	
连接方式	法兰连接、螺纹连接等（法兰采用 GB/T 9119.8 ～ 10 标准）	
总长度	DN15 ～ 100：250mm	
测量管材质	普通型 1Cr18Ni9Ti； 耐腐型 Cr18Ni12Mo2Ti，316L、316 衬 F46 等	

② 椭圆齿轮流量计（图 6-31）

椭圆齿轮流量计适用于各种油类以及高黏度介质液体的测量。其优点是：可水平安装、垂直安装；表头可旋转，回零报警等功能可以定制添加。连接方式通常为法兰、螺纹。选型所需参数为：流体名称、流体黏度、管道材质和口径、最高最低工作压力、介质温度、流量范围以及现场工况要求等。

图 6-31　椭圆齿轮流量计外观示意图

常用型号：LC-20A11，机械式，测量介质为油类，温度低于 100℃，DN20，额定压力 4.0MPa，表体的材质为铸铁，精度 0.5，显示瞬时流量和累计流量，指针型，法兰连接。其主要技术参数如表 6-18 所示。

LC-20A11 主要技术参数		表 6-18
精度等级	普通型 0.5 级，高精度 0.2 级	
介质压力	普通型 1.6MPa，高压型 3.2MPa	
黏度范围	普通型：0.6 ～ 200mPa·s，高黏度 200 ～ 1000mPa·s	
介质温度	普通型＜ 120℃，高压型＜ 200℃	
表体材质	铸铁、铸钢、不锈钢等	
转动部件	铝合金、不锈钢等	
本安防爆	ExiallAT3	

续表

连接方式	法兰连接 *DN*10 ~ 100，螺纹连接 *DN*10 ~ 50
安装方式	水平、垂直
口径系列	*DN*（10，15，20，25，40，50，80，100）
压力损失	≤ 0.1MPa

6.4 压力表

压力表是观测注浆压力的眼睛，对注浆工作有着重要的指导作用，因此注浆必须安置良好的压力表。一则当各种参数超过或低于设计值时，可及时闪光鸣笛报警，便于施工人员及时检查排除故障；二则可作为原始记录存档。

6.4.1 指针式压力表

指针式压力表是把由压力引起的弹性感压元件的位移，直接用机械机构放大并由指针指示被测压力的压力表。根据感压元件的不同可以分为弹簧管式、膜片式和膜盒式等。

（1）弹簧管式

弹簧管压力表的结构如图 6-32 所示。弹簧管是一根圆弧形的空心管子，其横截面为椭圆形或扁圆形。弹簧管的自由端是封闭的，与传动部分相连。固定端与管接头相连，并固定在壳体底座上，与引入压力相通。当被测介质压力通入后，弹簧管在内部压力的作用下，其自由端产生移动，这一移动量带动拉杆、扇形齿轮、中心齿轮做出相应动作，使固定在中心齿轮轴上的指针偏转，在刻度盘上指示出相应的压力值。指针旋转角的大小与弹簧管自由端的移动量成正比，也就是与所测介质压力的大小成正比。装在中心齿轮轴上的游丝，用以消除中心齿轮与扇形齿轮之间的啮合间隙。

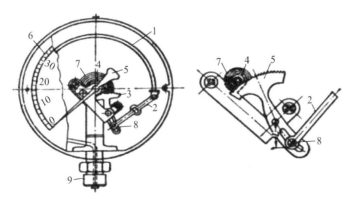

图 6-32　单圈弹簧管压力表结构
1—弹簧管；2—拉杆；3—扇形齿轮；4—中心齿轮；5—指针；
6—刻度盘；7—游丝；8—调整螺栓；9—接头

将弹簧管自由端的位移传送给指针的方法有两种，一种为扇形齿轮，可组成 270° 的同心圆形刻度盘；另一种为杠杆传动，可组成 90° 的偏心角，用于对灵敏度要求不高、受振动较大的地方。

对弹簧管材料，要求具有较高的弹性极限，抗疲劳极限和耐腐蚀、容易加工等功能。常用的材料有锡青铜、磷青铜、合金钢和不锈钢等。弹簧管压力表的测量范围很宽，真空、低压、高压都可以测量。

单圈弹簧管压力表的使用最为广泛。为了保证压力表的正确指示和长期使用，除应按有关规定正确选择压力表外，还应注意下列各项规定：① 压力表的安装地点与取压点之间的距离应尽量短，以减小指示迟缓；② 压力表必须垂直安装，盘上安装时，应保证压力表不承受机械应力；③ 压力表的安装位置与取压点应处于同一水平高度上，否则应考虑高度差的压力修正值；④ 被测浆体的黏度较大时，应加装隔离容器；⑤ 压力表应安装在环境温度和湿度都在允许范围内的场所；⑥ 压力表应定期校验，不得使用未经校验和不合格的压力表。

（2）膜片压力表

膜片压力表是利用金属膜片作为感压元件的，图 6-33 为其示意图。弹性膜片固定在法兰中间，膜片上部压力为大气压力，下部承受被测介质压力。当施加压力时，弹性膜片中央固定的小杆由于膜片受压而移动，并带动传动杆、扇形齿轮，使中心齿轮上的指针偏转，指示出相应的压力数值。

膜片压力表所使用的膜片有平膜片和波纹膜片两类。平膜片制造简单，但其最大的允许挠度小，非线性误差较大，因而限制了它的使用。波纹膜片的允许挠度较大，灵敏度也高，应用广泛。

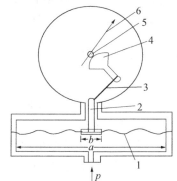

图 6-33 膜片压力表
1—弹性膜片；2—小杆；3—传动杆；
4—扇形齿轮；5—中心齿轮；6—指针

常用的膜片材料有锡锌青铜和磷青铜，这些材料制成的膜片强度高，延伸率大，能承受冲击和振动，特性曲线稳定，弹性后效和弹性滞后较小。

膜片压力表有 YP 及 YPF 型等。YP 型适用于测量对铜合金不起腐蚀作用的液体、气体等介质的压力或负压，YPF 型为防腐型，其膜片上附有 1Cr18Ni9Ti 或 Ni36CrTiAl 材料制成的保护片，适用于测量腐蚀性强、黏度较大介质的压力。膜片压力表的测量范围较小，最大被测压力为 2.5MPa，测量准确度级为 2.5 级。

6.4.2 传感式压力表

传感式压力表一般由电动压力变送器和指示仪表两部分组成。电动压力变送器可把被测压力信号变换为电量信号，并能对电量信号进行远距离传送和测量。由于其测量范围宽，准确度高，在自动检测、报警和自动控制系统中应用较多。

电动压力变送器一般都是由压力敏感元件、传感元件、测量电路和辅助电源等组成。如下为三种主要组件的作用：

压力敏感元件：也称感压元件，是直接感受压力并把压力信号转换为位移信号的元件，如弹簧管、膜片、膜盒和波纹管等。

传感元件：也称转换器，可以直接感受压力，也可以不直接感受压力，可把敏感元件所产生的非电量（如位移）信号转换为电量信号。

测量电路：电路能把传感元件输出的电信号进行加工和处理，如放大、运算等，使之成为能显示、记录或控制的统一标准信号。

（1）传感压力表的分类

按照变换原理分类，可将压力表分为电感式、电阻式、电容式、振弦式等。

① 差动变压器式压力变送器

差动变压器式压力变送器是电感式变送器的一种，即利用线圈电感量的改变，将压力信号转换为电量信号输出。由于压力变化可使弹性感压元件产生位移，然后再转换为电感量的变化，所以该变送器又可归类于位移式变送器。

差动变压器式压力变送器的特点是灵敏度高，结构简单，电路简单；缺点是零位漂移不易消除，抗震性能差。

工作原理：差动变压器式压力变送器由感压元件、差动变压器和测量电路组成，其结构原理如图 6-34 所示。当被测介质压力引入后，单圈弹簧管内受压，其自由端产生位移，此位移量信号通过差动变压器转换成电量信号，然后通过测量电路进行放大后输出。

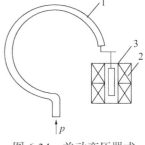

图 6-34 差动变压器式
压力变送器
1—弹簧管；2—差动变压器；
3—位移杆及铁芯

② 电位器式压力变送器

电位器式压力变送器属于电阻式变送器的一种，把压力信号转变为电阻信号，然后通过测量电阻来测量压力。

工作原理：图 6-35 为 YCD-150 型电位器式压力变送器的原理图，它由单圈弹簧管、传动机构和滑线电阻器组成。当被测压力变化时，弹簧管的自由端产生一个位移，通过传动机构，带动滑线电阻器（同时带动指针）的电刷在电阻器上滑动，从而把被测压力值的变化变换为电阻值的变化。这种压力变送器既可就地指示压力值，又可把信号远传至控制室内的显示仪表。

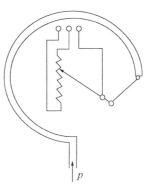

图 6-35 YCD-150 型电位
器式压力变送器原理图

③ 应变式压力变送器

应变式压力变送器属于电阻式变送器。它由弹性元件、应变片和测量电路组成。在压力的作用下，弹性感压元件或其所带动的悬臂梁产生一个与压力成正比的应变，粘贴在弹性元件上的应变片将应变转换为电阻变化，然后通过测量电路进行处理后送至指示仪表。这种变送器具有测量范围广、准确度高、线性好、性能稳定，既能进行静态测量，又能进行动态测量等优点。

6.4.3 压力表保护器

（1）阻尼器

压力阻尼器是用来防御强烈的流体脉冲，以保护压力表、压力变送器不受损坏的装置。适用于被测介质有强烈脉冲的压力系统中，用在压力变化过快的地方，可以减缓压力表指针的频繁变化，是根据脉冲指数随路程与通流面积的比值衰减原理设计的可调螺旋线式扩脉冲阻尼器。

（2）过压保护器

用来保护压力表及压力变送器等测压仪表，当工艺生产中压力突然升高时，保证压力表所承受的压力不超过压力表量程指示的最大值。

主要工作原理：利用波纹管和调节弹簧，设定保护器的压力设定值，波纹管或活塞带动压力切断系统，当压力达到设定值时，压力表与浆液系统隔断，从而保护压力表，当压力低于保护器设定值时，切断系统在波纹管和弹簧力的作用后，自动恢复原位值接通压力表。

参考文献

［1］《往复泵设计》编写组 . 往复泵设计［M］. 北京：机械工业出版社，1987.

［2］莫秋云 . 流体传动与控制［M］. 西安：西安电子科技大学出版社，2013.

［3］刘文永 . 注浆材料与施工工艺［M］. 北京：中国建材工业出版社，2008.

［4］王国际 . 注浆技术理论与实践［M］. 徐州：中国矿业大学出版社，2000.

［5］顾林，陶玉贵 . 食品机械与设备［M］. 北京：中国纺织出版社，2016.

［6］黎伟泉 . 21世纪高职高专系列教材设备拆装与维护实训［M］. 广州：华南理工大学出版社，2012.

［7］李相然，等 . 高压喷射注浆技术与应用［M］. 北京：中国建材工业出版社，2007.

［8］刘文永 . 注浆材料与施工工艺［M］. 北京：中国建材工业出版社，2008.

［9］彭春雷，杨晓东，马栋 . 锚固与注浆设备手册［M］. 北京：中国电力出版社，2013.

［10］黄德发，等 . 地层注浆堵水与加固施工技术［M］. 徐州：中国矿业大学出版社，2003.

［11］铁道部旋喷注浆科研协作组 . 旋喷注浆加固地基技术［M］. 北京：中国铁道出版社，1984.

［12］化工部化工设备设计技术中心站机泵技术委员会 . 工业泵选用手册［M］. 北京：化学工业出版社，1998.

［13］张永成 . 注浆技术［M］. 北京：煤炭工业出版社，2012.

第 7 章　注浆材料配方

注浆材料的发展具有悠久的历史，早期人们使用水泥为主要注浆材料，19 世纪后期，注浆材料从水泥浆材发展到以水玻璃类浆材为主的化学浆材。第二次世界大战后，化学浆材得到飞速发展，尤其是近 30 多年来，有机高分子注浆材料发展迅速。

单液注浆是将一种浆液（可加入不同的附加剂），通过一个注浆加压单元、一条注浆管道注入目标地层。双液注浆是将两种不同的浆液，通过两个注浆加压单元、两条注浆管道分别进入浆液混合段，混合均匀后注入目标地层。

7.1　水泥单液注浆配方

单液水泥类浆液是以水泥为主，添加一定量的附加剂，用水调剂成的浆液，采用单液方式注入岩土层，这样的浆液称为单液水泥浆。附加剂是指能改善水泥浆液性能的速凝剂、早强剂、塑化剂、悬浮剂等。

7.1.1　单液纯水泥浆的基本性能

不含任何附加剂的纯水泥单液浆的基本性能如表 7-1 所示。

纯水泥浆的基本性能[4]　　　　　　　　表 7-1

水灰比（重量比）	黏度（$10^{-3} \cdot Pa \cdot g$）	密度（g/cm^3）	凝结时间（min）		结石率（%）	抗压强度（MPa）			
			初凝	终凝		3d	7d	14d	28d
0.5 : 1	139	1.86	461	756	99	4.14	6.46	15.3	22.00
0.75 : 1	33	1.62	647	1233	97	2.43	2.60	5.54	11.27
1 : 1	18	1.49	896	1467	85	2.00	2.40	2.42	8.90
1.5 : 1	17	1.37	1012	2087	67	2.04	2.04	1.78	2.22
2 : 1	16	1.30	1027	2895	56	1.66	1.66	2.10	2.80

注：采用 42.5 普通硅酸盐水泥；各种测定数据均采取平均值。

由表 7-1 可见，随着纯水泥浆水灰比的增大，水泥浆的黏度、密度、结石率、抗压强度等都有明显降低，初凝、终凝时间逐渐延长。

7.1.2　单液水泥浆的基本性能

根据实际工程的需要，在水泥浆液中掺入一些外加剂来调节水泥浆的性能，以满足工程对注浆效果的要求。常用的外加剂种类很多，表 7-2 列出了水泥浆的常用外加剂种类及掺量。

水泥浆的外加剂及掺量[5] 表 7-2

名称	试剂	用量（占水泥重，%）	说明
速凝剂	氯化钙	1.0 ～ 2.0	加速凝结和硬化
	硅酸钠	0.5 ～ 3.0	加速凝结
	铝酸钠	0.5 ～ 3.0	
缓凝剂	木质磺酸钠	0.2 ～ 0.5	增加流动性
	酒石酸	0.1 ～ 0.5	
	糖	0.1 ～ 0.5	
流动剂	木质磺酸钙	0.2 ～ 0.3	产生气泡
	去垢剂	0.05	
加气剂	松香树脂	0.1 ～ 0.2	产生约10%的气泡
膨胀剂	铝粉	0.005 ～ 0.02	约膨胀15%
	饱和盐水	30 ～ 60	约膨胀1%
防析水剂	膨润土	2 ～ 10	
	纤维素	0.2 ～ 0.3	
	硫酸铝	约20	产生气泡

现场制浆时，要求加料准确并注意加料顺序，先往搅拌机中放入规定量的水，然后再加入水泥，搅拌均匀后再加入外加剂。浆液的搅拌时间，使用普通搅拌机时不少于 3min，使用高速搅拌机时不少于 3s。搅拌时间大于 4h 的浆液应废弃。任何季节注浆液的温度应保持在 5～40℃之间。

加入速凝剂时要特别注意：加入速凝剂后，一定要控制好注浆速度，在初凝时间前把储浆桶里的浆液注完。如果初凝时间较短，建议采用双液注浆。

加入掺合料的水泥浆液成为混合液。根据注浆工程需要，可加入的掺合料如下：

砂：应为质地坚硬的天然砂或机制砂，粒径不宜大于 2.5mm，细度模数不宜大于 2.0，SO_3 含量不宜小于 1%，含泥量不宜大于 3%，有机物含量不宜大于 3%。

黏性土：塑性指数不宜小于 14，黏粒（粒径小于 0.005mm）含量不宜小于 25%，含砂量不宜大于 5%，有机物含量不宜大于 3%。

粉煤灰：应为精选的粉煤灰，烧失量宜小于 8%，SO_3 含量不宜小于 3%，细度不宜小于同时使用水泥的细度。

水玻璃：模数宜为 2.4～3.0，浓度宜为 30～45° Bé。

下面具体列举出几种外加剂的配方，并对水泥浆性能的改善情况描述如下。

（1）水泥速凝剂

速凝剂是能够缩短水泥浆凝固时间的化学药剂，如"711"型、红星一型、阳泉一型、氯化钙、水玻璃、苏打、碳酸钾、硫酸钠等，其中前三种速凝剂对水泥浆凝固时间和抗压强度的影响如表 7-3～表 7-8 所示。

"711" 型速凝剂与凝胶时间关系[4]　　　　　　　表 7-3

掺量（%）	P·Ⅱ 42.5		P·Ⅱ 52.5		P·S·A 42.5		P·S·A 52.5	
	初凝	终凝	初凝	终凝	初凝	终凝	初凝	终凝
0	490min0s	570min0s	—	—	—	—	—	—
2.5	2min40s	3min48s	3min30s	4min40s	3min15s	4min5s	2min35s	3min30s
3	1min25s	2min0s	2min10s	2min55s	2min55s	3min50s	2min5s	2min30s
3.5	1min12s	1min15s	1min46s	2min40s	2min5s	3min15s	3min25s	2min52s
4	2min20s	2min57s	1min15s	1min40s	1min30s	2min30s	7min0s	8min40s
5	4min15s	4min58s	4min40s	5min20s	0min55s	1min3s	—	—

注：速凝剂掺量为占水泥重量的百分比。

"711" 型速凝剂掺量与强度关系[4]　　　　　　　表 7-4

速凝剂掺量（%）	抗压强度（MPa）		
	1d	7d	28d
0	2.7	28.1	50.8
2	6.9	32.1	48.2
3	15.1	30.9	47.3
4	17.8	33.4	44.2
5	19.8	35.9	47.1

注：试验条件为纯水泥浆，水灰比 0.4，室温 20±5℃。

红星一型速凝剂掺量对水泥速凝效果影响[4]　　　　　　　表 7-5

速凝剂掺量（%）	掺入方式	水灰比	室温（℃）	湿度	抗压强度（MPa）	
					初凝	终凝
0	干拌	0.4	23～26	75	291 min 0s	413 min 0s
2	干拌	0.4	23～26	75	1 min 18s	7 min 12s
4	干拌	0.4	23～26	75	2 min 12s	3 min 9s
6	干拌	0.4	23～26	75	2 min 11s	5 min 0s
8	干拌	0.4	23～26	75	2 min 54s	8 min 29s

红星一型速凝剂掺量对水泥抗压强度的影响[4]　　　　　　　表 7-6

速凝剂掺量（%）	水灰比	养护条件	抗压强度（MPa）			
			4h	2d	3d	28d
0	0.4	雾	0	2.4	8.2	45.6
2.5	0.4	雾	1.1	7.7	16.8	35.0
0	0.4	水	0	2.1	10.5	37.7
2.5	0.4	水	1.1	7.2	17.5	32.6

注：水泥为 P·Ⅱ 42.5。

阳泉一型速凝剂掺量对水泥凝固时间的影响[4]　　·　　表 7-7

速凝剂掺量（%）	水灰比	室温与水温（℃）	相对湿度（%）	凝结时间	
				初凝	终凝
0	0.4	20	98	—	—
2	0.4	20	98	3min20s	5min40s
3	0.4	20	98	1min15s	3min18s
4	0.4	20	98	1min18s	1min55s
5	0.4	20	98	1min10s	1min45s
6	0.4	20	98	1min8s	1min32s

阳泉一型速凝剂掺量对水泥抗压强度的影响[4]　　表 7-8

速凝剂掺量（%）	水灰比	养护条件	抗压强度（MPa）			
			4h	1d	3d	28d
0	0.4	潮湿	—	1.9	18.5	47.6
2	0.4	潮湿	0.35	0.6	13.8	34.1
3	0.4	潮湿	0.60	3.2	23.6	38.2
4	0.4	潮湿	0.90	8.9	22.2	39.9
5	0.4	潮湿	1.10	9.3	19.7	38.0
6	0.4	潮湿	1.25	9.0	18.6	37.8

注：水泥为 P·Ⅱ 42.5。

上述几种速凝剂加入水泥浆后，很快就使水泥浆初凝，在单液水泥注浆时不宜应用。一般情况下，采用古老的单液水泥浆注浆方法，即在水泥浆中加入占水泥重量 3% 以下的水玻璃或 5% 以下的氯化钙。

单液水泥浆基本性能[5]　　表 7-9

水灰比	附加剂		初凝时间	终凝时间	抗压强度（MPa）			
	名称	用量（%）			1d	2d	7d	28d
1∶1	0	0	14h 15min	25h 0min	0.8	1.6	5.9	9.2
1∶1	水玻璃	3	7h 20min	14h 30min	1.0	1.8	5.5	—
1∶1	氯化钙	2	7h 10min	15h 4min	1.0	1.9	6.1	9.5
1∶1	氯化钙	3	6h 50min	13h 8min	1.1	2.0	6.5	9.8

注：水泥为 P·Ⅱ 42.5。

从表 7-9 中可见，水泥浆中加氯化钙或水玻璃均有显著速凝作用，而对水泥浆的结石体强度影响不大。

（2）水泥的速凝早强剂

速凝早强剂多数为复合附加剂，它不仅缩短水泥胶固时间，而且提高水泥结石体早期强度，对注浆堵水具有较好的作用。常用的速凝早强剂有三乙醇胺加氯化钠、三异丙醇胺加氯化钠、二水石膏加氯化钙等。它们对水泥浆的凝固时间及其结石体强度的影响如表 7-10 所示。

一般情况下，速凝早强剂用量为：三乙醇胺（或三异丙醇胺）占水泥用量 0.05%～0.1%，氯化钠占水泥用量 0.5%～1.0%。

速凝早强剂对水泥浆凝固时间、结石体强度的影响[5]   表 7-10

水灰比	附加剂		初凝时间	终凝时间	抗压强度（MPa）				
	名称	用量（%）			1d	2d	7d	14d	28d
1:1	0	0	14h 15min	25h 0min	0.8	1.6	5.9	—	9.2
	水玻璃	3	7h 20min	14h 30min	1.0	1.8	5.5	—	—
1:1	三乙醇胺	0.05	6h 45min	12h 35min	2.4	3.9	7.2	13.0	14.3
	氯化钠	0.5							
1:1	三乙醇胺	0.1	7h 23min	12h 58min	2.1	4.6	9.8	12.6	15.2
	氯化钠	1.0							
1:1	三异丙醇胺氯化钠	0.05	11h 3min	18h 22min	1.4	2.7	7.4	7.7	12.0
		0.5							
1:1	三异丙醇胺氯化钠	0.1	9h 36min	14h 12min	1.8	3.5	8.2	7.5	13.1
		1.0							
1:1	二水石膏	1.0	7h 15min	14h 15min	1.8	2.8	5.6	—	8.9
	氯化钙	2.0							

（3）水泥的塑化剂和悬浮剂

纯水泥浆易沉淀析水，其稳定性较差，影响注浆效果。为了提高水泥浆的稳定性，降低水泥浆的析水率，使水泥颗粒能长时间悬浮于水中，需要加入悬浮剂。为了降低水泥浆黏度，提高水泥浆液的可注性和流动性，往往要在水泥浆中加入塑化剂。实际上塑化剂和悬浮剂很难区别开来，有的附加剂既是悬浮剂又是塑化剂。一般来说，亚硫酸盐、纸浆废液、食糖、硫化钠等属于塑化剂，而膨润土、高塑性黏土属于悬浮剂。常用的塑化剂和悬浮剂对水泥浆稳定性影响如表 7-11 所示。

塑化剂、悬浮剂对水泥浆稳定性的影响[5]   表 7-11

附加剂		水灰比	最终析水率（%）	全析水时间（min）	备注
名称	用量（%）				
—	—	—	42.80	60	水泥为 42.5 矿渣硅酸盐水泥，加水搅拌 5min 后，置于 250mL 量筒中，每隔 10min 观测 1 次析水率，直至稳定为止
$FeSO_4$	1	1:1	23.50	50	
$FeSO_4$	3	1:1	15.10	50	
$FeSO_4$	5	1:1	12.60	30	
膨润土	3	1:1	27.05	50	
膨润土	5	1:1	24.58	70	
膨润土	8	1:1	20.40	50	

续表

附加剂		水灰比	最终析水率（%）	全析水时间（min）	备注
名称	用量（%）				
纸浆废液	1	1：1	34.41	120	水泥为 42.5 矿渣硅酸盐水泥，加水搅拌 5min 后，置于 250mL 量筒中，每隔 10min 观测 1 次析水率，直至稳定为止
纸浆废液	5	1：1	32.58	120	
Na_3PO_4	1	1：1	31.55	70	
Na_3PO_4	3	1：1	28.20	70	

考虑塑化剂、悬浮剂对水泥浆性能的综合影响，塑化剂、悬浮剂适宜用量范围是：亚硫酸盐纸浆废液用量不大于 0.6%，食糖用量为 0.03%～0.05%，膨润土或高塑性黏土用量一般为 5%～15%。

（4）其他附加剂

为了满足工程的特殊需要，除上述水泥附加剂外，有时需要在水泥浆中加入其他一些附加剂，例如缓凝剂、减水早强剂、膨胀剂、流动剂、加气剂、防析水剂等。

7.1.3 单液水泥浆的特点

单液水泥浆是以水泥为主的浆液，它具有材料来源丰富、价格低廉、结石体强度高、抗渗性能好、单液注入方式、工艺简单、操作方便等优点，是当前乃至今后相当长时间内应用最多的一种注浆材料。但是，由于水泥是颗粒性材料，可灌性能较差，难以注入中细砂、粉砂层和细小的裂隙岩层，而且水泥浆凝固时间长，并有容易流失造成浆液浪费、易沉淀析水、凝结时间长、强度增长慢、结石率低、稳定性较差等缺点，并且由于水泥颗粒直径较大，注入能力对微细裂隙往往受到限制，所以水泥浆应用范围有一定的局限性。为此近年来，国内外在改善水泥浆性能方面做了大量的工作，其中超细水泥的研究在扩大水泥浆应用范围、提高水泥浆性能方面取得了突破性进展。

7.2 水泥、水玻璃双液注浆配方

水泥-水玻璃浆液亦称 CS 液（C 代表水泥，S 代表水玻璃），是以水泥和水玻璃为主剂，两者按一定比例采用双液注入的方式，必要时加入速凝或缓凝剂等外加剂所组成的注浆材料。

7.2.1 水泥-水玻璃浆液的反应

水泥-水玻璃浆液的凝结固化反应包括水泥水化反应、水泥水化反应产物 $Ca(OH)_2$ 与水玻璃的反应，即水泥与水拌合成水泥浆液后，由于水解和水化作用，产生活性很强的 $Ca(OH)_2$；水玻璃与 $Ca(OH)_2$ 起作用，生成具有一定强度的凝胶体-水化硅酸钙，其反应如下：

$$3CaO \cdot SiO_2 + nH_2O \rightarrow 2CaO \cdot SiO_2 \cdot (n-1)H_2O + Ca(OH)_2$$
$$Ca(OH)_2 + Na_2O \cdot nSiO_2 + mH_2O \rightarrow CaO \cdot nSiO_2 \cdot mH_2O + 2NaOH$$

由于氢氧化钙是逐渐生成的，氧氧化钙与水玻璃之间的反应则由于氢氧化钙的逐渐生成而连续进行。水玻璃与氢氧化钙之间的反应进行较快，随着反应的进行，胶质体越来越多，强度也越来越高。所以，水泥-水玻璃浆液的初期强度主要是水玻璃与氧化钙的反应起主要作用，而后期强度主要是水泥本身的水化起主要作用。在水泥水化过程中，只有水泥中的硅酸二钙在水化时有氢氧化钙生成。因此，含硅酸三钙含量高的水泥凝胶时间短。所以普通硅酸盐水泥与水玻璃反应，较矿渣硅酸盐水泥和火山灰质硅酸盐水泥为快。

另外水泥中硅酸三钙的含量是固定的，其水泥水化生成氢氧化钙以及与水泥反应的量也是固定的。过量的水玻璃是无益的，由于水玻璃量的增加反而会使整个体系稀释，致使强度下降。因此要求水玻璃与水泥应有一个合适的配合比，可从这个反应机理的角度来加以解释。

加入白灰可增加体系中氢氧化钙的含量，与水玻璃的反应加快，胶质体很快增加，凝结时间缩短，所以白灰起到了速凝的作用。磷酸盐之所以能起到缓凝的作用，主要是磷酸盐能消耗掉体系中的氢氧化钙，因此减少了水玻璃与氢氧化钙反应的机会，产生的胶质体减少了，浆液就不会很快凝固，从而延缓了凝胶时间。

水泥-水玻璃浆液克服了单液水泥浆的凝结时间长且不易控制、结石率低等缺点，提高了水泥注浆的效果，扩大了水泥注浆的适用范围。可用于防渗和加固注浆，在地下水流速较大的地层中采用这种混合型的浆液可达到快速堵漏的目的。这是一种用途极广、使用效果良好的注浆材料。

7.2.2 水泥-水玻璃浆液的性能及配方

水泥-水玻璃浆液的配制应符合以下规定：

（1）应根据设计浆液配比，单独配制纯水泥浆液和适当浓度的水玻璃；

（2）水泥浆水灰比可取 1.5:1～0.5:1，水泥浆液和水玻璃液体体积比宜为 1:0.1～1:1。需要添加粉煤灰时，宜先配制水泥粉煤灰浆液或水玻璃粉煤灰浆液。

对于水泥-水玻璃浆液，根据注浆工程的需要，一般可分为加固和堵水两个方面。对于堵水，特别是水压较大、水流速较快或充填岩土的大空隙，要求浆液的凝结时间短且具有一定的抗压强度；对于加固地基，则要求浆液具有足够的抗压强度。一般都注重浆液的凝胶时间和抗压强度这两种性能，影响这两种性能的因素很多，下面分别讨论。

（1）凝胶时间

凝胶时间是指水泥浆与水玻璃相混合时起至浆液不能流动为止的这段时间，水泥-水玻璃类浆液的凝固时间可以从几秒钟到几十分钟内准确控制。水玻璃能显著加快水泥浆的凝胶时间。凝胶时间随水玻璃浓度、水泥浆浓度（水灰比）、水玻璃与水泥浆的体积比以及温度等因素的变化而变化。一般情况下，在一定范围内，水玻璃浓度减小，凝胶时间缩短，两者呈直线关系；水灰比越小，水泥与水玻璃之间的反应加快，凝胶时间缩短。总的来说，水泥浆越浓，反应越快；水玻璃越稀则反应越快。

（2）抗压强度

水泥-水玻璃浆液结石体抗压强度较高，特别是早期强度较高，并且增长速度很快。

影响水泥-水玻璃浆液的抗压强度因素主要有水泥浆浓度、水玻璃浓度、水泥浆与水玻璃体积比等。其他条件一定时，水泥浆越浓，其抗压强度越高。通常情况下，浆液结石体抗压强度可达 5～10MPa。

当水泥浆浓度较大时，随着水玻璃浓度的增高，抗压强度增高；当水泥浆浓度较小时，随着水玻璃浓度的增加，抗压强度降低。但当水泥浆浓度处于中间状态时，则其抗压强度变化不大。

水泥浆与水玻璃的体积比对抗压强度也有较大的影响。当水泥浆与水玻璃的体积比在 1:0.4～1:0.6 时，抗压强度最高，在这组配合比范围内，反应进行得最完全，强度也最高。实际上，浓水泥浆需要浓水玻璃；稀水泥浆需要稀水玻璃。水玻璃过量对其抗压强度将产生不良影响。

综合考虑凝胶时间、抗压强度、施工及造价等因素，水泥-水玻璃浆液的适宜配方为：水泥为 42.5 或 52.5 普通硅酸盐水泥，水泥浆的水灰比为 0.8:1～1:1，水泥浆与水玻璃的体积比为 1:0.5～1:0.8，水玻璃模数为 2.4～3.4，浓度为 22～40°Be′（表 7-12、表 7-13）。

水泥-水玻璃浆液组成及配方[5]　　　　　　　　　　　　表 7-12

原料	规格要求	作用	用量	主要性能
水泥	普通或矿渣硅酸盐水泥	主剂	1	凝结时间可控制在几秒至几十分钟内
水玻璃	模数: 2.4～3.4	主剂	0.5～1	抗压强度为 5.0～20.0MPa
	浓度: 30～45°Be′			
氢氧化钙	工业品	速凝剂	0.05～0.29	
磷酸氢二钠	工业品	缓凝剂	0.01～0.03	

实用水泥-水玻璃复合浆液配方[4]　　　　　　　　　　　表 7-13

浆液名称	材料和配方	地质条件	加固目的	应用效果
水玻璃＋水泥浆	水玻璃: 45°Be′ 水泥浆: $W/C=1:1$ 两者体积比 1:1.3	土粒组成: 0.25mm, 60.1%～61.5%; 0.25～0.1mm, 29.5%～32.2%; 0.01～0.05mm, 9.8%～6.3%	提高承载力	桥基原下沉量达 4～5mm, 加固后停止下沉
	水玻璃: 40°Be′ 水泥浆: $W/C=1:1$ 两者体积比 1:1	泥石流	堵水	隧道蓄水效果良好
	水玻璃: 37°Be′ 水泥浆: $W/C=1:1$ 两者体积比 1:0.5～1:1	粗砂夹卵石孔隙率 40%	防冲刷及抗侧压	桥沿沉井增加 3～5m 结构体, 整体性良好, 抗压强度为 5.4MPa
	水玻璃: 40°Be′ 水泥浆: $W/C=1:1$ 两者体积比 1:0.5	砂夹卵石层含泥	纠正沉井倾斜工作中防止钢板围堰漏水	桥墩钢板用作围墙筑岛, 堵水效果显著

续表

浆液名称	材料和配方	地质条件	加固目的	应用效果
水玻璃＋水泥浆＋氯化钙	水玻璃：水泥浆：氯化钙 = 1：1.3：1 （水泥浆：$W/C = 1：1$）	土粒组成： 0.6mm 以上 75%， 0.25～0.6mm 占 25%	防冲刷，提高承载力	大桥沉井底部加固体具有良好的均匀性、整体性，抗压强度为 4.0～6.0MPa
	水玻璃：水泥浆：氯化钙 = 1：1.3：1 （水玻璃：45°Be′， 水泥浆：$W/C = 1.1$）	中砂 （大于 0.25mm 颗粒占 50% 以上）	防冲刷	整体性好，桥墩基础防冲刷性试验良好

7.2.3 水泥－水玻璃浆液的特点

水泥－水玻璃浆液的特点主要包括：

（1）浆液的凝胶时间可准确控制在几十秒至几十分钟范围内；

（2）结石体的抗压强度达 5～10MPa；

（3）凝结后结石率可达 100%；

（4）结石体的渗透系数为 10^{-3}cm/s；

（5）可用于裂隙宽度为 0.2mm 以上的岩体或粒径为 1mm 以上的砂层；

（6）材料来源丰富，价格较低；

（7）对环境及地下水无污染。

7.3 丙烯酰胺双液注浆配方

丙烯酰胺双液浆液，也称丙烯酰胺类浆液（国内简称丙烯酰胺浆液，也称 MG646、ZH-656 或 TKH946，国外称 AM-9 或日本 -SS）是以有机化合物丙烯酰胺为主剂，还要加入交联剂 N-N′- 亚甲基双丙烯酰胺（简称 MBAM），配合其他药剂而制成的液体，其黏度与水接近，且凝结前黏度维持不变，以水溶液状态注入岩土裂隙中，发生聚合反应后形成具有弹性的、不溶于水的聚合物。

7.3.1 浆液组成

主剂：丙烯酰胺（简称 AAM）是白色结晶粉状物质，相对密度 1.12，极易溶于水，易聚合，在温度为 30℃以下的干燥环境中可长期保存。

交联剂：N-N′- 亚甲基双丙烯酰胺（简称 MBAM），因丙烯酰胺在适当的条件下易生成水溶性的线性聚合物，而这种聚合物作为注浆材料是不合适的，所以要加入 N-N′- 亚甲基双丙烯酰胺，使聚合物成为不溶于水的胶凝物。AAM 和 MBAM 合起来称为 MG646。

氧化剂（引发剂）：过磷酸胺（简称 AP）为水溶性粉状物质，密度 1.98g/cm³，在某些还原剂作用下可生成游离基而使丙烯酰胺聚合。

还原剂（促进剂）：β－二甲氨基丙腈（简称 DMAPN）为黄色液体，常温下相对密度

0.86，DMAPN 和 AP 都属催化剂，它们掺量的多少决定了丙烯酰胺类浆液的凝胶时间，对浆液的黏度和稳定性也有重要影响。

缓凝剂：铁氯化钾（简称 KFe）是赤褐色粉状物质，用以延缓浆液的凝胶时间。丙烯酰胺类浆液要求双液系统注入，主剂、交联剂、还原剂（或强还原剂）或缓凝剂溶解于水中单独存放，简称甲液。氧化剂溶解在水中单独存放，简称乙液。

丙烯酰胺类浆液的组成及配方见表 7-14。20 世纪美国研制成名为 AC-400 的浆材，它是以 10% 的丙烯酸盐水溶液为主剂，其毒性比丙烯酰胺类浆液低。1982 年，水科院亦研制出类似的浆材 AC-MS，这类浆材的毒性仅为上述浆材的 1%。

丙烯酰胺浆液的组成、配方及性能[4]　　　　　　　　表 7-14

体系	原料名称	简称	分子式	作用	配方（wt%）	主要性能		
						黏度（mPa·s）	凝胶时间	抗压强度（MPa）
甲液	丙烯酰胺	AAM	$CH_2 = CHCONH_2$	主剂	9.5	1.2	十几秒至几十分钟	0.4~0.6
	N-N′-亚甲基双丙烯酰胺	MBAM	$(CH_2 = CHCONH)_2CH_2$	交联剂	0.5			
	β-二甲氨基丙脂	DMAPN	$(CH_3)_2NCH_2CH_2CN$	还原剂	0.3~1.2			
	硫酸亚铁	Fe	$FeSO_4 \cdot 7H_2O$	还原剂	0~0.16			
	铁氰化钾	KFe	$K_3[Fe(CN)_6]$	胶凝剂	0~0.05			
乙液	过硫酸铵	AP	$(NH_4)_2S_2O_8$	氧化剂	0.3~1.2			

注：甲、乙液等体积注入，配方其余部分为水；MBAM 应选用温水溶解，后加入 AAM。

7.3.2 浆液性能及特点

（1）凝胶时间

丙烯酰胺类浆液的凝胶时间可以准确地控制在几秒到几个小时之间。在地下水流速较大时，可以采用快凝浆液堵水。

影响浆液凝胶时间的因素主要有温度、过硫酸铵（AP）浓度、β-二甲氨基丙腈（DMAPN）浓度、硫酸亚铁（Fe）、pH 值、铁氯化钾以及水质，其影响规律一般表现如下：

① 温度升高，丙烯酰胺聚合反应速度加快，浆液凝胶时间缩短。当温度每升高 10℃ 时，反应速度加快 2~3 倍。因此，温度对凝胶时间影响很大。

② 过硫酸铵（AP）浓度增大，凝胶时间缩短。因而，改变过硫酸铵浓度来控制凝胶时间是一个主要措施。

③ β-二甲氨基丙腈（DMAPN）浓度加大，则浆液凝胶时间缩短。当 β-二甲氨基丙腈浓度超过一定范围（1.2%）时，缩短凝胶时间作用不显著。

④ 硫酸亚铁（Fe）的还原作用比 β-二甲氨基丙腈对凝胶时间影响更大。少量的硫酸亚铁即可以使凝胶时间达到几秒至几十秒。

⑤ pH 值对浆液凝胶时间影响也较大，在酸性介质中，浆液凝胶时间随酸度的增加而

急剧增长，甚至不会凝胶。但在碱性较大的介质中，凝胶时间受 pH 值影响较小。

⑥ 铁氰化钾（KFe）延缓浆液的凝胶，少量的铁氰化钾就能使凝胶时间延长很多。

⑦ 地下水中常含有一些离子对浆液凝胶时间影响不一。试验表明，除 Fe^{2+} 外，一般地下水中离子（如 Cu^{2+}、Mg^{2+}、K^+、Na^+、Fe^{3+}、SO_4^{2-}、Cl^-、CO_3^{2-}、HCO_3^- 等）对凝胶时间影响不大。

（2）抗压强度

丙烯酰胺类浆液凝胶体的抗压强度比较低，一般受配方影响不大，约为 0.4～0.6MPa。加固不同粒径的砂土，浆液与砂土的结石体抗压强度为：粗砂 0.2～0.3MPa；中砂 0.5～0.6MPa；细砂 0.7～0.8MPa。

（3）丙烯酰胺浆液的黏度

其黏度为 1.2mPa·s，与水相近，且在凝胶以前黏度一直保持不变。由液体变成凝胶体几乎是瞬间发生的，因此具有良好可注性和渗透性，易于注入细砂层中。

（4）抗渗性

该浆液的凝胶体抗渗性能好，渗透系数可达 10^{-9}～10^{-10}cm/s，可认为是不透水的。

（5）耐久性

耐久性较差，具有一定的毒性，对人的神经系统有毒害，对空气和地下水有污染。

（6）成本

丙烯酰胺浆液价格较贵，材料来源也较少。

（7）浆液设备材料要求

丙烯酰胺浆液与铁易起化学作用，具有腐蚀性，凡浆液所流经的部件均采用不与浆液发生化学反应的材料制成。

7.4 油溶性聚氨酯注浆配方

聚氨酯类浆液是采用多异氰酸酯和聚醚树脂等作为主要原材料，加入各种附加剂配制而成。由于浆液中含有未反应的多异氰基团，遇水发生化学反应，交联生成不溶于水的聚氨酯泡沫体，浆液注入地层后，起加固地基和防渗堵水作用。反应过程中生成二氧化碳，使体积膨胀，增加了固结体体积，且产生较大的膨胀压力，使浆液二次扩散，从而加大了扩散范围。

聚氨酯浆液可分为油溶性聚氨酯浆液（简称 PM）和水溶性聚氨酯浆液（简称 SPM）。油溶性聚氨酯化学注浆材料弹性小，所以比较适合混凝土中静缝的防渗堵漏及加固。

7.4.1 原材料组成

（1）多异氰酸酯

常用的多异氰酸酯有甲苯二异氰酸酯（TDI）、二苯基甲烷二异氰酸酯（MDI）和多苯基多次甲基多异氰酸酯（PAPI）等。其中，甲苯二异氰酸酯的黏度最小，用它合成的预聚体，黏度低，活性大，遇水反应速度快；而由 MDI 或 PAPI 合成的预聚体，黏度大，但固结体强度高。

（2）多羟基化合物

多羟基化合物有聚酯类和聚醚类两种，由于酯键容易水解，而醚键比较稳定，且相同分子量的聚醚树脂的黏度比聚酯树脂小，所以一般都采用聚醚树脂作为注浆材料。

7.4.2 外加剂

聚氨酯浆液除主剂预聚体外，还有附加剂，如催化剂、稀释剂、表面活性剂、乳化剂和缓凝剂等。

（1）催化剂

浆液中加入催化剂的目的是加速浆液的反应速度和控制发泡时间。

催化剂有叔胺类和锡盐类两种，由于叔胺中的氮原子负电性很强，对提高 -NCO 与水反应的活性起着催化作用。叔胺类催化剂有三乙胺、三乙烯二胺、三乙醇胺等。

（2）促凝剂

促凝剂主要作用是促进发泡体凝固。发泡体如果不能同步凝固，发泡体破裂，形成的膨胀体就会坍塌，形不成有强度的凝固体，特别是在动水注浆时达不到堵漏止水的效果。常用的促凝剂有二月桂酸二丁基锡、氯化亚锡、辛酸亚锡等。锡盐类主要是促进 -NCO 与水作用的链增长和进一步胶凝硬化。

（3）稀释剂

稀释剂的作用是降低预聚体或浆液的黏度，提高浆液的可注性。一般采用丙酮、二甲苯、二氯乙烷等稀释剂。其中丙酮的效果最好，但聚合体的收缩较大。二甲苯稀释浆液后，其聚合体的收缩较小，但二甲苯掺量过大时，会增加浆液的憎水性，使凝胶速度显著减慢。

稀释剂的用量不宜过多，否则还会降低其他物理力学性能。

（4）表面活性剂

加入表面活性剂可提高泡沫的稳定性及改善泡沫的结构，一般采用发泡灵，是一种非离子型表面活性剂，是有机硅烷和聚醚的衍生物。表面活性剂的用量一般在 1% 以下。

（5）乳化剂

乳化剂可以提高催化剂在浆液中的分散性及浆液在水中的分散性。常用的有吐温 -80℃，学名为聚氧化乙烯山梨糖醇酐油酸酯，用量约为 0.5%～1%。

（6）缓凝剂

浆液中加入缓凝剂可以使预聚反应减少支联化，防止凝胶，同时在注浆过程中，也可减缓反应速度，增大浆液扩散距离。

7.4.3 油溶性聚氨酯浆液配方

油溶性聚氨酯浆液是由多异氰酸酯和多羟基化合物聚合而成，当该浆液制备时可分为"一步法"和"二步法"两种。"一步法"就是在注浆时，将主剂的组分和外加剂直接一次混合成浆液。"二步法"又称预聚法，是把主剂先合成为聚氨酯的低聚物（预聚体），再把预聚体和外加剂按需要配成浆液，这样可以缓和反应，减少放热，便于控制胶凝时间。

（1）"一步法"浆液

"一步法"浆液的组成、配比及性能如表 7-15 所示。该浆液从组分混合后，就开始反应，黏度逐渐增大，生成具有一定抗渗性能的强度较高的固结体，胶凝时间较短，特别适用于堵漏注浆。

"一步法"浆液的组成（重量比）及其性能[6] 表 7-15

编号		1	2
组分	PAPI	100	100
	N-303 聚醚树脂	18	67
	N-204 聚醚树脂	70	0
	丙酮	10	83
	有机锡	0.2	0
	三乙醇胺	1	2
	发泡灵	0	1
性能	黏度（mPa·s）	1.56	7.4
	抗压强度（MPa）	＞10.0	19.4
	抗渗性能	6～12（抗渗强度等级）	10^{-8}～10^{-7}cm/s
	初凝时间	4min35s	22min0s
	黏结强度（MPa）	—	3.29

注：1. 初凝时间指某浆液混合后至能拉丝这段时间；

　　2. 黏结强度系用 8 形干燥试件测定，空气养护 7d。

（2）预聚法（即"二步法"）

该浆液是将多异氰酸酯和聚醚树脂，先预聚成低聚物，再将预聚体与一定的外加剂相混合而成，几种预聚体的配比如表 7-16 所示。

几种预聚体的配比（重量比）[6] 表 7-16

材料		1	2	3	4	5
甲苯二异氰酸酯		34.8	34.8	30.0	82.8	51.0
聚醚树脂	204	20.0	—	10.0	—	—
	303	—	10.0	10.0	—	20.4
	604	—	—	—	36.0	—
邻苯二甲酸二丁酯		—	—	10.0	27.0	—
丙酮		—	—	10.0	6.0	14.3
二甲苯		—	—	—	21.0	14.3

预聚体浆液反应缓慢，容易控制，适用于疏松地基加固，建筑物的防渗、堵漏、补强、

挡土墙、桥墩、滑坡区的锚固等。

（3）示例

HA Cut AF 是最新一代、不含邻苯二甲酸酯、性能更进一步提高的单组分聚氨酯浆液，它具有低黏度、遇水发生反应、固化后成为憎水、闭孔的硬质固化体。HA Cut AF 主要用于堵截高水压、高流速情况下的涌水式渗漏。

HA Cut AF 未固化时，是深褐色、不燃、不含邻苯二甲酸酯增塑剂的液体；浆液遇水后产生反应，迅速膨胀并固化成具有韧性的硬质闭孔固化体（固化时间的长短取决于环境温度和催化剂 HA Cut AF 的用量）。一般来讲，固化体不受腐蚀性环境的影响。

主要适用领域包括：

① 用于堵截高水压、高流速情况下的涌水式渗漏。

② 用于地下连续墙的堵漏。

③ 用于填充岩石裂缝、破碎断层、砾石层的空隙以及混凝土结构中不会产生沉降、移动变形的接缝、裂缝和蜂窝麻面。

④ 在隧道工程中，用于对低密度聚乙烯（LDPE）或高密度聚乙烯（HDPE）卷材进行后续注浆处理。

⑤ 在潮湿土壤条件下，当采用盾构法（TBM）、矿山法（Drill-and-Blast）或新奥法（NATM）进行隧道挖掘时，HA Cut AF 可以在隧道挖掘机施工之前对土体进行预注浆，以达到防水和加固的目的。

⑥ 可与普通硅酸盐水泥或超细水泥结合，进行组合注浆（Combi-Grouting）。

⑦ 在干或湿的土质条件下，对锚栓、螺杆进行锚固。

⑧ 在干或湿的土质条件下，对砂砾地层进行帷幕注浆，以起到封闭化学品的目的。

⑨ 可进行土体的稳固及在砂砾地层中对螺栓进行锚固。

⑩ 可以在多孔结构背面、有大水流出现的情况下进行帷幕注浆。

7.4.4 油溶性聚氨酯浆液的特点

（1）浆液黏度低，可灌注性好，结石体有较高的强度，可与水泥注浆相结合，建立高标准的防渗帷幕。

（2）浆液遇水即反应，不易被地下水冲稀，可用于流动水条件下堵漏，封堵各种形式的地下、地面及管道漏水，封堵牢固，止水见效快、效果好。

（3）浆液遇水反应时，放出 CO_2 气体，使浆液产生膨胀，向四周渗透扩散，直到反应结束时止。由于膨胀而产生了二次扩散现象，因而有较大的扩散半径和凝固体积比。

（4）固砂体抗压强度高，一般在 0.6～1MPa 之间，渗透系数可达 10^{-6}～10^{-8}cm/s。

（5）安全可靠，不污染环境。

（6）耐久性好。

（7）采用单液系统注浆，工艺设备简单，经济效益高。

（8）浆液遇水开始反应，所以受外部水或水蒸气影响较大，在存贮或施工时应防止外部水进入浆液中。

（9）注浆后，管道、设备需用丙酮、二甲苯等溶液清洗。

7.5 水溶性聚氨酯注浆配方

7.5.1 浆液组成

水溶性聚氨酯预聚体是由聚醚树脂和多异氰酸酯反应而成。水溶性聚氨酯能与水以各种比例混溶成乳浊液，并与水反应生成含水凝胶体。

水溶性聚氨酯浆液是由预聚体和其他外加剂所组成，采用与非水溶性聚氨酯相同的外加剂。目前国内所用的预聚体主要有两种，即高强度浆液的预聚体及低强度的预聚体，其组成如表7-17及表7-18所示。

（1）高强度浆液的预聚体

环氧乙烷聚醚与环氧丙烷聚醚及甲苯二异氰酸酯反应制得预聚体。如表7-17所示，预聚体由甲苯二异氰酸酯（80/20，主剂）、环氧丙烷聚醚（604，主剂）、环氧乙烷聚醚（分子量1500，主剂）、邻苯二甲酸二丁酯（溶剂）、二甲苯（溶剂）和硫酸（阻聚）组成。组成预聚方法与非水溶性聚氨酯的预聚体中采用604聚醚的基本相同，反应温度应控制在40~50℃，维持温度为90℃。最后，将预聚体与其他附加剂混合即配成浆液。

（2）低强度浆液的预聚体

先制成环氧丙烷、环氧乙烷的混合聚醚（分子量1000~4000，主剂），然后再与甲苯二异氰酸酯（80/20，主剂）预聚成预聚体。预聚时，先将聚醚加热溶化，再与甲苯二异氰酸酯混合摇匀，在80℃下维持4h即可。因为预聚体是蜡状固体，配浆时，应先加热溶化，再加入附加剂。

高、低强度预聚体的组成[6] 表 7-17

分类	作用	材料
高强度预聚体	主剂	甲苯二异氰酸酯（80/20）
		环氧乙烷聚醚（相对分子质量1500）
		环氧丙烷聚醚（604）
	溶剂	二甲苯
		邻苯二甲酸二丁酯
	阻聚	硫酸
低强度预聚体	主剂	环氧丙烷、环氧乙烷混合聚醚（相对分子质量1000~4000）
		甲苯二异氰酸酯（80/20）

水溶性聚氨酯（SPM）浆液的组成、配方及主要性能[6] 表 7-18

原料	作用	用量（重量比）	凝胶时间	抗压强度（MPa）	备注
甲苯二异氰酸酯聚醚	制成预聚体为主剂	1	<2min	<1.0	SPM与PM的主要区别在于聚醚。SPM中的聚醚以环氧乙烷为开始剂，相对分子质量在3000~4000
邻苯二甲酸二丁酯	溶剂	0.150~0.5			
丙酮	溶剂	0.50~1			

原料	作用	用量 （重量比）	凝胶时间	抗压强度 （MPa）	备注
2，4-二氨基甲苯	催化剂	适量	<2min	<1.0	SPM 与 PM 的主要区别在于聚醚。SPM 中的聚醚以环氧乙烷为开始剂，相对分子质量在 3000～4000
水	反应剂、溶剂	50～10			

7.5.2 浆液主要性能

（1）黏度

高强度水溶性聚氨酯浆液黏度在 25～70mPa·s，如再多加溶剂则会降低固结体的强度。至于低强度水溶性聚氨酯浆液黏度，则根据加水量或溶剂量而定，当然也会影响其固结体的强度。

（2）可注性

水溶性聚氨酯浆液的可注性良好，如将其配成黏度为 10mPa·s 的浆液，它的可注性比丙烯酰胺浆液还好。

（3）胶凝时间

水溶性聚氨酯浆液的胶凝时间，根据催化剂或缓凝剂的用量在数秒到数十分钟之内调整。但低强度水溶性聚氨酯浆液的胶凝时间很短（通常在数分钟之内）。

（4）固结体的抗压强度

低强度水溶性聚氨酯浆液胶凝后是一个含水的弹性凝胶体，其固砂体抗压强度为 0.1～5MPa（随加水量而变化）。

高强度水溶性聚氨酯浆液固结体的抗压强度与非水溶性聚氨酯浆液相近，不同压力下的固结体，其抗压强度变化不大。

（5）抗渗性能

水溶性聚氨酯浆液固结体的抗渗性高于非水溶性聚氨酯浆液的抗渗性。一般在 10^{-6}～10^{-5}cm/s，高强度水溶性聚氨酯浆液固结体的抗渗强度可达 1.5MPa。

7.5.3 浆液主要特点

水溶性聚氨酯浆液具有以下特点：

（1）浆液能均匀地分散或溶解在大量水中，凝胶后形成包有水的弹性体；

（2）结石体的抗渗透性能好，一般在 10^{-6}～10^{-8}cm/s；

（3）浆液的凝胶时间可以根据催化剂或缓冲剂的用量在数秒到数十分钟之间调节。

7.6 环氧树脂类浆液

环氧树脂具有强度高、黏结力强、收缩小、化学稳定性好、室温固化等一系列优点。几十年来，经过国内外的广泛研究和应用，环氧树脂应用范围从混凝土裂缝的补强发展到固结岩体裂隙和固沙。因环氧树脂注浆材料的内聚力均大于混凝土的内聚力，因而对于恢复混凝土结构的整体性，能起很好的作用。

7.6.1 浆液组成

常用的环氧树脂浆液配方如表 7-19 所示，其力学性能如表 7-20 所示。

环氧树脂浆液配方 表 7-19

材料	作用	配方 1-1	配方 2-2	配方 13-2	配方 15-2	配方 22-1	配方 23-1	配方 24-1
环氧树脂	主剂	100	100	100	100	100	100	100
环氧丙烷丁基醚	稀释剂	30	40	40	40	30	—	25
甘油环氧树脂	亲水剂	—	—	30	30	30	—	50
丙酮	稀释剂	—	—	—	—	20	35	50
	增韧剂	—	—	—	—	20	35	50
糖醛	稀释剂	—	—	—	—	20	35	—
	增韧剂	—	—	—	—	20	35	—
聚酰胺	固化剂	40	50	20	—	—		
	亲水剂	40	50	20	—	—		
二乙烯三胺	固化剂	—	—	16	18	15	15	20
三乙胺	固化剂	—	—	—	—	—	5	—
六次甲基四胺	固化剂	—	—	—	—	—	—	2
DMP-30	固化剂	—	—	—	—	10	—	—

环氧树脂浆液凝胶体力学性能 表 7-20

配方	抗冲击强度（MPa）	抗压强度（MPa）	抗拉强度（MPa）	黏结强度（MPa）		备注
				干缝	湿缝	
1-1	3.83	88.2	25.5	1.85	1.51	
2-2	4.08	87.2	34.4	1.84	—	
13-2	6.20	121.5	50.5	1.67	1.07	
16-2	5.61	67.5	41.5	2.03	1.16	抗压变形大
22-1		81.5		1.97	1.90	
23-1				1.68	1.59	聚合物较软
24-1				1.52	1.42	聚合物较软

7.6.2 浆液主要性能

（1）外观

由于糖醛在空气中容易变成褐色，所以环氧浆液为深褐色液体，不含固体物质。

（2）酸碱度

在加固化剂前，浆液的pH值为5.5左右，加入乙二胺后，浆液的pH值为10左右（碱性），若用二乙烯三胺，加胺后pH值为9.5左右。

（3）黏度

浆液的黏度随浆液的稀释剂掺量不同而异，一般浆液在加固化剂前，黏度为10mPa·s左右。加固化剂后，一般黏度有所下降，因此环氧浆液具有一定的可灌性（可灌入0.2mm的裂缝）。

（4）稳定性

浆液在加固化剂和促凝剂前，在封闭容器中最稳定，不会发生化学变化，在加促凝剂以后未加固化剂前，浆液在封闭容器中也可保存较长时间（一般半年）。在敞开时，丙酮容易挥发损失。

参考文献

［1］郭晓潞，徐玲琳，吴凯. 水泥基材料结构与性能［M］. 北京：中国建材工业出版社，2020.

［2］彭振斌. 注浆工程设计计算与施工［M］. 北京：中国地质大学出版社，1997.

［3］王国际. 注浆技术理论与实践［M］. 北京：中国矿业大学出版社，2000.

［4］邝健政. 岩土注浆理论与工程实例［M］. 北京：科学出版社，2001.

［5］刘文永. 注浆材料与施工工艺［M］. 北京：中国建材工业出版社，2008.

［6］张永成. 注浆技术［M］. 北京：煤炭工业出版社，2012.

［7］邓敬森. 原位化学注浆加固概论［M］. 北京：中国水利水电出版社，2009.

第8章 注浆效果检测

本章按标准贯入试验法、静力触探法、电探法、弹性波探查法、渗透系数测定法、电阻率测定法、地下雷达探测法、地面两侧法、钻孔取样法的顺序，逐一对上述探查方法的原理、探查设备、操作方法、数据处理及结果分析等一系列具体内容作系统介绍。

8.1　标准贯入试验

8.1.1　概述

8.1.1.1　N值的定义

标准贯入试验（SPT）是动力触探的一种，即用重量为 63.5kg±0.5kg 的重锤，按照规定的落距（76cm）自由下落，将图 8-1 中示出的标准贯入取土器，贯入土层 30cm（规定的贯入距离）时，落锤的锤击次数 N 定义为标准贯入试验的 N 值。N 值越大，说明地层坚硬、抗压强度高；反之，N 值越小，说明地层松软、抗压强度低。由于该方法具有设备简单、使用方便、结果易于对比等优点，故目前国内外使用极为广泛。其缺点是不能连续贯入，因而在每次贯入后需上提贯入器，待取土器中土样被清除后方能进行下一次贯入，也就是说贯入是分段进行的，因此费工费时，且易漏掉薄层。

8.1.1.2　试验设备

标准贯入试验设备由标准贯入取土器（图 8-1）、触探杆及穿心锤（即落锤）组成。落锤重 63.5kg，落距 76cm；触探杆的外径为 42mm；贯入器的尺寸如图 8-1 所示，是由两个半圆管构成的取土器。

8.1.1.3　方法

（1）先用钻具钻进到试验土层上面约 15cm 处，以免扰动下面的试验土层。

（2）将贯入器竖直打入土层 15cm，不计锤击数，然后开始记录继续锤击贯入土中 30cm 之锤击数。此锤击数就是通常所说的标准贯入试验的 N 值。

（3）再继续贯入 5～10cm，观察锤击数是否存在突变。如有突变，则说明可能发生层变，应考虑增加测点；若无突变，再拔出贯入器，取出土样进行鉴别或试验。

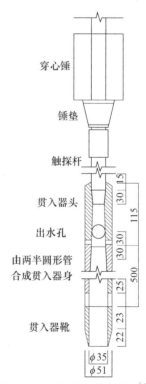

穿心锤

锤垫

触探杆

贯入器头

出水孔

由两半圆形管
合成贯入器身

贯入器靴

图 8-1　标准贯入试验设备[1]

8.1.1.4 影响 N 值的因素

（1）钻杆长度的影响

我国《建筑地基基础设计规范》中存在如下规定，当钻杆长度大于3m时，锤击数应按下式进行钻杆长度修正：

$$N' = \alpha N \tag{8-1}$$

式中　N'——修正后的标准贯入的锤击数；

$\quad\quad N$——实测的锤击数；

$\quad\quad \alpha$——触探杆长度校正系数，可按表8-1确定。

触探杆长度校正系数 α 的取值表[1]　　　　　　　　　　表 8-1

触探杆长度（m）	≤3	6	9	12	15	18	21
α	1.00	0.92	0.86	0.81	0.77	0.73	0.70

日本道路地下结构设计指南规定，N 值校正系数如下：

$$N = N'\left(1 - \frac{x}{200}\right) \tag{8-2}$$

式中　N'——实测锤击数；

$\quad\quad x$——钻杆长度（m）。

（2）泥浆护孔、套管护孔、清水钻进对贯入器与土层的接触状况的影响很大，进而致使 N' 值的差异悬殊，通常可以认为泥浆护孔误差小。再有，不同的落锤方式，钻杆的连接方式，钻杆的不同心度，滑轮组合传动机构等环节均会影响 N' 值。

标准贯入试验主要适用于砂土、粉土和一般黏性土。

8.1.2　N 值与土质参数的关系

8.1.2.1　引言

如本章上节所述，标准贯入试验是最普及、最简单易行的原位试验方法。这种原位试验的另一个特点是它几乎可与所有的钻孔调查合在一起进行。因此，若能从 N 值评估土质参数，显然这是最经济的考虑，故引起人们的极大重视。

通常工程设计中用到的地层参数有以下几种：

土的物理参数：重度、相对密实度、孔隙比、粒度、密实度等。

土的力学参数：黏聚力、内摩擦角、变形模量、压实模量、压实屈服应力等。

另外，从 N 值可以推估的土的特性参数较多，具体如表8-2所示。特别是对砂土来说，不扰动采样相当困难，因此，N 值就成了土的重要的特性指标。

本节就目前国内外有关由 N 值求 c、φ 的方法、由 N 值求重度、由 N 值求相对密实度、由 N 值求变形模量、由 N 值求 V_s（横波速度）等问题作一一叙述。

8.1.2.2　砂土中的 N 值与 φ 的关系

就黏性土而言，已确立了对其不扰动的取样进行室内试验确定强度常数的方法。但是，在砂地层中获得不扰动试样相当困难，所以一般采用由 N 值求取强度常数。

Terzaghi-Peck、Meyerhof 提出砂的 N 值与相对密实度 D_r、内摩擦角 φ 的关系如表 8-3所示。

由 N 值推算的土的参数 [1]　　　　　　　　　　　　　　　　　　　　表 8-2

砂质土或砂地层	黏性土或黏土地层	普通地层
① 相对密实度 ② 内摩擦角 ③ 考虑沉降时地层的允许承载力 ④ 地层承载力系数 ⑤ 孔隙比 ⑥ 液化的可能性等	① 稠度 ② 一轴抗压强度（黏聚力）等	① 可以判定土层是否适于作承载层 ② 桩贯入的可能性 ③ 板桩贯入的可能性 ④ 软地层的发现 ⑤ 滑坡的推算估计 ⑥ 地层加固效果判定 ⑦ 开挖方法的讨论等
① 地层的极限承载力 ② 桩的竖向承载力 ③ 桩的水平变形 ④ 竖向地层反力系数 ⑤ 水平向地层反力系数 ⑥ 变形模量 ⑦ 横波速度（V_s）等		

N 值与 D_r、φ 的关系 [1]　　　　　　　　　　　　　　　　　　表 8-3

N 值	相对密实度 D_r	内摩擦角 φ（°）	
		Peck	Meyerhof
$0 \sim 4$	非常松（$0 \sim 0.2$）	< 28.5	< 30
$4 \sim 10$	松（$0.2 \sim 0.4$）	$28.5 \sim 30$	$30 \sim 35$
$10 \sim 30$	中等（$0.4 \sim 0.6$）	$30 \sim 36$	$35 \sim 40$
$30 \sim 50$	密（$0.6 \sim 0.8$）	$36 \sim 41$	$40 \sim 45$
> 50	非常密（$0.8 \sim 1$）	> 41	> 45

Peck 等人在讨论地基承载力公式的各种因素时，提出了如下的近似式：

$$\varphi = 2.7 + 0.3N \tag{8-3}$$

Dunham 整理了 Terzaghi-Peck 的想法，提出了如下的近似公式：

$$\varphi = \sqrt{12N} + 15 \qquad （圆颗粒粒度均匀）\tag{8-4}$$

$$\varphi = \sqrt{12N} + 20 \qquad （圆颗粒粒组不均匀，角颗粒粒组均匀）\tag{8-5}$$

$$\varphi = \sqrt{12N} + 25 \qquad （角颗粒粒度不均匀）\tag{8-6}$$

大崎在制作地层图时提出，在砂质土中，N 值与 φ 的关系可用下式表示：

$$\varphi = \sqrt{20N} + 15 \tag{8-7}$$

目前一些规范说明书中由 N 值求 φ 的方法可以说均以上述方法为基础演变而来。在建筑基础构造设计规范中，规定就可以假定 $c = 0$ 的土质而言，可以利用大崎的公式推算 φ。

在道桥规范说明书中，采用下式由 N 求 φ 的方法。

$$\varphi=15+\sqrt{15N}\leqslant45°，\text{其中，}N>5 \tag{8-8}$$

铁道构造物设计标准中，还考虑了上载压的影响，采用下式求 φ：

$$\varphi=1.85\left(\frac{N}{10\sigma'_v+0.7}\right)^{0.6}+26 \tag{8-9}$$

式中 σ'_v——该位置的上载压（单位为 MPa），以 0.05MPa 为最小值。

但是，地震时用下式确定上限：

$$\varphi=0.5N+24 \tag{8-10}$$

8.1.2.3 黏性土中的 N 值与 c 关系

由莫尔公式知道，c 与一轴抗压强度 q_u 之间有如下关系：

$$c=\frac{q_u}{2}\tan\left(45°-\frac{\varphi}{2}\right) \tag{8-11}$$

但是，$\varphi=0$ 的土（黏性土）为：

$$c=\frac{q_u}{2} \tag{8-12}$$

关于 N 值与 q_u 的关系存在下列多种提案。Terzaghi-Peck 指出黏土的密实度、N 值和 q_u 之间有表 8-4 所示的关系。如果与这个关系的中心值联系起来，则可得出如下的关系：

黏性土的密实度、N 值和 q_u（单位为 MPa）的关系[1]　　　　　　表 8-4

密实度	非常软	软	普通	硬	非常硬	固结
N	< 2	2～4	4～8	8～15	15～30	> 30
q_u	< 0.025	0.025～0.05	0.05～0.1	0.1～0.2	0.2～0.4	> 0.4

$$q_u=\frac{N}{80} \tag{8-13}$$

但是必须注意，这个关系是由标准贯入试验取样获得的土样（扰动土）的试验结果。大崎利用最小二乘法导出了 N 值和 q_u 之间的关系式如下：

$$q_u=0.04+\frac{N}{200} \tag{8-14}$$

但是在实际使用中发现上式计算结果的离差较大，即可靠性不高。

《道桥标准规范》中，因为 N 值和 q_u 的相关关系不好，所以规定必须采用由不扰动试样的一轴抗压强度试验的结果确定 q_u。在软黏性土中，可以认为 $c=q_u/2$。在更新世硬的黏性土中必须利用不扰动试样的三轴抗压试验的结果，不得已的情形下也可以由下式推算：

$$c=(0.6\sim1.0)\frac{N}{100} \tag{8-15}$$

以上是由 N 值求 c、φ 的主要方法的回顾，汇总上述关系式如表 8-5 所示。

N 值与 c、φ、q_u 的关系一览 [1]　　　　　表 8-5

	φ (°)	q_u（MPa）	c（MPa）
Terzaghi-Peck		$\dfrac{N}{80}$	
Peck	$2.7 \pm 0.3N$		
Dunham	$\sqrt{12N}+(15\sim25)$		
大崎	$\sqrt{20N}+15$	$0.04+\dfrac{N}{200}$	
建筑基础构造设计指南	$\sqrt{20N}+15$		
道桥规范书	$15+\sqrt{15N}$		$(0.6\sim1.0)\dfrac{N}{100}$
铁道构造物设计标准	$1.85\left(\dfrac{N}{10\sigma'_v+0.7}\right)^{0.6}+26$ （σ'_v 的单位为 MPa）		

8.1.2.4　粉土中的 N 值与 c、φ 的关系

上述方法，如果是砂土，则把 c 认为是 0，可求 φ；如果是黏性土，则把 φ 认为是 0，可求 c。但是，实际上纯砂土或者纯黏性土是不多见的，几乎所有土的 c、φ 均不为零，所以上述假定多数与实际情况不太相符。对于这种 c、φ 均不为零的土的强度的求取方法，这里介绍根据 N 值和黏性土组分含有率求取 c、φ 的方法（$N-\mu_c$ 法）。

如果把某深度处的土的潜在强度定义成地层强度 τ_0，即：

$$\tau_0 = c + \overline{\sigma}_v \tan\varphi \tag{8-16}$$

式中　$\overline{\sigma}_v$——有效覆盖土的应力；

τ_0、c、$\overline{\sigma}_v$ 单位均为 MPa。

就 N 值与 τ_0 的关系，由某地内冲积层和洪积层的土的试验结果可以得出如下的关系：

$$\tau_0 = 0.02 + 0.09N' \tag{8-17}$$

这里 N' 是修正的 N 值，是把测定 N 值作如下修正：

$$N' = 15 + \frac{1}{2}(N-15) \tag{8-18}$$

如果从另一种观点看待这个问题，则可以认为 τ_0 是由黏性土颗粒的负担强度 τ_c 和砂 τ_s 构成：

$$\tau_0 = \tau_c + \tau_s \tag{8-19}$$

通过对比式（8-16），则有：

$$\left.\begin{array}{l} \tau_c = c \\ \tau_s = \overline{\sigma}_v \tan\phi \end{array}\right\} \tag{8-20}$$

如果用强度负担率表示式（8-20），则有：

$$1 = \frac{\tau_c}{\tau_0} + \frac{\tau_s}{\tau_0} \tag{8-21}$$

砂颗粒的强度负担率 $m = \dfrac{\tau_s}{\tau_0}$ 和黏性土组分（粒径 74μm 以下）含有率 μ_c（%）的关系，试验得到如下的形式：

$$m = 1.6 - 3\mu_c \qquad (8\text{-}22)$$

式（8-22）的适用条件如下：

$\mu_c \leqslant 20\%$ 时，取 $m = 1$；

$\mu_c \geqslant 53.3\%$ 时，取 $m = 0$；

当 $20\% < \mu_c < 53.3\%$ 时，取 $0 < m < 1$。

由式（8-17）、式（8-20）和式（8-22）可以导出 c、φ 的计算公式如下：

$$c = (1 - m)(0.02 + 0.09N') \qquad (8\text{-}23)$$

$$\tan\varphi = m/\sigma_v (0.02 + 0.09N') \qquad (8\text{-}24)$$

8.1.3 确认注浆固结状态的标准贯入试验

8.1.3.1 引言

关于注浆效果的预测方法，过去曾提出过以均匀砂地层为前提，由注入速度推测固结形状的方法。但是，由于地层的非均匀性等原因，致使这种方法预测结果的可靠性存在问题。本节介绍一种由原位标准贯入试验确认加固效果和上述预测方法两者并用的合理的注入管理系统。

通常原位确认注入地层强度提高的方法是标准贯入试验和旋转贯入试验，实际用得最多的应属标准贯入。这是一种通过注入前后的 N 值的变化确认加固程度的方法。本次研究考虑到实际地层的非均匀性造成的误差，特地进行了模拟实际地层的室内试验。为了接近现场地层的地压状况，利用大型三轴装置在大型圆筒型砂地层中用标准贯入试验求出了求模拟地层注入前后的 N 值的变化，弄清了影响注入固结砂的 N 值的固结砂的一轴抗压强度，注入前的 N 值，浆液性质等因素的变化。另外，还对注入现场 N 值变化的数据的试验结果进行了比较讨论。为了研究浆液特性的影响，试验中特地对凝胶性质差别较大的水玻璃和丙烯酰胺两种浆液进行了试验比较。

8.1.3.2 试验装置和试样

图 8-2 为试验装置的概况。与地层原状土相当的圆筒形试块的直径和高度均为 60cm。试块是把试样砂放入设置于三轴装置中的圆柱形土样容器中压实到预定的密度，用真空泵给出的负压使试块自立后，在试块上加上与地层中的作用土压相当的约束压，约束压的大小分别为 0.1MPa、0.2MPa、0.3MPa 三种，为了尽量减小约束压造成的试样密度差，无论哪种试块均要先压实到 0.3MPa，其后改加给定的约束压。在试块上表面的钢板的中央设置直径 10cm 的螺栓孔，在这个孔与三轴装置的上盘之间用聚乙烯可缩性的管子连接，在加有约束压的状态下进行标准贯入试验。

求注入前未固结状态的 N 值的情形是在施加约束压的状态下，从试块的下端注水使其饱和。求固结砂的 N 值的情形是使浆液从试样下端注入，由上端通过排出管溢出，施加约束压力，使其按原样固结。饱和后在试样上表面的下端取样，把 63.5kg 的重锤用电动机上提 75cm 高然后落下。

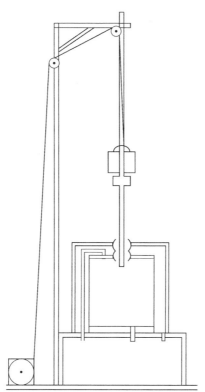

图 8-2 三轴装置内的试块和标准贯入试验装置的概要

表 8-6 给出了未固结砂的密度、摩擦角等参数。试样是市售的硅砂 3 号、5 号、7 号三种。表 8-7、表 8-8 中示出了注入水玻璃类浆液（硬化材为乙二醛，促凝剂为磷酸）和丙烯酰胺类浆液时的固结土的一轴抗压强度 q_u、黏聚力 c_u、摩擦角 φ_u。浆液按着可以获得预定的一轴抗压强度（$q_u = 0.2 \sim 0.3 \text{MPa}$，$0.6 \sim 0.8 \text{MPa}$，$1.2 \sim 1.4 \text{MPa}$ 三种）的要求调整配比。按非排水的条件实施固结土的三轴抗压试验。试块的密度无论是未固结砂还是固结砂，均按投入砂的重量和作用负压时的自立状态的试样尺寸，先求早期干燥密度，考虑施加约束压时槽的体积变化量（补偿槽自身表面积的膨胀量）求贯入前的干燥密度。

未固结砂的种类[1]　　　　　　　　　　　　　　　　　　　　　　　　表 8-6

试样	密实程度	相对密实度 D_r	摩擦角 φ_d（°）
试样 A 硅砂 3 号	不密实 密实	0.28～0.33 0.72～0.94	30～33 36～38
试样 B 硅砂 5 号	不密度 中密 密实	0.22～0.33 0.63～0.64 0.83～0.87	28～30 33～36 37～39 试样 C
试样 C 硅砂 7 号	不密实 中密 密实	0.52～0.54 0.66～0.67 0.97～1.01	33～35 37～38 40～41

注入水玻璃浆液的固结砂[1]　　　　表 8-7

试样	密实程度	相对密实度 D_r	一轴强度 q_u（MPa）	黏聚力 c_u（MPa）	摩擦角 φ_u（°）
试样 A 硅砂 3 号	不密实	0.29～0.30 0.32～0.35	0.19～0.21 0.56～0.68	0.05～0.07 0.14～0.19	29～31 29～30
	密实	0.79～0.94 0.89～0.90	0.19～0.23 0.62～0.68	0.05～0.06 0.17～0.19	35～36 32～35
试样 B 硅砂 5 号	不密实	0.29～0.32 0.26～0.31	0.19～0.23 0.60～0.67	0.07～0.08 0.17～0.21	25～31 25～30
	中等密实	0.68～0.72 0.61～0.68	0.24～0.25 0.62～0.64	0.7～0.8 0.16～0.18	33～35 32～35
	密实	0.85～0.94 0.85～1.02 0.85～0.98	0.25～0.27 0.64～0.70 1.29～1.46	0.05～0.07 0.14～0.17 0.24～0.32	36～40 36～39 36～39
试样 C 硅砂 7 号	不密实	0.54～0.58 0.51～0.59 0.46～0.52	0.24～0.28 0.63～0.67 12.1～14.2	0.08～0.10 0.18～0.19 0.33～0.35	30～32 30～31 28～30
	密实	0.96～1.01 0.97～1.08 0.93～0.91	0.22～0.27 0.69～0.76 1.34～1.38	0.09～0.11 0.16～0.18 0.26～0.33	38～40 38～40 38～39

注入丙烯酰胺浆液的固结砂[1]　　　　表 8-8

试样	密实程度	相对密实度 D_r	一轴强度 q_u（MPa）	黏聚力 c_u（MPa）	摩擦角 φ_u（°）
试样 D 硅砂 7 号	不密实	0.54～0.55 0.54～0.56	0.20～0.22 0.69～0.71	0.06～0.07 0.20～0.21	27～28 26～28
	密实	0.98～1.00 0.97～0.99	0.25～0.29 0.65～0.70	0.08～0.09 0.17～0.18	33～35 33～35

8.1.3.3　注入水玻璃类浆液时值的变化

图 8-3 中示出了固结砂和未固结砂 N 值和相对密实度的关系。约束压 σ_3 是 0.1MPa。固结砂、未固结砂均同样呈现出相对密实度增加 N 值增大的特性。

就同砂种、同一相对密实度而言，即注入固结砂 N 值产生的变化，相当于图 8-3 纵轴值的差异，其大小也因砂的种类、密度的不同而不同，N 值的增量很大程度上依赖于一轴抗压强度。

图 8-4 中示出了固结砂的 N 值与 q_u 的关系。尽管 q_u 接近，但由于相对密实度与砂的种类不同，最终 N 值的差异很大，无法确认固结砂的 N 值与 q_u 的直接相关关系。固结砂与未固结砂的摩擦角大致相同，因为固结砂仍属砂质类材料，故摩擦角仍取决于注入前的未结态的 N 值。

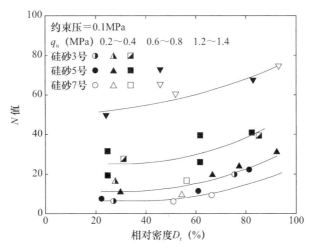

图 8-3　水玻璃类浆液固结砂和未固结砂 N 值与相对密实度的关系

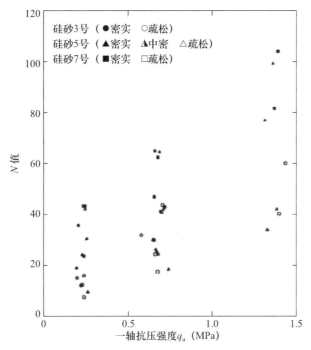

图 8-4　水玻璃类浆液固结砂的 N 值与一轴抗压强度 q_u

　　当把标准贯入试验作为确认注浆致使强度提高的鉴别方法时，必须掌握固结强度与 N 值的关系。作为表示固结强度的指标，考虑到实用性选择一轴抗压强度较为恰当。但是，固结砂的 N 值与 q_u 之间的关系，如图 8-4 所示并无直接的相关关系。所以应该考虑研究固结造成的 N 值增量、固结砂的一轴抗压强度与注入前未固结状态的 N 值的关系，未固结状态的 N 值取决于相对密实度和约束压力。图 8-5 中示出了固结砂 q_u 与注入固结 N 值增量的关系。所谓的 N 值增量的含义是当同种类的砂中注入前后的约束压力和相对密实度保持一致时的固结砂与未固结砂 N 值的差。由图 8-5 可以看出，随着 q_u 的增大 N 值增量也增大。N 值增量与 q_u 的关系还受砂的种类和相对密实度的影响，在 $q_u = 0.2 \sim 0.3\text{MPa}$ 和 $0.6 \sim$

0.8MPa，N 值增量分别为 5 和 20 左右。在 q_u＝1.2～1.4MPa 的场合下，N 值增量的幅度增大到 20～60，越密实 N 值增量越大。

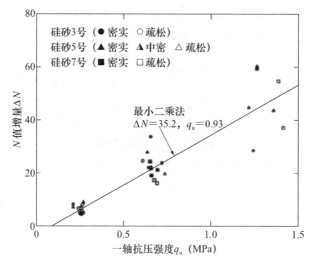

图 8-5   水玻璃类固结砂的 q_u 和注入固结的 N 值增量的关系

当把 N 值作为确认注入固结手段的情形下，注入固结砂 q_u 超过 0.5MPa 时，N 值增量与砂的种类、密实无关，均在 10 以上，故可由 N 值判定固结状况的可靠性高低。当 q_u 小于 0.2～0.3MPa 的场合下，N 值增量既有大于 10 的情形，也有相当于小于 2 左右的情形。如果考虑自然地层 N 值的起伏和 N 值的测量精度等因素，注入固结 N 值的增量仍存在不明确的因素。再有，图中示出的实线表示按最小二乘法决定的一次近似式（N＝35.2q_u － 0.93，相关系数为 0.88）。

图 8-6 中示出了注入前未固结状态的 N 值与 N 值增量（ΔN）的关系。固结砂 q_u 达到 1.2～1.4MPa 的时候，N 值增量随注入前的 N 值的增大而增加，但是 q_u 为 0.2～0.3MPa 和 0.6～0.8MPa 的场合下，注入前的 N 值对 N 值增量的影响较小，N 值的增量分别为 5 和 20 左右。

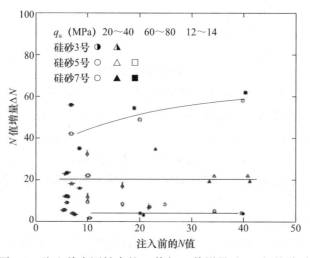

图 8-6   注入前未固结态的 N 值与 N 值增量（ΔN）的关系

　　以上是大型三轴装置的试验结果，但是图 8-7 中示出的是实际现场的注入造成的 N 值增量与采样得到的固结砂的一轴抗压强度 q_u 的关系。该 ΔN 与 q_u 的关系与室内试验的结果相比起伏大，但是由室内试验，按最小二乘法求出 ΔN 与 q_u 的关系（图中虚线）却位于现场数据的中间值附近。

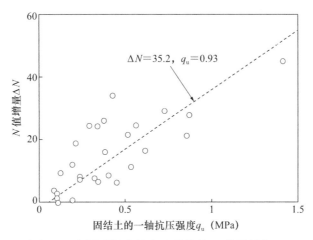

图 8-7　实际现场中的注入致使的 N 值增量与 q_u

8.1.3.4　浆液性质对 N 值变化的影响

　　为了观察不同性质的浆液对 N 值变化的影响，对性质差异较大的水玻璃类浆液和丙烯酰胺类浆液注入前后的 N 值进行了调查。图 8-8 中示出了两种浆液的固结砂（硅砂 7 号）的应力－应变曲线。水玻璃类固结砂破坏时的轴应变是 1%～2%，丙烯酰胺类固结砂的应变增大到 7%，尽管一轴抗压强度接近，但形变性能的差异较大。

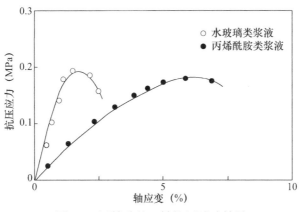

图 8-8　固结砂的一轴抗压试验结果

　　图 8-9 中示出了固结砂的 N 值与注入前未固结状态的 N 值。由图可知，尽管固结砂的一轴抗压强度相等，但 N 值的变化因浆液种类的不同而不同，且差异较大。丙烯酰胺浆液与水玻璃类相比 N 值增加极少。就丙烯酰胺浆液而言，当 q_u 为 0.2～0.3MPa 的场合下，如果把未固结砂的 N 值小于 5 的情形除外，则发现固结并未使 N 值提高，相反还存在微弱减小的情形。即使 q_u 增大到 0.6～0.8MPa 时，未固结态的 N 值如果超过 40，则固结后的 N

值与未固结态的 N 值相比几乎没有变化。

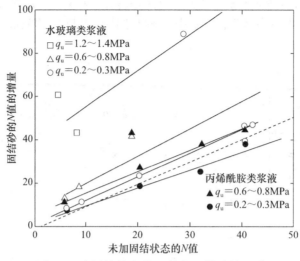

图 8-9　未固结状态的 N 值与固结砂的 N 值

图 8-10 中示出了固结砂的一轴强度与 N 值增量（ΔN）的关系。由该图可以明确地看出，注入固结致使的 N 值变化因浆液性质的不同而不同，且差异较大。丙烯酰胺类浆液的情形下，即使固结砂的 q_u 大到 0.6～0.8MPa。N 值增量仍较小，所以用 N 值作为判定固结状况的标准其可靠性极低。

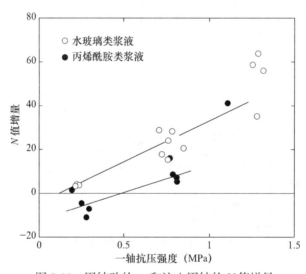

图 8-10　固结砂的 q_u 和注入固结的 N 值增量

由上述结果可知，注入后的 N 值变化不仅与固结砂的一轴抗压强度有关，还与浆液种类有关。而且，其变化规律是伴随未固结状态 N 值的增大，N 值增量减小。随浆液种类变化致使 N 值变化的原因，像表 8-6～表 8-8 所示的那样是因固结砂的摩擦角比未固结砂的摩擦角小造成的。水玻璃类浆液注入砂中固结后造成的摩擦角的变化小，从本次试验中的水玻璃的实际注入结果发现，摩擦角下降 1°～ 3°。但是，丙烯酰胺浆液的摩擦角下降在 5°以上，所以在使用这种浆液的场合下，摩擦角因固结而减小，致使持力和 N 值下降也是完全可能的。如果摩擦角因固结而减小，然而黏聚力因固结增加，但由于约束力大，故而最终可能招致强度和支持力下降。因此，使用因注入固结使摩擦角减小较多的浆液的场合下，用 N 值作为判定固结状况的标准的可靠性较低。另外，本次试验中作为水玻璃类注入浆液的硬化材使用乙二醛类均可，但主材限定使用水玻璃的条件下，本次试验的结果表明固结造成的摩擦角的变化稍有减小，所以可以认定一般情况下摩擦角几乎不变化。为此，由乙二醛作硬化材的本次试验的结果知道，一般情况下水玻璃类浆液的一般特征不受影响。

8.1.3.5 小结

本研究利用几乎没有地层误差的室内试验讨论了确认化注固结状况的标准贯入试验法的可靠性。探明了一轴抗压强度、注入前的 N 值浆液性状等因素对注入造成的 N 值变化的影响。主要结果如下：

（1）使用水玻璃浆液的情形下，固结砂的一轴抗压强度对注入造成的 N 值的变化的影响大，相对密实度和约束压力的影响小。固结带来的 N 值增量，在 $q_u = 0.2 \sim 0.3 \mathrm{MPa}$ 和 $0.6 \sim 0.8 \mathrm{MPa}$ 时分别为 5 和 20 左右。

（2）使用水玻璃浆液的场合下，固结砂的一轴抗压强度超过 0.5MPa 时，N 值增量在 10 以上，作为判定固结状况标准的 N 值法的可靠性较高。

（3）使用水玻璃浆液的场合下，现场注入的 N 值的增量与固结砂的一轴抗压强度有关，本次室内试验的结果差异不大。

（4）即使固结砂的一轴抗压强度、相对密实度、约束压力相同，注入固结的 N 值增量也因浆液种类的不同而异。即使固结砂的一轴抗压强度相同，与水玻璃比较丙烯酰胺浆液对应的 N 值的增量小。

（5）固结造成的 N 值变化，不仅与一轴抗压强度有关，较大程度地依赖于注入造成的摩擦角的变化。注入致使摩擦角下降的情形下，N 值增量小，也有可能出现 N 值下降的情形。约束力大的未固结状态的 N 值越大，这种倾向越显著。

8.2　静力触探

8.2.1　概述

上节已指出，标准贯入试验的缺点就是测量缺乏连续性，易漏掉薄层；当工程要求获得土层的层向连续信息时，标准贯入法已无能为力。这种情况下，可以使用静力触探（CPT）法进行测量。测量概况如图 8-11 所示。

静力触探是将金属制作的圆锥形的探头以静力方式按一定的速率均匀压入土中，借以量测贯入阻力等参数值，间接评估土的物理力学性质的试验。这种方法对那些不易钻孔取样的饱和砂土、高灵敏度的软土以及土层竖向变化复杂、不易密集取样查明土层变化状况的情形而言，可在现场连续、快速地测得土层对触探头的贯入阻力 q_c、探头侧壁与土体的摩擦力 f_s、土体对侧壁的压力 p_n 及土层孔隙水压力 u 等参数。以上述参数为试验成果，进而可以得出土层的各种特性参数如：土层的承载力 R、侧限压缩模量 E_s、变形模量 E_c。区分土层、土层液化的液化势等。下面对试验中使用的仪器设备、技术要求、试验方法、影响测量结果的误差因素等事项逐一介绍。

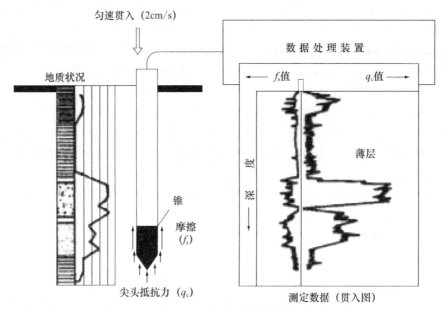

图 8-11　静力触探概况图

8.2.2　静力触探试验

8.2.2.1　静力触探仪

通常静力触探仪由主机、反力装置、测量仪、触探头构成。

触探头是触探仪的关键性部件。图 8-12 中示出的是个两功能探头结构、尺寸的例子。探头的顶端是一个尖锥头，其锥角为 60°；锥底面积有 10cm²、15cm² 和 20cm² 三种形式；摩擦筒的表面积也有 100cm²、200cm² 和 300cm² 三种类型。厂家不同、规格不同，上述结构、尺寸也各有差异。通常是将电阻式应变传感器安装在探头上，置于平衡电路中，当探头贯入土层时，由于应变电阻受到土层的贯入阻力作用，故应变电阻阻值发生变化，电桥失去平衡，即产生电桥的输出信号。这个电信号与贯入阻力成正比。也就是说，要测量一个参数（贯入阻力）必须相应地安装一个电桥。如果要使探头具有两个功能（即两个参数），则必须配备两个电桥。因此，若探头具有三个测量功能（测量贯入阻力、侧壁摩擦力、孔隙水压力三个参数），则必须安装三个桥路。以此类推，n 桥有 n 个功能（可测 n 个参数）。所以习惯上探头有单桥、双桥、三桥和四桥之分，实际上这种习惯用法有些欠妥，这就是传感器选用电阻应变传感器传递力信号时，必须使用电桥。然而，若传感器不使用应变电阻，而是使用其他传感器如晶体压力传感器时，力的变化引起晶体的谐振频率变化，而检测这一频率变化就不再使用电桥来检测。所以，按桥路个数定义探头有一定的局限性，应按单功能（或单参数）探头、两功能（双参数）探头……多功能探头的方法对探头进行分类。

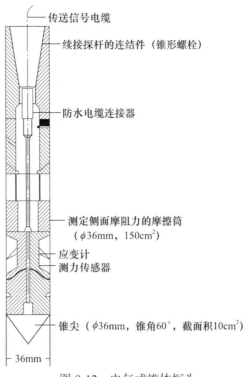

传送信号电缆

续接探杆的连结件（锥形螺栓）

防水电缆连接器

测定侧面摩阻力的摩擦筒
（ϕ36mm，150cm^2）

应变计
测力传感器

锥尖（ϕ36mm，锥角60°，截面积10cm^2）

36mm

图 8-12　电气式锥体探头

① 单功能探头：系指只能测定一个参数的探头。通常指可测定比贯入阻力 p_s 的探头。

② 两功能探头：系指能测定两个参数的探头，通常指装有摩擦钩、可同时测定锥尖阻力 q_c 和侧壁摩阻力 f_s 的探头。

③ 三功能探头：系指能测定三个参数的探头。通常指可测定 q_c、f_s 及 u（孔隙水压力）的探头及可测定 q_c、u 及 θ_x（x 方向倾角）、θ_y（y 方向倾角）的三参数探头。

④ 四功能探头：系指能测定四个参数的探头。通常可测定 q_c、f_s、u 及 p_h（侧面土压力）的探头。

8. 2. 2. 2　试验条件的记录及试验方法的技术要求

静力触探试验结果的评估与试验条件和试验方法密切相关，整理成果资料时必须注意这一点。

（1）试验条件系指以下几点：

① 锥尖的断面积、尖角测力传感器的容量、材质。

② 摩擦筒的表面积、直径、位置、表面粗糙程度，上下端面的缝隙处理。

③ 间隙水压计、过滤器的材质、安装位置、封入液体、脱体方法、测量系统的刚性，值得指出的是测定摩阻力的摩擦筒的表面积，前面曾指出有 100cm^2、200cm^2 和 300cm^2 三种，但是现在多选用 100cm^2，这是因为表面积越小得到的地层的信息越详细。但是，表面积小，电信号也小。若电测仪的灵敏度低，则信号无法满足电测仪的灵敏度的需求。现在由于集成电路制作技术的进步，低噪声、低漂移前置放大器的噪声和漂移可做得很低。也就是说，电测仪的接收灵敏度大为提高，因此，尽管 100cm^2 表面积对应的电信号小，但仍

能清晰地接收显示。此外，土谷等人在东京湾冲积地层的现场试验中，对同一地层的摩阻力做了直接对比。其结果如图 8-13 所示。由图可知，虽然摩擦筒的表面积不同，但摩擦阻力却大体一致。

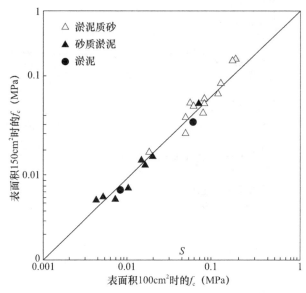

图 8-13   摩擦套筒表面积 100cm² 和 150cm² 场合的摩擦值的比较

（2）试验方法及要点

① 平整场地，设备反力装置，安装触探机，必须保证探杆垂直贯入。

② 触探孔离开钻孔至少 2m 或 25 倍钻孔孔径。

③ 试验之前应先对探头进行率定，应保证室内率定的重复性误差、线性误差、归零误差和温度漂移等不超过 0.5%～1.0%，现场归零误差小于 3%。

④ 试验中探头垂直压入土中的速度必须匀速，贯入速度。黏土中为 0.6～1.2m/s；砂中以 0.6m/min 为好。

⑤ 贯入测量间隔因仪器性能优劣而异。对备有自动测量装置的仪器而言，可密到 1 个数据/0.5～1cm；对性能差的设备而言，可以稀到 1 个数据/10～20cm。总之要根据仪器性能优劣的具体情况而定。

⑥ 当贯入深度超过 50m 或经软层入硬层时，应特别注意钻杆倾斜对深度记录误差的影响，总之深度记录误差要控制在 1% 以内。

⑦ 要求电测仪的读数误差小于读数的 5% 或最大读数的 1%。

关于贯入速度对触探参数测定值，特别是 q_c 和 u 的影响，土谷等人特地进行了贯入速度从 0.03cm/s 变到 10cm/s 的现场试验。现场试验在填土地层中的 5 个点进行。测定结果如图 8-14 所示。贯入速度对 q_c 的影响较小，可不考虑；而对 u 来说存在一定的影响。为了更清楚地表现影响的程度。特地以 $v=1cm/s$ 为基准，贯入速度对 u 的影响示于图 8-15。对间隙水压力而言，在黏土中贯入速度的影响小，对砂土中的影响大。在砂土中贯入速度在 1～2cm/s 时，差异为 5%～30%。由图还可以看出，砂质土中的贯入速度 ≤ 1cm/s 为好。

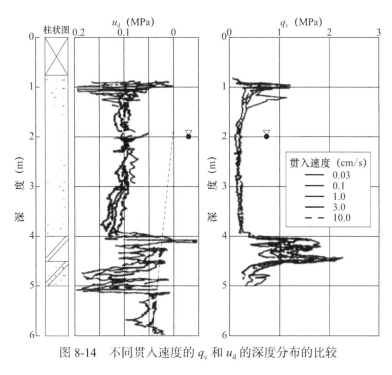

图 8-14　不同贯入速度的 q_c 和 u_d 的深度分布的比较

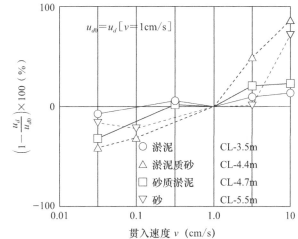

图 8-15　以 1cm/s 为基准的贯入速度与间隙水压的影响率的关系

8.2.3　记忆式三功能静力触探仪

8.2.3.1　构成

以往的静力触探仪基本上存在一个共同的缺点，那就是传送探头测得的三个参数电信号的电缆线必须穿过探杆中心才能输送到设在地表的处理装置中，然后再按需要进行各种处理。这种传输电缆穿过探杆中心的操作极为烦琐，特别是探查深度较深的情形下，工作效率极低。另外，使用时间一长，易出现电缆接头接触不良或者损坏电缆线的现象。

为了克服上述弊病，日本堀江等人按无绳传输的思路开发了一种利用设置在静锥底座上的集成电路贮存器，同时记忆锥体探头测定的贯入阻力、间隙水压力、探杆倾斜三参数对应的电信号数值的无绳记忆式三功能静力触探仪。该装置的特点是可以得到锥体贯入土体时的上述三个参数的瞬时值，并贮存在贮存器内。待贯入达到预定位置时，停止贯入提出探头取出该贮存器，再将其放在带有打印机的数据处理器上，按需要处理，则在现场即可得到三个参数的测量值。

记忆式静力触探仪由锥体探头、深度测量器、电池和充电器、数据处理器及锥体压入装置液压钻孔机等部件构成。图 8-16 示出了该装置的方框图。

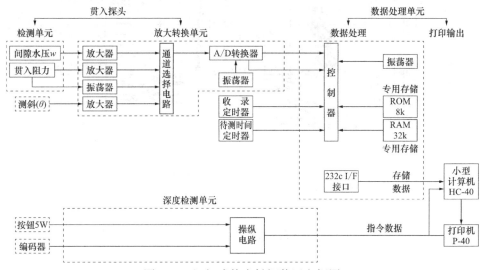

图 8-16　记忆式静力触探装置方框图

8.2.3.2　锥形探头

锥形探头的结构、尺寸如图 8-17 所示。大致可分为检测和放大转换电路两个单元。

检测单元的作用是同时把贯入阻力、间隙水压、探杆倾斜程度三传感器检测到的那些非电参数的数值转换成模拟电信号，并输入给放大转换单元。

贯入阻力的测量，由安装在检测单元上的特殊弹簧结构的荷重计完成。荷重计容量有 500kg 和 1000kg 两种，可据地层强度的具体情况选用。

间隙水压的检测使用半导体压力传感器及上述两种荷重计共同承担，可测的最大的水压为 1MPa。过滤器通常使用合成树脂制的过滤器，也可以使用完全脱气的金属制的过滤器。

倾斜测定是为了监测探杆的倾斜程度而设置的。该倾斜计系磁电转换式 2 维（$x \sim y$ 两个方向）倾斜计，测量范围的最大值为 5°。

因为检测单元和放大转换单元中装有差动变压器、半导体压力传感器、集成电路贮存器等精密电气部件，所以这两个单元的防水性能必须绝对良好，其耐压能力为 1MPa，测量深度可到 100m。

各参数检测部件的性能：

（1）贯入阻力的检测

1 号探头的荷重容量为 1000kg，阻力为 5MPa。

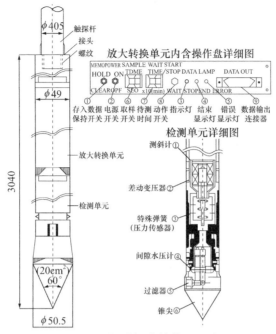

图 8-17 锥形探头结构及尺寸

2 号探头的荷重容量为 500kg，阻力为 2.5MPa。

锥体的截面积为 20m^2（$\phi = 50.46$m），锥角为 60°。

（2）间隙水压的检测

压力测量范围为 0～1MPa，检测方式为半导体传感器。

（3）倾斜检测

测量范围：$x \sim y$ 两个方向，±5°，检测方式为磁电转换。

放大转换单元设置于检测单元的上方，且紧靠检测单元，放大转换单元的上方与 $\phi 40.5$mm 的钻杆连接，放大转换单元由可以充电的 Ni-Cd 电池供电，可连续工作 7h。放大转换单元的工作由单元内含的操作板上的各开关控制。操作板上主要有决定数据收录时间（1～99s）的开关、探头进入钻孔孔底但未开始触探的待测态的开关和把收录的数据输送给处理器的插接器等。上述数据测量的是瞬时数据。

8.2.4 孔内静力触探贯入试验装置

通常多数的静力触探要贯入阻力大的硬质地层较为困难。为此开发了在钻孔内可以水平方向贯入的孔内静力触探装置。这种装置的优点是操作比较简单，能有效地对软岩实施间隔较密的触探。

图 8-18 示出了触探头的外貌，也可以按三个锥头同时贯入的形式进行变动。试验中首先推出获得贯入反力的钢片固定触探头。然后用液压的方法贯入锥体探头（锥角 90°、截面积 1cm^2，测量贯入过程中加在锥底上的贯入压力，记作贯入阻力值 q_{co}。最大的行程为 13mm，即使锥体不完全贯入，也可以以其贯入压力修正面积推算出大致的 q_{co}。图 8-19 中示出了在密实黏土和火山喷出白沙堆积地层上的实测结果。

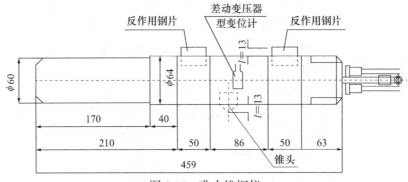

图 8-18   孔内锥探仪

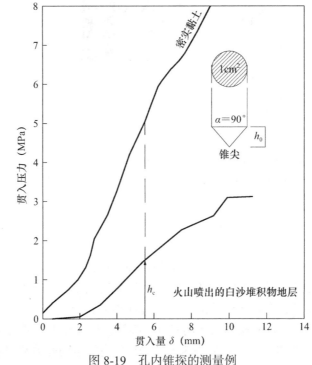

图 8-19   孔内锥探的测量例

8.2.5   触探结果的资料整理

所谓的静力触探结果的资料整理，就是对每一个触探孔测定的各种参数的记录结果进行整理，并换算出工程实用要求的有关参数及参数曲线。原始数据的整理系指静力触探仪测得的原始参数的数据，即 P、A、θ_c、P_f、F_s、u、u_w、p_h、Z_n、$\theta_{x,n}$、$\theta_{y,n}$、σ'_v 等有关参数。其中：P 为总贯入阻力（kN）；A 为锥底面积（cm^2）；θ_c 为锥尖总阻力（kN）；P_f 为侧壁总摩阻力（kN）；F_s 为摩擦筒的表面积（cm）；u 为间隙水压力（MPa）；u_w 为静水压（MPa）；p_h 为侧壁土压（MPa）；Z_n 为 n 次测的深度（m）；$\theta_{x,n}$、$\theta_{y,n}$ 分别为 n 次测量测定的探头向 x 轴、y 轴倾斜的倾角（°）；σ'_v 是有效上载压（MPa）。

8.2.6 成果应用

8.2.6.1 判别土质类别

（1）双参数土质鉴别

① 利用双参数土质判别

表 8-9 示出的是国内一些单位区分土质的 q_c 和 R_f 的参考值。因这种方法确定的土的类别系间接性判定，所以通常需借助钻孔取样加以验证。

区分土质的 q_c 和 R_f 的参考值[1]　　　　　　　　　表 8-9

土质名称	q_c（MPa）	R_f（%）	备注
黏土	1～1.5	4～6	
粉质黏土	1.5～3	2～4	
黏质粉土	3～10	0.8～2	随密实度及塑性指数而异
淤泥质黏性土	＜1	0.15～1	随塑性指数、稠度及灵敏度而异
粉细砂	3～20	1.5～0.5	随密实度而异

② 利用双参数土质类别图判别

图 8-20 示出的是利用 q_c 和 R_f 双参数值判别土质的判别图。按上节资料整理的步骤先求出各深度处的 q_c 和 R_f 的值。然后分别在图 8-20 的纵坐标轴（q_c）和横轴（R_f）上找到对应的坐标点，过这两个坐标点分别作纵轴、横轴的平行线，由其交点所处的区域确定土质。

（2）三参数判别法

双参数土质判别法的优点是简单，缺点是精度差。为了提高判别精度，开发了三参数判别法。该方法是在实测数据的基础上作统计处理，确认方法如下。

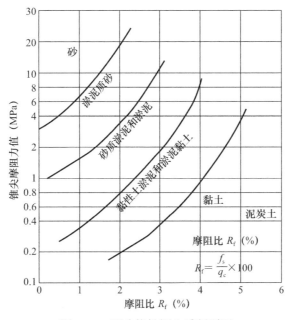

图 8-20　两功能触探土质判别图

以三参数静力触探得到的 R_σ、R_f、R_u 三个分量分别为轴构成三维坐标（图 8-21），则该坐标系的各个区域可与各种不同的土质相对应。先将触探试验得到的已知各类土质的 R_σ、R_f、R_u 各轴上的数据的平均值和方差等库化。在其库化数据的基础上，计算出待定土质的触探数据在三维坐标系中的对应点的位置到各已知土层中心的三维距离，然后再把接近的土层的土质类型记作这个数据的土型。这里区分的土类是砂、淤泥质砂、砂质淤泥和黏土四种。

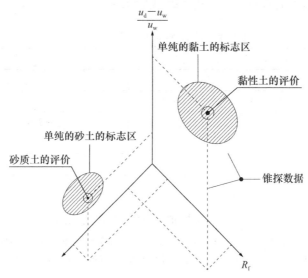

图 8-21　三参数触探判定土质的原理

表 8-10 是利用上述参数进行判别的土类与实际土质的对比。判别精度比较好。即由三参数触探得到的土类判别的结果与钻孔取芯得到的数据吻合较好。但是要想使判别精度进一步提高还需做许多艰苦的工作。

三参数触探判定土类准确率调查表[1]　　　　　　　　　　　表 8-10

钻孔去芯土类 ＼ 判定的土类	砂	淤泥质砂	砂质淤泥	淤泥黏土
砂	19	7	0	0
淤泥质砂	2	19	1	0
砂质淤泥	0	1	12	1
淤泥黏土	0	0	3	18
三参数触探准确率	90	70	75	94.7

8.2.6.2　用静力触探试验数据估算桩的承载力

桩的承载力多由静载试验法确定，这种方法的优点是直观、准确、可靠性好。缺点是设备笨重、麻烦、试验周期过长（几十天），有些工程不允许这样长的试验时间。而静力触探试验确认桩承载力方法的特点就是迅速、简便，精度同样也较高。目前国内外提出的估算桩承载力的方法较多，这里给出用单功能探头及双功能探头触探资料成果确定单桩承载力的方法，以供读者参考。

（1）用单功能探头资料成果确定单桩承载力

《建筑桩基技术规范》中指出：

$$R_{uk} = Q_{sk} + Q_{pk} = u_p \sum q_{ski} l_{si} + \alpha_b p_{sb} A_p \qquad (8\text{-}25)$$

式中　R_{uk}——混凝土预制桩单桩竖向极限承载力标准值（tf）；

　　　u_p——桩身周长（m）；

　　　q_{ski}——静力触探贯入阻力估算的桩周第 i 层土的极限侧阻力（tf/m²），应由土工试验资料，土的类型、深度、排列次序，由图 8-22 的折线取值；当桩穿越粉土、粉砂、细砂及中砂层底面时，折线 D 估算的 q_{ski} 值需乘以表 8-11 中示出的 ξ_s 的值；

　　　l_{si}——桩穿越第 i 层土的厚度（m）；

　　　α_b——桩端阻力修正系数（无量纲），由表 8-12 确定；

　　　p_{sb}——桩端附近用静力触探测得的比贯入阻力（kN/m²），由式（8-26）和式（8-28）确定。

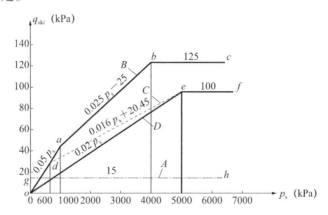

图中，直线 A（线段 gh）适用于地表下6m范围内的土层；
折线 B（线段 $oabc$）适用于粉土及砂土土层以上
（或无粉土及砂土土层地区）的黏性土；
折线 C（线段 $odef$）适用于粉土及砂土土
层以下的黏性土；折线 D（段 oef）适
用于粉土、粉砂、细砂及中砂

图 8-22　q_{ski}—p_s 曲线

ξ_s 数值[1]　　　　　　　　　　　　　　　　　　　　　　　　表 8-11

p_s/p_{sl}	$\leqslant 5$	7.5	$\geqslant 10$
ξ_s	1.00	0.5	0.33

注：1. p_s 为桩端穿越的中密-密实砂土、粉土的比贯入阻力平均值；

　　2. 采用的单功能探头，圆锥底面积为15cm²，底部带7cm高的滑套，锥角60°。

桩端附近的比贯入阻力 p_{sb} 可按下式计算。

当 $p_{sb_1} \leqslant p_{sb_2}$ 时：

$$p_{sb} = (p_{sb_1} + \beta p_{sb_2})/2 \tag{8-26}$$

当 $p_{sb_1} > p_{sb_2}$ 时：

$$p_{sb} = p_{sb_2} \tag{8-27}$$

式中　p_{sb_1}——桩端全截面以上 8 倍桩径范围内的比贯入阻力平均值；

$\qquad$ p_{sb_2}——桩端全截面以下 4 倍桩径范围内的比贯入阻力平均值。如桩端持力层为密实的砂土层，其比贯入阻力平均值 p_s 超过 20MPa 时，则需乘以表 8-13 中示出的系数 c 予以折减后，再计算 p_{sb_1} 及 p_{sb_2}；

$\qquad$ β——折减系数，按 p_{sb_2}/p_{sb_1} 的值从表 8-14 选取。

桩端阻力修正系数 α_b 值[1] 　　　　表 8-12

桩入土深度（m）	$H < 15$	$15 \leqslant H \leqslant 30$	$30 < H \leqslant 60$
α_b	0.75	$0.75 \sim 0.90$	0.90

系数 C[1] 　　　　表 8-13

p_s（MPa）	$20 \sim 30$	35	> 40
系数 C	5/6	2/3	1/2

折减系数 β[1] 　　　　表 8-14

p_{sb_2}/p_{sb_1}	< 5	7.5	12.5	> 15
β	1	5/6	2/3	1/2

注：表 8-13 和表 8-14 可取插值。

（2）用双功能探头资料成果确定单桩承载力

就一般黏性土、粉土和砂类土而言，当需要确认混凝土预制桩单桩竖向极限承载力 R_{uk}，且又无当地经验数据的情形下，可用双功能静力触探探头的资料成果按下式估算承载力：

$$R_{uk} = u_p \Sigma l_{si} \beta_i f_{si} + \alpha q_c A_p \tag{8-28}$$

式中　　　　　　　　f_{si}——第 i 层土的探头的侧壁摩阻力（kN/m²）；

$\qquad\qquad\qquad$ q_c——双功能探头资料成果求得的桩尖承载力（tf/m²）；

$q_c = (q_{c_1} + q_{c_2})/2$，$q_{c_1}$——桩端下方 d（桩的直径或边长）范围内的平均锥尖阻力（kN/m²）；

$\qquad\qquad\qquad$ q_{c_2} 为桩端上方 $4d$ 范围内的平均锥尖阻力（kN/m²）；

$\qquad\qquad\qquad$ α——桩端阻力修正系数，对黏性土粉土取 2/3，饱和砂土取 1/2；

$\qquad\qquad\qquad$ β_i——第 i 层土桩侧壁摩阻力综合修正系数，对黏性土 $\beta_i = 10.04 \, (f_{si})^{-0.55}$，对砂类土 $\beta_i = 5.05 \, (f_{si})^{-0.45}$。

双功能探头的圆锥底面积 15cm²，锥角 60°，摩擦套筒高度 21.85cm，侧面积 300cm²。

此外，村中等人发表的研究结果与式（8-28）完全相同，略有不同的是式中的 α 对各种土类而言均取 0.35。β_i 对冲积黏性土而言，取 2.5；对砂质土和洪积黏性土而言，β_i 取 0.6。还把用式（8-28）估算得到的承载力与静载试验的结果作了比较，其结果示于图 8-23。

静载试验结果（y）与用式（8-28）计算得出的承载力（x）之间存在 $y=0.96x$ 的关系，同时可以确认其相关系数 r 高达 0.77。这些足以说明用静力触探资料成果估算单桩承载力的准确性和实用性。

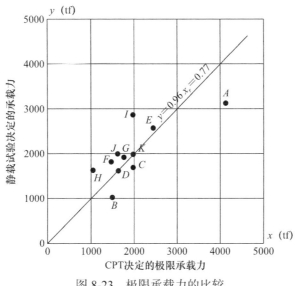

图 8-23　极限承载力的比较

8.2.6.3　静力触探试验在注浆效果检查上的应用

通常根据注浆目的要求的土的力学性质参数（如 q_c、R_L、R_{uk}、E_s、E_0），在注浆前后各做一次静力触探试验，并把资料成果求出的上述参数值进行对比，找出提高精确度的办法，如达到了事先甲方提出的指标要求，即说明注浆效果良好。否则需进行二次补注。

为了保证检测数据的可靠性，静力触探试验的孔数不应少于注入孔的 5% ～ 10%。

8.2.7　膨胀计

膨胀计试验（DMT）是同时触探的三参数型新的原位试验，以欧美为中心近年得以迅速发展。这种试验具有方法简便、装置简单、结果再现性好等优点，可以评估各类土的参数。这里叙述 DMT 的概述及适用性。

8.2.7.1　装置和试验概况

膨胀计如图 8-24 所示。其刃口安装在探杆上以 2cm/s 的速度贯入，通常每 20cm 深度测试一次。贯入装置可以使用一般的静力触探机，也可以使用相应的钻孔机。在刃口的中央部位安装钢制隔板，利用通到地表的钻杆内的空气气压使其膨胀。

试验中缓慢增加气压，由设置在地表的压力表读取隔板离开刃口时的压力（记作 A）、中央部位膨胀 1mm 时的压力（记作 B）和去荷载的接到刃口上的压力（记作 C）。使用压力的表读数 A、B、C 修正隔板的刚性，并把各自的压力记作 P_0、P_1、P_2。进而由这些值得出下列 DMT 的指数。

材料指数：

$$I_D = (P_1 - P_0)/(P_0 - u_w) \tag{8-29}$$

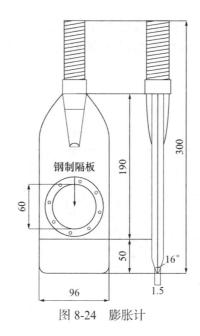

图 8-24　膨胀计

水平应力指数：

$$K_D = (P_0 - u_w)/\sigma_v'\qquad(8\text{-}30)$$

式中　u_w——静水压；

　　　σ_v'——有效上载压。

膨胀系数：

$$E_D = 34.7(P_1 - P_0)\qquad(8\text{-}31)$$

8.2.7.2　DMT 的适用

由 DMT 测得的 P_0、P_1、P_2 可以求出 I_D、K_D、E_D 等参数，进而利用 Marchetti 等人提出的各种相关图，可以评估土质及确定有关的土质参数。DMT 的操作无需特殊培训，通过短时间的练习，即可掌握操作方法，且能得到稳定的结果。与静力触探试验相比，速度稍慢一些。

8.2.7.3　土质判别和不排水剪切强度的评估

这里给出利用 DMT 判别土质和评估不排水剪切强度的两个例子。

（1）绘制深度 P_0、P_1、P_2 曲线

图 8-25 示出的是深度 P_0、P_1、P_2 关系曲线一例。图中每个测点的试验时间是 1min。

（2）土质判别

土质判别通常用材料指数 I_D 进行。图 8-26 示出的是某工程现场的钻孔土质柱状图与 I_D 分布对比的结果。土质区分线如下（是由 Marchetti 提出的）：

$I_D > 1.8$　　　　砂质土

$0.6 < I_D < 1.8$　　　淤泥土

$I_D < 0.6$　　　　黏土

由图 8-26 可知，从砂土到黏土 I_D 的值变化较大，但两者的界线明显。另外，上述淤泥土可以认为是介于砂土和黏土中间的土质。

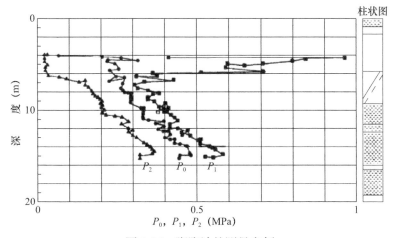

图 8-25　膨胀计的测量实例

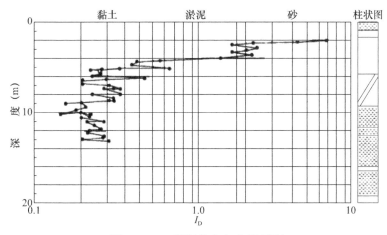

图 8-26　I_D 深度分布与土质判别

图 8-27 给出了细粒含有率 F_C 和 I_D 的关系。I_D 与 F_C 的对应关系极为明显，故可认定用 I_D 判别土质是稳妥的。区分砂质土和黏土的 $I_D=18$，对应的 $F_C=50\%$。

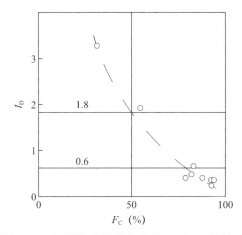

图 8-27　细颗粒成分的含有率 F_C 和 I_D 的关系

（3）剪切强度的估算

黏性土的不排水剪切强度 S_u 的估算公式如下：

$$S_u = 0.22\sigma'_v(0.5K_D)^{1.25} \tag{8-32}$$

但是，该式仅在 $I_D \leqslant 0.6$ 时成立，也就是说仅对黏土有效。

图 8-28 是 DMT 的测定数据估算不排水剪切强度 S_u 与不固结不排水的三轴试验决定的 S_u 的对比，应该说式（8-32）的估算精度较好。同时还对砂的内摩擦角和应力重复性等有关因素作了探讨。

总之，本节介绍的膨胀计具有使用简便、再现性好等优点，同时对地层的适用性高。

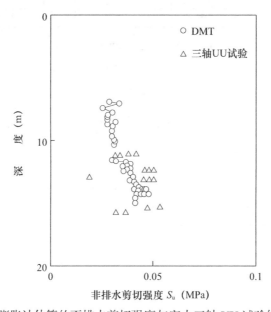

图 8-28　膨胀计估算的不排水剪切强度与室内三轴 UU 试验结果的比较

8.3　数字式钻孔参数记录仪

8.3.1　概述

目前土木技术领域中，钻孔参数已在地下空洞探测、地质调查、注浆工程等领域中得到了广泛的应用。

法国索莱坦谢公司于 1970 年着手开发孔参数记录仪（以下简称记录仪），起先设计的是模拟记录仪，自 1980 年起着手开发数字式钻孔参数记录仪，由于一系列的处理系统已计算机化，故已实现高速化数据处理和正确的数据解析，该机已成功地在欧美 Civaux 原子核电站的地基加固等工程中得以应用，并积累了较多的施工实例。

8.3.2　产品开发经过

利用钻孔参数调查地层的方法始于 1970 年，现已投入实用阶段。其主要用途是土中空隙检测、辅助地质调查及注浆工程等方面。

这种工法可以在很短的时间内低成本地采集钻孔数据，也可以做取芯数据的补充。

初期开发的记录仪只有模拟打印输出功能，数据处理依然靠技术人员的经验判断。1970 年问世的模拟记录仪只使用 4 种钻孔参数，输出也只能在专用纸带上描图。

模拟记录仪存在着以下缺点：① 无论哪张图均不能复制；② 记录纸易破损、弄脏；③ 破损的记录纸修裱困难；④ 纸孔间隔宽，信息准确度低；⑤ 纸带解译困难；⑥ 数据处理工作量太大，实质上不能用计算机处理。

虽然模拟记录仪存在着上述缺点，但也存在着下面一些优点：

① 在注浆工程和下锚工程的施工中使用钻孔机是不可缺少的，这种场合下只有使用模拟记录仪才能当即调查地层的性质；

② 所得参数的数据可能保存；

③ 可以削减大规模的地质调查费用；

④ 减少采样取芯的同时，还可以捕获到反映地层性质的连续的图像。

模拟记录仪中使用的参数有 4 种，即钻孔速度、推力、扭矩和泥水压力。

许多专家（例如 Bru，Hamelin，Flepp 等）出于对模拟记录仪的关心，对钻孔数据作了量化处理试验，结果发现需要的时间过长。

为了克服模拟记录仪存在的缺点，使庞大的数据处理变得简单，索莱坦谢公司决定开发备有数据处理功能和格式软件的计算机化的数字式记录仪。随后通过波尔多大学（法国）和 Geocontro 1 咨询公司（加拿大）等单位的共同试验，证实了这种记录仪的实用性。

8.3.3　记录仪的特性

索莱坦谢公司于 1981 年着手开发数字记录仪。新开发的记录仪大致克服了以前模拟仪的缺点，相对而言增加了如下一些特点：

（1）增加了记录参数的数量（磁带记录）。

（2）精度大幅度提高（参数的种类和规模）。

（3）多种数的显示（换算的选择功能，典型参数的调出功能）。

（4）由于使用计算机，故处理数据可以多样化（各种参数的复杂组合功能，统计运算处理功能，自动解析功能等）。

（5）可以给出现场地层特性与地层处理加固效果的关系。

（6）一般钻机上均可使用，冲击和旋转并用的钻机也可使用。

8.3.4　参数的种类和记录仪的构成

记录仪常用的参数有如图 8-29 所示的 8 项。

记录仪基本构成如下（图 8-30）：

（1）把传感器的模拟信号变成数字信号后输到微机的电子控制键上；

（2）监视 8 项参数的数据，把数据记录到磁带上送给微机；

（3）可以同时显示钻孔过程中的地中状态的图像。

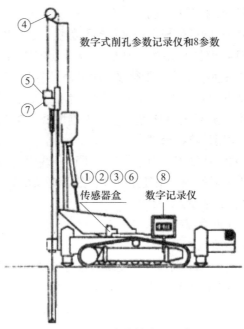

图 8-29   8 参数数字记录仪

①—钻孔泥水压（P_f）；②—钻杆的旋转扭矩（c）；③—钻杆上的推力（P_0）；④—钻杆的推进速度（v）；
⑤—钻杆的旋转速度（w）；⑥—保持力（P_1）；⑦—反射振动；⑧—钻孔 5mm 需要的时间（T）。

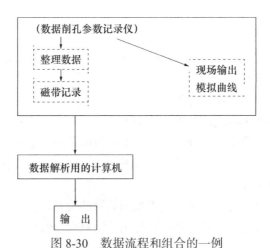

图 8-30   数据流程和组合的一例

8.3.5   参数的测定和利用原理

利用装配在电动机入口处的液压管上的压力传感器测定钻头的旋转扭矩。用同样的方法测定加到钻头上的推力。测定前进千斤顶活塞上的液压（相当于保持力）。为了知道作用于钻头上的真的推力，必须测保持力。

钻孔钻头的前进速度由传递钻头滚筒位移的锚链决定。测定滚筒旋转的瞬时速度的同时，记录深度每推进 5mm 的作用时间。

使用特殊的装置把钻进结束时的冲洗时间和由于硬层致使钻头上跳的数据扣除。

钻头的旋转速度由附设于钻头上的磁传感器测定。

反射振动，即测定杆尖的加速度。反射振动多用于冲击钻机或者冲击和旋转并用的钻机。

把参数的数据记录到磁带上，每钻进 5mm 记录一次，共 8 个参数。一条磁带上可以记 100m 深的钻孔的所有数据（20000×8 个数据）。

可以用办公室计算机调出数据，并对它进行必要的解析处理。

（1）地层空隙的确认

当地层中存在空隙时，钻头的前进速度是极重要的参数。钻进速度对硬的基岩层慢，在空隙部位快。另外，在空隙层中推进时，钻头的推力急剧下降，钻孔时的水泥压力及反射振动均发生变动。

（2）地质调查

钻孔中若地层发生变化时，则参数（1 个或几个）也发生变化。但是，有时这些参数对于两种不同的地层（例如 2 种基岩或泥灰岩和黏土）也显示相同的值。

为此，在解释钻孔数据之前先进行现场取芯是必不可少的。若采取钻孔取芯法，则需事前调查。若不能事前调查取芯，则可以用记录仪掌握地层的均匀性。

8.3.6 钻孔参数的组合

为了知道地层的性质状态，这里介绍三种典型的有效的组合参数。

（1）旋转扭矩

$$B = \frac{c\omega}{v} \tag{8-33}$$

式中　c——驱动扭矩；

　　　v——钻孔速度；

　　　ω——旋转速度。

或者，$B = c \cdot \omega \cdot D_t$，$D_t$ 为钻孔深度 5mm 所用的时间，这个能量参数适用于硬层。

（2）选择指数

$$A = 1 + \frac{P_1}{P_0} - \frac{v}{v_0} \tag{8-34}$$

式中　P_1——刀头的推力（推力——保持力+杆的重力）；

　　　v——瞬时前进速度；

　P_0、v_0——P 和 v 的最大值。

（3）钻孔阻力

$$S_d = P\left(\frac{\omega}{v}\right)^{\frac{1}{2}} \tag{8-35}$$

其中，P、ω、v 的定义如前，使用记录仪的 8 项单一参数和组合参数的记录如图 8-31 所示。

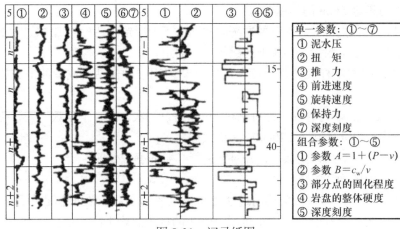

图 8-31 记录纸图

8.3.7 记录仪使用举例

（1）Civaux 原子能发电站

地层为侏罗系天然石灰岩急剧破碎层，被浸于岩溶中。为了使整个基岩的强度增加，故采用了注浆工法，在注浆前，用数字钻孔参数记录仪作地质调查。记录仪的记录结果如图 8-32 所示，由图中可以看出，地层特性较为复杂。记录仪的数据自动把基岩分成 6 种（$C_0 \sim C_5$），这种范围分类的方法是用钻孔取样，由地质专家决定的。

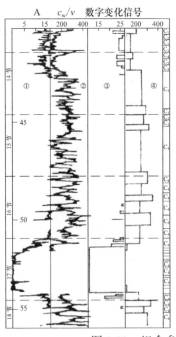

分类	摘 要	参数 β	泥水压
C_0	整体上的非压密岩层	10 以下	低压
C_1	与 C_0 相同，用黏土填充	10 以下	高压
C_2	细的破碎的石灰岩	$10 \sim 100$	低压
C_3	与 C_2 相同，空隙用软料填充	$10 \sim 100$	高压
C_4	大块破碎石灰岩	$100 \sim 250$	
C_5	巨大石灰岩	250 以上	

图 8-32 组合参数的典型曲线和岩层分类

把注浆前的值、一次注浆的值、二次注浆的值示于图 8-33 中。由以 c_w/v 为参数的图像可以证实地层的强度增加了。图 8-34 明确地给出了与孔一一对应的必须追加注浆的图像。使用记录仪可对地层的加固效果做量与质的评价。

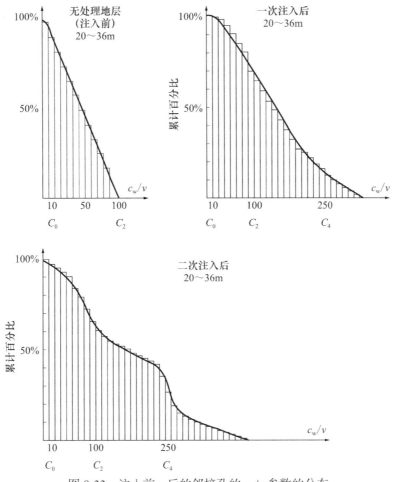

图 8-33 注入前、后的邻接孔的 c_w/v 参数的分布

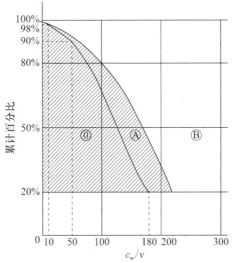

0区：注入不足　A区：注入适当　B区：注入优良

图 8-34 必要的注入基准

（2）Opera bastilte parls

在大深度连续墙的施工中，各个深度上均遇到了硬石灰岩层。在该硬层上连续墙的施工进度显著变慢，掘削器具磨损大。

使用记录仪处理数据，可掌握硬岩的深度范围，用记录仪描绘的统计分布曲线预测了的施工日程和施工中需要的掘削器具的数量。

（3）Fontvieille 位于中等程度的地震带上，现场即可确定防止地层液化的方法。

据记录仪测定的结果，当即制定了特殊的注浆加固地层的方法。

（4）加拉加斯（委内瑞拉首都）地下铁路

加拉加斯地下铁路隧道构造体周围的地层处理采用了注浆工法。记录仪记录的复合参数与通常的贯入试验的结果之间存在着相关关系。

此外，数字钻孔参数记录仪还在里昂地下铁路工程、维也纳地下铁路工程现场、尼斯（法国）连续墙施工现场、卡斯蒂昂坝等工程中得到了应用。数字钻孔参数记录仪给出的结果均得到上述各地用户的好评。

8.3.8　小结

在地质调查、地层加固工程的管理中，使用数字钻孔参数记录仪的例子目前正在急剧增加。使用这种记录仪可以得出全部调查点的变化状况，而且费用最低（与取芯相比），数字化的数据可以长时间存贮。钻孔过程中即可存贮多种参数的数据，且有高速处理数据的能力。数字式钻孔参数记录仪的出现将在地质调查和地层加固领域中产生极大的影响。

8.4　旋转触探法

8.4.1　概述

确认地层强度的方法，以往大致上分为原位测试法和室内强度试验法两种。这些方法是在长期实践中确立的且已规范化，根据不同的调查目的和状况灵活选用。

原位试验法中有各种贯入试验法和荷载试验法，前者试验方法简便，操作时间也短，故通常使用较多。尤其是标准贯入试验，不仅可以得出多种土质的强度（N 值），还可以对试验区间内的土质进行取样，是目前利用率最高的调查方法。但是原位试验方法的试验对象均为土质地层。在固结强度高的泥岩、软岩或者固化处理后的地层中使用时，有的地层的强度超出了设备的上限。因此，对于这些高强度的地层，应使用室内强度试验确认其强度。

室内强度试验是把钻孔取芯（或者块状取样）的采样运回实验室对其整形，做成试块然后再进行抗压和剪切试验，求出地层的强度和常数。因为试验值是地层强度的原状指标，所以利用价值非常大。然而，在强度低的地层中使用这些试验方法时，又因钻孔取芯过程中或者把样芯运回实验室的途中，由于振动致使样芯折断或者产生细小裂纹的情形较多，故此这样得到的强度与原位强度的相关性与连续性均出现问题。另外，对难以取芯和整形的地层而言，司钻人员和试验者的水平等人为因素对结果的影响也较大。再有，由于花费时间长、费用高，故试验的数量受到限制。

由于水泥等固化地层的强度往往超过原位试验设备的适用范围,同时设计中预定的加固强度的目标也用一轴抗压强度表示,所以作为加固地层质量管理方法的地层强度试验,一般是把钻孔取芯的一轴抗压强度作为加固地层的一轴抗压强度。显然这种确定加固强度的方法存在着上述室内强度试验中产生的各种问题,再加上有限的部分取样评估加固工程总体质量的自身误差,所以很难由芯样的状况得到连续加固地层的强度特性。另外,近来注浆工法在砂层的加固中的作用不再是简单的抗渗,提高强度为目的的加固也屡见不鲜(如防止竖井基底隆起的加固)。但是,在未固结砂层甚至有的加固地层中,要想通过钻孔采样得到不扰动的芯样也是相当困难的,在讨论的多数工程中差不多均存在这个问题。对此也有使用贯入试验进行评估的情形,但是由于加固的强度目标一般定为一轴抗压强度,所以这种贯入试验始终是一种间接的评估方法。

本节介绍的旋转触探(Rotary Penetratio Test,简称 RPT)法(有人称之为 RS 法)是针对上述各种问题,特别是作为加固地层的质量管理方法,补充以往的探查方法的不足而开发的一种新方法。这种探查方法是根据钻孔时的钻孔阻力(钻头贯入推力、钻头扭矩)等参数,直接定量地评估地层强度的探查法。几年来通过大量的现场试验证实 RPT 法是一种较为实用的方法,它不仅适用于各种固化处理的地层,可以说从一般的土层到软岩,此法均可胜任,可见用途之广。该探查法的另一特点是简便、连续测定、迅速及可靠性高。本节叙述 RPT 法的基本原理、三角钻头 RPT 试验、刀形钻头 RPT 试验、多刃钻头 RPT 试验(以上三种试验均包括室内试验、试验结果的解析等)、RPT 实用机的构成介绍、RPT实用机的适用性试验、RPT 实用机现场实用的例子等。

8.4.2　三角钻 RPT 试验

这里介绍三角锥形钻头旋转触探法确认注浆加固地基效果(一轴抗压强度)的大型试验。

8.4.2.1　试验条件及方法

本试验在 4m×8m×4m 的大型土槽内,均匀地铺上一层 30cm 的粗砂,其粒度分布如图 8-35 所示。随后用振动辗加固形成一个模拟地层,重度 γ_t=1.9gf/cm³,渗透系数 K=$1×10^{-2}$cm/s。地层形成后按表 8-15 示出的注入条件注入。5 个注入孔的注入材分两种,一种是瞬结溶液型无机类,另一种是缓结溶液型无机类和溶液型有机类。使用双层管双液注入工法。注入范围在地下水位以下,设计注入量每孔 620L,各注入孔形成 50cm(半径)×300cm(高)的固结体。图 8-36 示出了注浆固结体的设计分布图。

旋转触探利用图 8-37(a)示出的液压式钻机,使其杆尖装有三角锥形钻头的钻杆,旋转贯入到注入的地层中,利用测力器,转矩传感器及位移计测定旋转贯入时的作用于锥体上的贯入推力旋转扭矩、贯入量(贯入速度)等参数。再有,锥尖钻头如图 8-37(b)所示,高 100m、底面为直径 50mm 的圆内接三角形的三角锥体。

因为注浆土的电阻率 ρ 远小于非注入土的电阻率,利用触探孔测定电阻率的变化与旋转贯入触探的结果作比较。结果表明,每个注入孔的固结土试块的一轴抗压强度 q_u,在深度方向上的分布均无大的变化,q_u 大致分布于 0.05~0.15MPa(平均值为 0.1MPa)区间内;破坏应变 1/2 处的应力应变曲线的斜率(E_{50})是 7~30MPa。

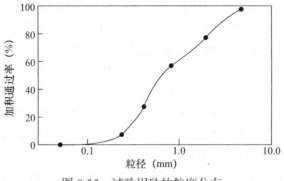

图 8-35 试验用砂的粒度分布

注入条件[1]   表 8-15

注入材	瞬结型（S）：溶液型无机类 缓结型（L）：溶液型无机类 溶液型有机类
注入率	37%
注入量	620L/孔
设计加固体尺寸	（半径）50cm×（高）300cm
注入孔数	5孔
注入速度	S：15L/min，L：15L/min

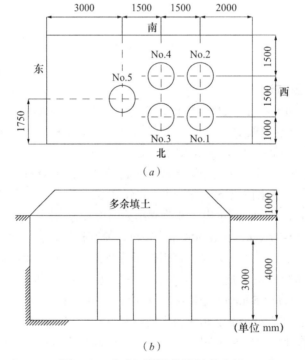

图 8-36 化注固结体的设计分布图
（a）平面图；（b）侧面图

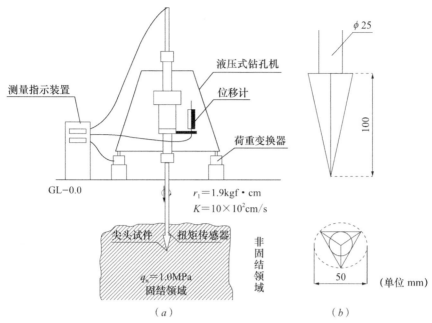

图 8-37　对应化注地层的旋转触探试验的概况图
（*a*）测量概况；（*b*）尖头抗体（三角锥形体）

8.4.2.2　试验结果

图 8-38（*a*）、（*b*）中示出了用旋转触探法得到的贯入速度的倒数 $1/v$、贯入推力 F、旋转扭矩 T 和钻孔能量比 E_s 与注入固结形状的对比。

这里选用贯入速度倒数曲线的原因是为与其他参数曲线吻合。另外，所谓的单位钻孔能量 E_s 是钻进单位体积时所需贯入能量和旋转所需能量的和，可用式（8-36）表示：

$$E_s = \frac{2\pi T \cdot n + F \cdot v}{10\pi \cdot r^2 \cdot v} \tag{8-36}$$

式中　E_s——单位钻孔能量（MPa）；

$\quad\quad n$——旋转数（r/min）；

$\quad\quad F$——贯入推力（kgf）；

$\quad\quad T$——旋转扭矩（kgf·cm）；

$\quad\quad r$——旋转半径（cm）；

$\quad\quad v$——贯入速度（cm/s）。

图 8-38（*a*）、（*b*）中同时还用虚线给出了非固结部位的测定结果，在非固结部位贯入速度的倒数 $1/v$、贯入推力 F、旋转扭矩 T 和钻孔能量比 E_s 在垂直方向上的值大致相等。与此对应的预定注入固结点的测量值（与非固结部位相比）、$1/v$、F、T 和 E_s 等全部增大。再有，图中还给出了钻进测定的注入固结体的形状，但是如果把两者进行比较，则可认定贯入阻力与固结部位及未固结部位的对应关系较好。例如，图 8-38（*a*）中判断为未固结部位 1.3m 深度附近的贯入推力 $F=30$kgf，旋转扭矩 $T=100$kgf·cm，与未固结部位测定值的结果大致相同。与此对应，判断为固结区域深度 0.5～1.0m 或大于 1.5m 处的 $F=$

180kgf，$T = 600$kgf·cm，与未固结部位的差异极为明显。通过贯入速度的倒数 $1/v$ 或者钻孔能量比 E_s 的对比，也可以进行固结、非固结的判定。另外，由图 8-38（b）也可以看到同样的倾向，从测量结果判定固结部位发生在深度 1.5m 或 2.0～30m 附近的位置上，与开挖后的形状大致对应。

图 8-39 中示出了电阻率 ρ 的倒数 $1/\rho$ 与贯入速度的倒数 $1/v$ 的固结形状的对比。这因为 ρ、v 的倒数与加固土强度的关系极为密切。由该图可知，$1/\rho$ 和 $1/v$ 在垂直向的变化规律大致一致，与固结形状的对应关系也比较好。因此，对于判定注入固结土的固结领域，旋转触探是一个适用性高的方法。

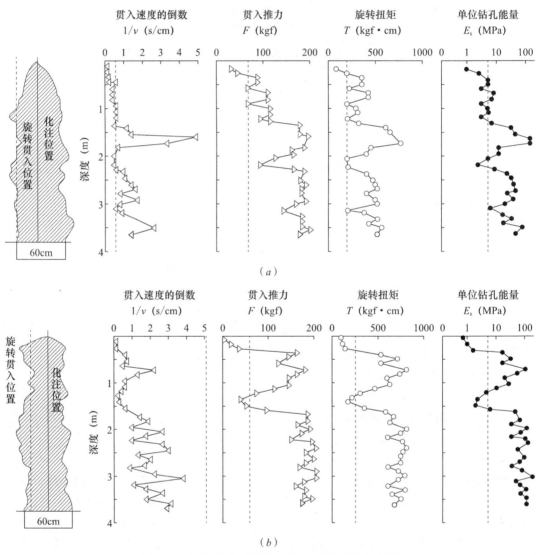

图 8-38　测定参数随深度变化的固结形状和比较

（虚线表示未固结部分的测定值）

（a）固结体 No.1；（b）固结体 No.3

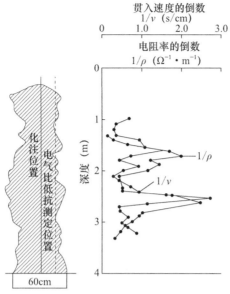

图 8-39 $1/\rho$、$1/v$ 与固结形状的比较

8.4.3 刀形钻头的 RPT 试验

这里通过以水泥加固处理土为对象的小规模试验，叙述利用旋转触探法确认加固处理地层质量的适用性。

8.4.3.1 试验方法

试验中使用的试体为如图 8-40（a）所示的深 1.0m、宽 1.0m、长 2.0m 的钢制土槽中添加水泥的固结砂层（添加水泥 5%、20% 两种）与未加水泥的砂层（未加固砂层）交错层状压密制成。试验中改变各层分布从层 1 到层 3 设置 3 层，钻杆的旋转速度设定为 80r/min，由钻头正上方钻杆的侧面喷水排除钻进土，同时旋转贯入。旋转触探时的测定项目是地面上的贯入量（贯入速度）、贯入推力、旋转扭矩三项。但是因为钻进用水通过钻杆，所以无法在杆内安装测定作用于钻头上的贯入推力和旋转扭矩的传感器。另外，钻头如图 8-40（b）所示呈刀形，刀刃旋转直径是 50mm。旋转触探是在水泥和土混合后，大约再经过 3 ～ 4 周的护养后进行的。

把各土层一轴压缩成试验用的芯样，同时做旋转贯入触探试验和抗压试验，并求出一轴抗压强度。添加 5% 水泥的固结砂层的平均一轴抗压强度 $\overline{q}_n = 0.4\text{MPa}$，平均变形系数 $\overline{E}_{50} = 40\text{MPa}$；添加 20% 水泥的固结砂层，其平均一轴强度 $\overline{q}_u = 2.5\text{MPa}$，平均变形系数 $\overline{E}_{50} = 50\text{MPa}$。

8.4.3.2 试验结果

1. 旋转贯入测定值的特性

图 8-41 中示出了三层的贯入推力 F、旋转扭矩 T 和贯入速度倒数 $1/v$ 的深度分布。图中明确地示出了各层一轴抗压强度（硬度）对应的各测量值的变化状况和各层的界面处测量参数值急剧变化。在这些图形中如果注意扭矩的深度分布，则在添加 20% 水泥的固结砂层中 $T = 800 \sim 900\text{kgf} \cdot \text{cm}$，在添加水泥 5% 的层中 $T = 250\text{kgf} \cdot \text{cm}$。未固结的砂层中的 $T = 20\text{kgf} \cdot \text{cm}$，各层的一轴抗压强度发生明显的变化。另外，贯入推力 F、贯入速度倒数 $1/v$ 的变化也同样与各层的一轴抗压强度相对应。

2. 用钻孔能量比评价加固土的强度

图 8-42 是把各试验层测得的参数代入式（8-68）算出的每 10cm 深度的钻孔能量比 E_s 与深度的关系。显然钻孔能量比与各层固结土的一轴抗压强度一一对应。且未固结的砂对应的钻孔能量比 $E_s = 0.2$MPa，添加 5% 水泥的固结砂 $E_s = 2 \sim 10$MPa，添加 20% 水泥的固结砂的 $E_s = 60 \sim 200$MPa。

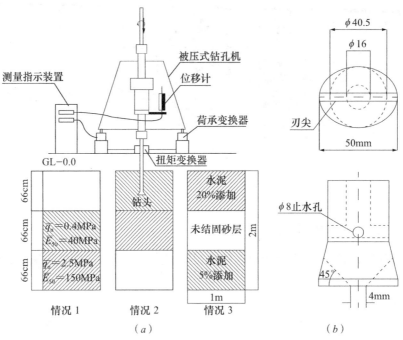

图 8-40 水泥稳定处理土旋转触探试验的简图
（a）土层构成；（b）钻头（刀头）

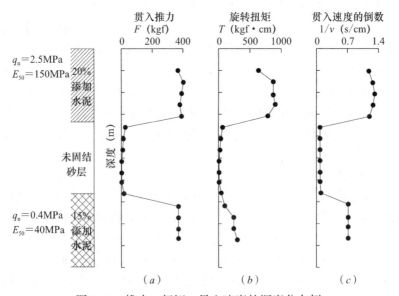

图 8-41 推力、扭矩、贯入速度的深度分布例

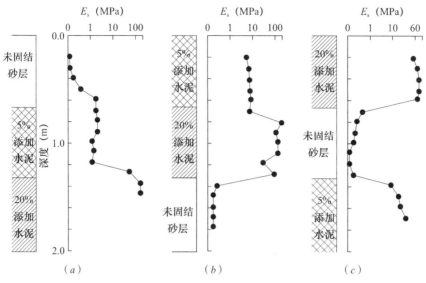

图 8-42   钻孔能量比 E_s 与深度的关系

（a）情形 1；（b）情形 2；（c）情形 3

8.4.3.3 小结

上述旋转贯入触探的试验结果可归纳为以下几点：

（1）观察三角锥形钻头旋转触探得到的贯入速度、推力或旋转扭矩等信息可以鉴别注浆地层的固结状态。

（2）刀形钻头的旋转贯入触探同样适于高强度的互交层态的水泥加固处理地层的触探，观察各层的测定参数值的大小，即可鉴别固结强度。

8.4.4 多刃钻头的 RPT 试验

RPT 的测量对象是地层作用于钻头刀片上的切削阻力。其主要测量贯入阻力（作用于切削刀片上的力的垂直分力）、贯入速度、旋转扭矩（切削刃上的水平分力）和转数（切削速度）。切削模式如图 8-43 所示。剪切型切削的场合下，刀刃上的剪切应力超过被切削土体（加固地层）的剪切阻力时，产生切削。切削的水平分力和垂直分力均正比于切削土层的剪切阻力。实际切削时，不一定只局限于剪切切削和龟裂切削，但是在测定加固地层切削中可以认为其能反映加固地层的破坏阻力（剪切阻力）。

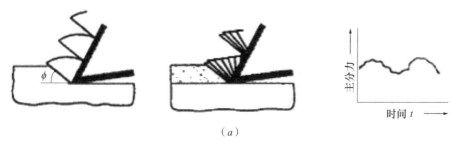

（a）

图 8-43   切削型破坏（一）

（a）剪切型切割

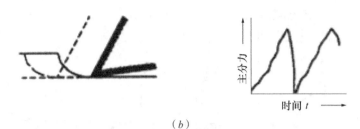

（*b*）

图 8-43　切削型破坏（二）

（*b*）裂缝型切割

为了调查 RPT 在深层搅拌处理工法质量确认中的适用性，事先进行了室内模拟试验和使用 RPT 实用机进行的现场试验。

8.4.4.1　试验方法

试验中使用的装置如图 8-44 所示。由气缸加压贯入杆降下，利用电动机带动贯入杆的旋转。贯入杆的尖头上安装有如图 8-45 所示的切削钻头，由尖头部位的刀刃切削试件。由位移计测定贯入速度，由荷载变换器测定贯入推力，由扭矩变换器测定旋转扭矩。

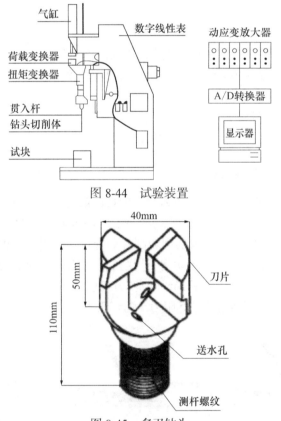

图 8-44　试验装置

图 8-45　多刃钻头

试件以细砂做试料，而且把一定量的普通硅酸盐水泥和自来水投入拌合，按要求的时间搅拌后投入模型中。固结后于水中养护直到试验日期止。表 8-16 中示出了试件的种类和 7d 养护的平均一轴抗压强度（$\overline{q}_{u7}$）。试验时，调整气缸的压力保证一定的贯入推力，贯入轴的转速固定在 80r/min，由切削钻头的送水孔注水，相当于旋转贯入。

试体的一轴压缩强度[1] 表 8-16

配比	$\overline{q}_{u7}$（MPa）
砂+水泥 2%	0.33
砂+水泥 3%	0.40
砂+水泥 5%（1）	1.19
砂+水泥 5%（2）	1.61
砂+水泥 8%	1.90
砂+水泥 13%（1）	5.08
砂+水泥 13%（2）	3.72

8.4.4.2 试验结果

图 8-46 为用双对数曲线表示的旋转贯入时测定的贯入速度 v、贯入推力 F 和旋转扭矩 T 的相互关系。由图 8-46（a）示出 v 与 F 的关系可以看出大致呈线性规律，试块的一轴抗压强度 $\overline{q}_{u7}$ 增大直线向左移动。从直线的斜率可以得出 $F \propto v^{1.7}$，从图 8-46（b）可以看出 v 与 F 呈线性关系，试块 $\overline{q}_{u7}$ 增大时直线向左移动，由直线的斜率可得 $T \propto v^{1.2}$；图 8-46（c）的 F 与 T 大致为直线，有 $T \propto F^{0.8}$ 的关系。另外，在图 8-46（a）、（b）中用虚线示出了无加固情形的试块的测定值，显然与其水泥加固试块的区别较大。

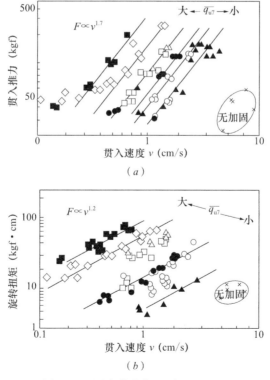

图 8-46 测定值的相互关系（一）
（a）贯入速度和贯入推力的关系；（b）贯入速度和旋转扭矩的关系

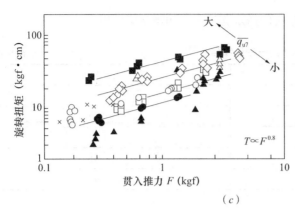

（c）

图 8-46 测定值的相互关系（二）

（c）贯入推力和旋转扭矩的关系

由此可知，由 RPT 测得的参数相互间存在指数关系，分布的位置取决于 $\overline{q}_{u7}$。当用这些测量参数构成试块 $\overline{q}_{u7}$ 的估算公式时，它是 v、F、T 的积型，即 $v^a F^b T^c$。这里为了确定系数 a、b、c 分别对 $\overline{q}_{u7}$ 和 $v \cdot F^b \cdot T^c$ 取对数，根据线性回归分析，使相关系数最大时求出的各系数分别为 $a=-1.1$，$b=0.65$，$c=-0.05$，故得式（8-37）。此时，$I(v^{-1.1}F^{0.65}T^{-0.05})$ 与 q_{u7} 的相关系数 r 是 0.88。

$$q_{u7}=0.16(v^{-1.1}F^{0.65}T^{-0.05}) - 0.79 \tag{8-37}$$

如果按相关系数 r 最大的条件求出各个系数，则 $a=-1$，$b=0.5$，$c=0.25$，得出式（8-38）。此时 q_{u7} 与 $I(v^{-1.1}F^{0.65}T^{-0.05})$ 的相关系数 r 为 0.93。

$$q_{u7}=0.12(v^{-1}F^{0.5}T^{0.25}) - 0.43 \tag{8-38}$$

比较式（8-37）和式（8-38），可知旋转扭矩 T 的指数的符号和数值均存在差异，这可推测为 T 受 I 的影响程度减小的原因。

图 8-47（a）、（b）分别示出了式（8-37）和式（8-38）用到的尺度所构成的值 $I(v^a F^b T^c)$ 与试块的一轴抗压强度 q_{u7} 的关系。图中也有离开回归直线的数据，从低强度到高强度大致分布均匀。由此可知，式（8-37）和式（8-38）作为 q_{u7} 的估算公式适用性高。

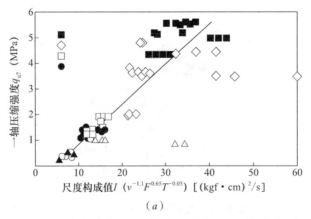

（a）

图 8-47 尺度构成值 I 和一轴抗压强度 q_{u7} 的关系（一）

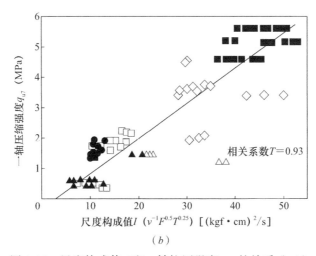

$$(b)$$

图 8-47　尺度构成值 I 和一轴抗压强度 q_{u7} 的关系（二）

8.4.5　RPT 实用机介绍

RPT 实用机的总体构成系统如图 8-48 所示；实用机外貌如图 8-49 所示；钻头结构如图 8-50 所示；遥感杆如图 8-51 所示。以专用遥感机（安装在钻机上的测量装置）为中心，由测量地层的钻孔阻力的遥感杆、数据记录器和地层解析系统构成。

在一定条件下，可从钻孔参数得出地层强度，而这个地层强度受上述钻头荷载和钻孔扭矩的支配。当这些测量工作在地表的钻机上进行的时候，随着钻孔深度的增大，钻杆与孔壁的摩擦增大，致使钻杆自身变形等因素，使地层强度的推算值的误差大增。

在主要目的为定量推算地层强度的 RPT 法中，测量各种钻孔参数的传感器的布设分地上与地下两种是其一大特征。测量中最重要的参数是钻头的荷载和钻孔扭矩，为了避免深度因素的影响，把这两种参数测量传感器设置在遥感杆的内部，钻头的正上方。另外，钻孔速度和钻头的旋转速度等钻孔条件参数，因不受深度影响，故可在地表的遥感机中设置检测机构。这些数据由数据记录器收集存储，用专用的软件解析地层的强度特性。

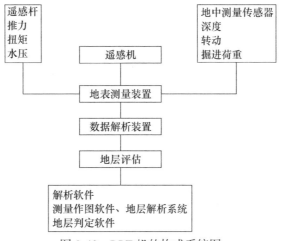

图 8-48　RPT 机的构成系统图

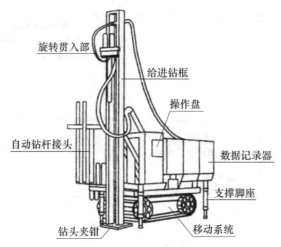

图 8-49 RPT 实用机

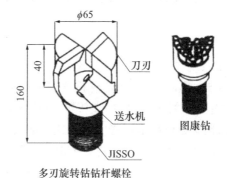

图 8-50 钻头结构图

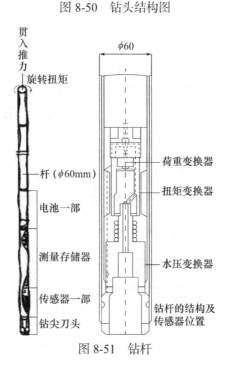

图 8-51 钻杆

8.4.5.1　遥感钻机

遥感钻机是为 RPT 法开发的专用钻孔机，它具有测量钻进速度（钻孔深度）、杆的旋转速度、钻孔机械产生的推力（推进荷载）和钻孔扭矩等功能。

对遥感钻机的要求是，可以准确地控制钻孔条件及给出大的钻孔能力。钻孔条件控制采用伺服自动控制和倒相控制两种方式。就钻孔能力而言，要求对高强度的地层应有定速钻孔的能力。但是，由于要求反力的原因，故机械的规模稍大了一些。

因为 RPT 法是测量钻孔阻力，即不取芯的钻孔作业的自身调查，故希望这种钻孔作业实现自动化。钻机的自动化应包括夹盘和夹具的开闭，钻杆旋转离合器的操作，钻进拔出，续接钻杆和套螺栓装拆及供给、存放作业等。RPT 法中使用的遥感钻机应具备上述作业功能，故根据要求开发了自动化程度不等的机械。现在已能生产从装在牵引车上的全自动化型，到刹车自动化型的实用三种遥感钻机。表 8-17 中示出了各种遥感钻机的性能。

遥感钻机的规格[1]　　　　　　　　　　　　　　表 8-17

项目	RS2500 型	RS2000 型	RS1000 型
旋转性能 旋转数（r/min） 旋转扭矩（kgf·m）	130/65 101/203	130/65 101/203	125/60 427
钻进性能 钻进力 拔出力 钻进速度（m/min） 拔出速度（m/min） 无荷钻进速度（m/mn） 钻进冲程（mm）	9800 9800 1.95 1.95 11.4 2600	6500 6500 1.95 1.95 11.4 2400	5940 7900 4.71 3.53 — 1100
液压伺服 钻进控制 旋转控制	有 有	无 无	无 无
掘进、拔出、操作	完全自动	按钮控制	按钮控制
液压动力源	牵引车内燃机	牵引车内燃机	电动
尺寸、重量 高度（mmn） 宽度（mm） 长度（m） 重量（kg）	4300（2400）2700（2200） 4500（4200）7500	4300（2400）2700（2200） 4500（4200）7500	4500（2400）2000（1600） 3290（3100）2500

8.4.5.2　遥感杆

当在杆的尖头处设置传感器，测量作用于钻头上的钻孔阻力的时候，若采用以往的有线形式提取测量信号，则给钻杆的安装、拆卸等作业及操纵带来致命的障碍。故本系统没有采用有线方式，而是采用两种方案：（1）以收藏于钻杆最下端内部的记忆装置存储数据，作业结束后将钻杆提到地表取出记忆装置，再将数据调出的存储式；（2）通过整个钻杆以磁路的形式把数据向地表做实时传送的实时式。这个测量传送系统总称为遥感杆，现在已进入实用阶段的为存储式。

遥感钻机的规格[1]   表 8-18

项目		规格
外形尺寸		$\phi = 60mm$，$l > 2000mm$
重量		15kgf（包括外管和安装电池）
钻头	尺寸	$\phi = 65mm$，$l = 160mm$
	重量	约 2kgf
传感器	贯入力	$0 \sim 2000kgf$，表式测力盒
	旋转扭矩	$0 \sim 32kgf \cdot m$，表式扭矩传感器
	水压	$0 \sim 3MPa$，表式水压计
测量存储	测量控制	CPU（Z80），按钮控制式
	条件设定	调量开始时回的设定
	取样间隔	3s，4s，5s，10s 选择设定
	RAM 记录容量	64KB
	记录次数	4000 次/4h
	使用电池	直流 6V（电池）
	数据传输	RS232c，用电缆向 PC9601 传送

存储式遥感杆如图 8-51 所示为双层杆结构，在内管的内部装有测量系统，外侧为钻孔水的通路。测量系统从钻头一侧起往上依次为传感器、数据存储器和电池。内管和钻头直接连接，不受深度影响使钻孔阻力的测量成为可能。表 8-18 中示出了遥感杆的性能。

钻孔刀头迄今为止可实用的有两种，一种是鱼尾型多刃旋转钻头，另一种为齿型钻头（图 8-50）可按地层种类的差异按需选用。

8.4.5.3 数据记录器和解析软件

测量时，因为遥感杆不是有线存储式。故某一深度的地中钻进阻力和地表的运转状态必须匹配，使其在时间轴上一一对应。因此，必须在钻孔开始前设定测量条件，遥感杆和数据记录器一旦连接，应立即指定开始测量的时刻和测量间隙，其后断开开始钻孔。

地上数据是遥感机的数据，测量中按测量条件逐次送入数据记录器，同时还可以监控。遥感杆的数据，在调查结束后收回钻杆，接上导线与地上的时间协调后原封不动地送入数据记录器。

把测量数据收录到软盘上，再用解析系统解析地层强度，并作各种输出。该解析系统由小型计算机（PC 系列）和软件系统构成。

8.4.6 RPT 实用机的适用性试验

作为由钻孔参数确定地层强度的解析方法，归纳起来有两种解析方法：① 用各种钻孔参数的测量数据确定表征钻孔效率指标的单位钻孔能量，进而将这个单位能量与地层强度对比，有关这些基础试验的验证工作已用 RPT 实用机进行过多次，多次试验的结果均表明其适用性较好；② 由钻孔参数的相关系数钻孔公式直接推算地层强度的方法。本节具体介绍有关这种方法的实用机的适用性试验。

8.4.6.1 试验方法

试验体是事先在土槽内铺放高强度的无纺布袋，把水泥或石灰类稳定材与软黏土混合。

试验体埋设于砂地层中。试验装置概况如图 8-52 所示。

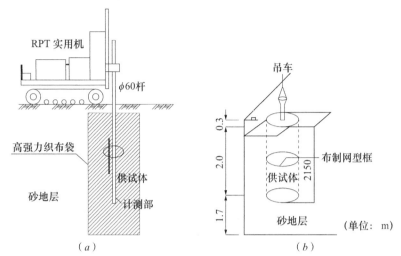

图 8-52 试验概况

（*a*）RPT 实施状况图；（*b*）试样制作概况

RPT 的实施日期选择在试体制作后大约经过 4 周的护养后进行，试验条件如表 8-19 所示。刀头的形状与图 8-50 的形状相同，但钻进外径为 65mm。控制贯入速度使旋转数固定，从钻削钻头送水孔注水的同时，将其旋转贯入试体进行试验。另外，表 8-20 示出了水泥类加固体和石灰类加固体 28d 养护后取芯的一轴抗压强度 q_{u28}。

试验条件[1]   表 8-19

测量参数	设定条件
贯入速度（mm/s）	2.5 ～ 15
贯入推力（kgf）	25 ～ 300
转数（r/min）	40，60，80
试体一轴抗压强度的目标（MPa）	0.1，0.5，1.3

采样取芯的一轴抗压强度 q_{u28}[1]   表 8-20

柱体（号）	部位	目标强度（MPa）	取芯一轴抗压强度 q_{u28}（MPa）		备注
			水泥类固化材	石灰类固化材	
1	上部 下部	0.5 0.1	0.28 0.23 0.05* 0.05*	0.08 0.04	添加量 150kg/m³ 添加量 50kg/m³
2	上部 下部	0.5 0.1	0.49 0.43 0.09* 0.09*	0.05 0.05	

续表

柱体（号）	部位	目标强度（MPa）	取芯一轴抗压强度 q_{u28}（MPa）		备注
			水泥类固化材	石灰类固化材	
3	上部 下部	3 1	2.84 3.66 1.77 0.07	0.91 0.61 0.18 0.16	添加量 450kg/m³ 添加量 250kg/m³
4	上部 下部	3 1	3.43 2.73 1.63 1.11	0.88 0.68 0.28 0.26	
5	上部 下部	1 0.1	1.35 1.17 0.15* 0.15*	0.30 0.14	
6	上部 下部	1 0.1	0.99 1.84 0.15* 0.15*	0.03 0.38	
7	上部 下部	3 0.5	3.31 3.93 0.57 0.40	0.71 0.52 0.06* 0.07*	
8	上部 下部	3 0.5	1.88 2.63 0.33 0.23	0.55 1.00 0.05 0.04	

* 芯样的直径 $\phi50mm$，其他 $\phi80mm$。

8.4.6.2　试验结果

图 8-53 在两对数轴上示出了由试验得到测定值的相互关系。由图 8-53（a）可知，v 和 F 之间像模型试验那样存在着线性倾向。另外，试体的一轴抗压强度 q_{u28} 增大，直线向左移动。由直线的斜率可以得出水泥类固化材 $F \propto v^{2.5}$，石灰类固化材 $F \propto v^{1.5}$。图 8-53（b）中 v 与 T 的关系。由图可知，两者不相关。图 8-53（c）示出 F 与 T 的关系。不论水泥固化材还是石灰固化材的测定值均分布于图中直线附近，q_{u28} 大的分布于右侧。

图 8-54 示出了把测量值代入由室内试验得到式（8-38）的尺度构成值 I（$v^{-1}F^{0.5}T^{0.25}$）与添加水泥类或者石灰类固化材的试体的一轴抗压强度 q_{u28} 的关系。图中还示出了用虚线表示的模型试验结果。从图 8-54 可以看出，I 与 q_{u28} 相关性高，但对同一个 q_{u28} 的试验体进行比较，发现使用实用机试验得到的 I 比室内试验的 I 值大。另外，使用室内模型装置的试验与使用实用机的试验中试件的护养天数不同，为了实施 RPT，在护养终结时，即进行测定，故对养护天数的差异，未做特殊考虑。

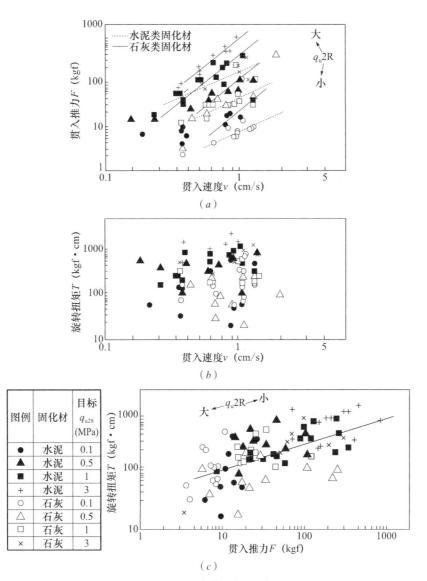

图 8-53 测定值的相互关系

（a）贯入推力和贯入速度的关系；（b）旋转扭矩和贯入速度的关系；（c）旋转扭矩和贯入推力的关系

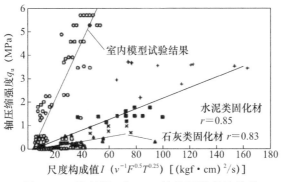

图 8-54 尺度值 I 和 q_u—轴抗压强度的关系

8.4.6.3　适用性试验的结论

由两个适用性试验的结果可知，由测量参数（v，F，T）构成的尺度构成值 I 与评价地层加固指标的一轴抗压强度 q_u 的相关性较高。由此可以看出，RPT 就作为用水泥与石灰做深层搅拌工法的质量管理的方法而言，其适用性较好。另外，如图 8-54 所示，两个适用试验中的 $I(v^{-1}F^{0.5}T^{0.25})$ 与 q_u 的关系存在着差异。两者的主要不同点是试件中使用的材料（室内模型试验为细砂，实用机试验为软黏土）和安装于贯入刀头中的切削体的尺寸不同。因此，可由土层特性调查的结果和切削体的尺寸的差异，找出尺度构成值 $I(v^{-1}F^{0.5}T^{0.25})$ 的变化倾向。所以在实施 RPT 时，事先必须掌握使用的切削钻头与被调查的土层特性的 I 与 q_u 变化关系的曲线。

8.4.7　现场适用的举例

以往的地层强度调查法和试验法，根据目的不同可分别用特有的尺度表征。

作为利用 RPT 法解析地层强度的例子，这里示出了 RPT 法在典型的室内强度试验的一轴抗压强度和典型原位试验标准贯入试验值上适用的例子。结果表明由 RPT 法解析得到的结果与以往试验法的相关性极高。

8.4.7.1　固化处理地层的适用实例

如前所述固化处理地层的加固强度，通常用一轴抗压强度 q_u 管理，因此 RPT 法的解析就是从测量结果推算一轴抗压强度。图 8-55 是对应深层搅拌处理工法加固地层的 RPT 法的试验结果，图中示出的是测量参数及地层强度解析结果的例子。同时还示出了实测的一轴抗压强度。就解析地层的强度而言，因为钻孔参数的测量数据是连续的，故可以连续地掌握加固柱体的强度特性。另外，此时实测的一轴抗压强度与换算得来的一轴抗压强度的相关系数 $r=0.82$，显而易见相关性较高。

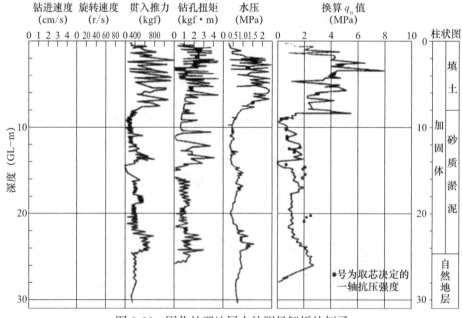

图 8-55　固化处理地层中的测量解析的例子

8.4.7.2 自然地层上的适用实例

自然地层的各种原位试验中,最普通的试验应属标准贯入试验得到的 N 值。因此,有关自然地层强度 RPT 法的解析,目前除了可以推算一轴抗压强度 q_u 值外,还可以推测 N 值。图 8-56 是实测自然地层钻孔参数和推算 N 值的实例。现场钻孔调查结果,7m 以上是填土,再下面由未固结的细砂和淤泥。此时的实测 N 值和换算 N 值的相关系数 $r=0.92$。可见,原位 N 值相关系数比前面叙述的取芯的一轴抗压强度的相关系数更高。另外,图 8-56 还示出了深度 19m 附近水压变化状况,今后可望开展由地下水压信息表征地层物理性质的研究工作。

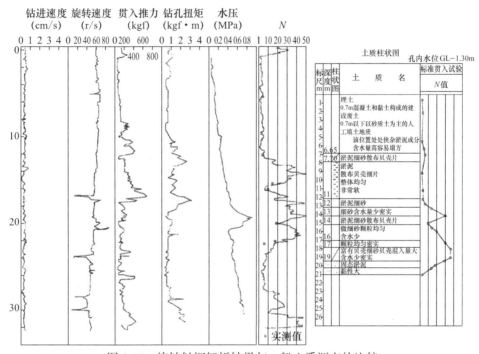

图 8-56　旋转触探解析结果与一般土质调查的比较

8.4.8 小结

新的原位调查法——旋转触探法是通过测量解析钻孔参数,推算各种地层(不论是原状地层还是加固地层)强度的方法。不过现时的数据还不是很充足,这里介绍的一轴抗压强度和 N 值,或者其他形式的地层强度值定量化的使用,均可给人们一个满意、肯定的结果。

RPT 调查法的最大优点,即它是钻孔自身的调查,其数据可用小型计算机处理,从调查到解析所需的时间极短,结果的输出也较容易,由于遥感钻机的操作自动化,故施工简便且安全性得以提高。另外,调查时操作人员技术水平等因素对测量结果的影响可以排除。

但是用 RPT 法推算地层强度时,每个现场的推算值都必须与以往的试验值进行对比并作一些必要的修正。此外,目前还必须与以往的根据调查目的确定的试验方法并用。另外,因为是无岩芯钻探，所以目前土质判别还须按钻进排出物进行管理。但是如果预先掌握附近一个孔的数据，则可由水压和钻孔扭矩的变化判定地层的土质。

如上所述，目前 RPT 法的主要用途是用来作为管理地层加固效果的方法，可以说这是一种最有效的方法。另外，因为是存储数据，地层强度的推算精度高。故完全可以确信这是一种可靠性高的调查方法。

8.5　电探法

这种方法的基础原理是通过设于地表或地中的电极在地中建立电流场，并使其场域与注浆域重合。未注浆之前电流场域中的介质是纯土，而注浆后该域内的介质是土和浆液的混合体注入方式不同（混合形式不同），故两者的电参数（电阻率、电阻）发生变化。对水玻璃和水泥浆液而言，电阻、电阻率均呈下降趋势。用测量装置测出注浆后的电阻、电阻率的下降状况，判断注浆效果（范围、土层、力学性质和抗渗性能）的方法称之为电探法。本节详细叙述几种电探法的原理、室内及现场实用报告等内容。

8.5.1　室内土槽电参数测定法

8.5.1.1　土、浆液及其混合体的电阻和电阻率及土槽测定法

1. 电阻和电阻率的定义

这里给出电阻及电阻率的概念。如图 8-57 所示，在长度为 l、截面积为 S 的塑料箱内放入土体或浆液，并在两端贴上电极（A、B），两极间加电源 E。设流过电流表的电流为 I，则中间两框形电极 M、N 间的土体或浆液的电阻为：

$$R_{MN} = V_{MN} / I \tag{8-39}$$

式中　V_{MN}——电源电压（V）；

　　　　I——通过电流（A）；

　　R_{MN}——电阻（Ω）。

试验发现 R_{MN} 与 l 成正比，与 S 成反比，即：

$$R_{MN} = \rho_{MN} \frac{l}{S} \tag{8-40}$$

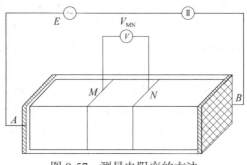

图 8-57　测量电阻率的方法

式（8-40）可改写成：

$$\rho_{MN} = R_{MN} \cdot \frac{l}{S} = \frac{V_{MN}}{I} \cdot \frac{S}{l} \tag{8-41}$$

式中 l——长度（m）；

S——截面积（m²）；

ρ_{MN}——电阻率，其含义为 1m³ 正方体的某种介质所呈现的电阻值（Ω·m）。介质的 ρ_{MN} 越大，其导电性越差；反之，则反。

2.决定土、浆液及混合体电阻率的因素

（1）土体的电阻率

① 影响土体电阻率的因素

影响土体电阻率的因素较多，但主要因素是土质的种类、成分、结构、密度、粒径、含水量及温度等因素。通常砾石、砂和黏土淤泥的电阻率大；土体中的有机物质多，则电阻率小；密度大的电阻率大；土体的含水量大，电阻率小；间隙率小，电阻率大；温度升高，电阻率增大；在球形等粒径的情形下，球体颗粒的电阻率 $\rho_{颗}$ 远大于间隙地下水的电阻率 $\rho_{水}$。有人指出在间隙率为 47.64% 时，$\rho_{颗} = 2.65\rho_{水}$；间隙率为 25.94% 时，$\rho_{颗} = 5.19\rho_{水}$。不过这一关系仅限于砂、砾石。黏土的存在会导致电阻率下降，但电阻率的下降与土的特性参数的机理关系目前尚未弄清。就黏土而言，电阻率大者，一轴抗压强度大。

② 地下水均匀贯通的球形颗粒土的电阻率

众所周知，土由土颗粒、水、空气组成，本节研究讨论的是空气含量较少的情形，这里略去其影响，故多数土体可视为由均匀贯通的地下水和不同形状的土颗粒组成。土体的电阻率取决于地下水的电阻率及含量、土颗粒的形状、粒径排列形式。可以证明：当 $\rho_{水} \ll \rho_{颗}$ 时，有如下关系：

$$\rho_{土} = \rho_{水} \frac{3 - V_{水}}{2V_{水}} \tag{8-42}$$

$$R_{土} = R_{水} \frac{3 - V_{水}}{2V_{水}} \tag{8-43}$$

式中 $\rho_{水}$、$\rho_{土}$——地下水及土体的电阻率；

$V_{水}$——地下水的体积百分比。

由式（8-43）可知孔隙率较小时，$\rho_{土}$ 几乎与孔隙率成反比，此时 $V_{水}$ 的微小变化可引起 $\rho_{土}$ 的较大变化；$\rho_{土}$ 与 $\rho_{水}$ 成正比。$\rho_{水}$ 取决于地下水中的导电离子的数量，电荷量及迁移速度，三者越大，$\rho_{水}$ 越小，土的电阻率越小；反之，则相反。

（2）浆液的电阻率 $\rho_{浆}$

$\rho_{浆}$ 的大小与浆液中的正负离子的数量、所带电荷的量及离子的迁移速度成反比。即满足下式：

$$\rho_{浆} = (e^{+} n^{+} v^{+} + e^{-} n^{-} v^{-})^{-1} \tag{8-44}$$

式中 e^{+}、e^{-}——浆液中正负离子所带的电荷；

n^{+}，n^{-}——浆液中正负离子的数目；

v^{+}，v^{-}——浆液中正负离子的迁移速度。

浆液中正负离子数量越多，所带电荷量越大，迁移速度越快，则浆液的电阻率越小；

反之，则相反。显然浆液的浓度越大，$\rho_{浆}$越小。

（3）土体与浆液混合体的电阻率和电阻

这里讨论的土体与浆液的混合体，系指孔隙水为地下水的土体与浆液的混合体。影响混合体电阻及电阻率的因素较多，它和浆液与土体的混合形式、浆液与土体的百分比、土质的种类及浆液的成分等因素有关。不过总的来说有下列规律：混合后混合体的电阻和电阻率与混合前的土体的电阻和电阻率相比要下降；浆液越多下降程度越大，浆液少下降程度小；浆液中导电离子多，电阻及电阻率下降得多，反之，下降程度小；对砾石、砂等孔隙率大的土体而言，下降程度大；对黏土、淤泥等粒径小的土体而言，下降程度小。通常由试验确定。

3. 电阻率的土槽测定法

本节研究中设计的测量装置的原理图与图 8-57 完全相同。不过图中的信号源为音频发射源（自制设备），其电流稳定度优于 5×10^{-2}。V_{MN} 晶体管视频毫伏表 DA-16，测量精度为 10^{-2}。将测得的 V_{MN}、I 分别代入式（8-39）、式（8-41），即可得出土体、浆液及混合体的电阻和电阻率。

8.5.1.2 测量结果

1. 黏土的测定结果

（1）黏土电阻与截面积的关系

测量结果见表 8-21（a）、（b）。

灰色黏土电阻与截面积关系[1] 表 8-21（a）

l（cm）	24	24	24	24	24	24	备注
$S=30 \times 35$（cm²）	$S/4$	$S/3$	$S/2$	$2S/3$	$3S/4$	S	土样取自上海市人民广场地铁站开挖现场当场试验（灰色黏土）
$R_{MN土}$（Ω）	62	45.6	30.01	23.5	20.78	16	
$\rho_{MN土}$（Ω·m）	6.78	6.650	6.564	6.854	6.847	7	$\overline{\rho}_{MN土}=6.78$
$V_{MN土}$（V）	1.27	0.935	0.617	0.482	0.426	0.328	
I（mA）	20.5	20.5	20.5	20.5	20.5	20.5	

灰色淤泥黏土电阻与截面积关系[1] 表 8-21（b）

l（cm）	20	20	20	20	20	20	备注
$S=24 \times 16$（cm²）	$S/4$	$S/3$	$S/2$	$2S/3$	$3S/4$	S	土样取自上海市人民广场地下变电站南口开挖出土，运回所内（灰色淤泥黏土）试验
V_{MN}（V）	0.930	0.697	0.477	0.346	0.307	0.241	
I（mA）	4.42	4.42	4.42	4.42	4.42	4.42	
$R_{MN土}$（Ω）	210.41	157.81	108	108	69.5	54	
$\rho_{MN土}$（Ω·m）	10.10	10.09	10.36	10.36	10.00	10.46	$\overline{\rho}_{MN土}=10.1$

（2）黏土电阻与长度的关系

测量结果见表 8-22（a）、（b）。

灰色黏土电阻与长度关系[1]   表 8-22（*a*）

l（cm）	12	18	24	36	
$S=30\times35$（cm^2）	S	S	S	S	
V_{MN}（V）	0.16	0.235	0.31	0.47	
I（mA）	20.5	20.5	20.5	20.5	
$R_{MN土}$（Ω）	7.8	11.4	15.1	22.9	
$\rho_{MN土}$（Ω·m）	6.825	6.69	6.62	6.68	$\overline{\rho}_{MN土}=6.7$

灰色淤泥黏土电阻与截面积关系[1]   表 8-22（*b*）

l（cm）	10	15	20	25
$S=24\times16$（cm^2）	S	S	S	S
V_{MN}（V）	0.14	0.18	0.24	0.315
I（mA）	4.42	4.42	4.42	4.42
$R_{MN土}$（Ω）	26	40.5	54.5	71.3
$\rho_{MN土}$（Ω·m）	9.98	10.36	10.46	10.95

（3）干黏土加水电阻值的测量结果

测量结果如表 8-23 所示。

干黏土加水电阻值[1]   表 8-23

参数 黏土样品	*l*（cm）	S（cm^2）	V_{MN}（V）	I（mA）	$R_{MN土}$（Ω）	$\rho_{MN土}$ （Ω·m）
干黏土	36	24×7.5	0.97	0.083	11.68×10	584
干黏土加自来水	36	24×7.5	0.215	0.25	860	43

注：上海市人民广场地下变电站土样晒干。

2. 砂的测量结果

测量结果如表 8-24 所示。

干砂加水电阻值[1]   表 8-24

参数 样品建筑用砂	*l*（cm）	S（cm^2）	V_{MN}（V）	I（mA）	$R_{MN土}$（Ω）	$\rho_{MN土}$ （Ω·m）
干砂	46	34×10.5	1.42	0.104	13.65×10	105.9×10
干砂加满水（浸没）	46	34×10.5	0.511	0.773	661.65	51.35

3. 地下水、自来水的电阻及电阻率的测定

（1）地下水电阻与电阻率的测定

地下水的电阻与电阻率的测定结果如表 8-25（*a*）、（*b*）所示。地下水取自上海市人民广场北端头井开挖现场。

地下水电阻与截面积关系[1]　　　　　　　　　　　　　　　　　　表 8-25（*a*）

l（cm）	42	42	42	42	42	42
$S=30\times35$（cm²）	$S/4$	$S/3$	$S/2$	$2S/3$	$3S/4$	S
V_{MN}（V）	2.009	1.486	0.994	0.742	0.664	0.494
I（mA）	20.5	20.5	20.5	20.5	20.5	20.5
$R_{MN土}$（Ω）	98	72.5	48.5	48.5	32.4	24.1
$\rho_{MN土}$（Ω·m）	6.125	6.04	6.62	6.62	6.075	6.025

地下水电阻与长度的关系[1]　　　　　　　　　　　　　　　　　　表 8-25（*b*）

l（cm）	12	20	28	36
$S=30\times35$（cm²）	S	S	S	S
V_{MN}（V）	0.143	0.235	0.332	0.435
I（mA）	20.5	20.5	20.5	20.5
$R_{MN土}$（Ω）	6.971	11.466	16.21	21.26
$\rho_{MN土}$（Ω·m）	6.1	6.02	6.08	6.2
				$\bar{\rho}_{MN水}=6.1$

（2）自来水电阻与电阻率的测定

测定结果如表 8-26 所示。表中 $R_{自}$、$\rho_{自}$ 分别为自来水的电阻和电阻率。

自来水电阻与电阻率的测定结果[1]　　　　　　　　　　　　　　　表 8-26

样品　＼　参数	l（cm）	S（cm²）	V_{MN}（V）	I（mA）	$R_{自}$（Ω）	$\rho_{自}$（Ω·m）
自来水	46	34×14	0.204	0.409	498.8	51.61

4. 水泥浆液的电阻及电阻率的测定结果

（1）水泥浆液的配比

水泥 2kg；粉煤灰 3kg；水玻璃 50g；自来水 4kg。

（2）水泥浆液电阻与截面积的关系（表 8-27*a*）。

水泥浆液电阻与截面积的关系[1]　　　　　　　　　　　　　　　　表 8-27（*a*）

l（cm）	42	42	42	42	42	42
$S=30\times35$（cm²）	$S/4$	$S/3$	$S/2$	$2S/3$	$3S/4$	S
V_{MN}（V）	0.820	0.595	0.369	0.287	0.256	0.206
I（mA）	20.5	20.5	20.5	20.5	20.5	20.5
$R_{MN土}$（Ω）	41	29	18	14	12.5	10.06
$\rho_{MN土}$（Ω·m）	2.5	2.416	2.25	2.33	2.34	2.5

$\bar{\rho}_{MN}=2.39$Ω·m

（3）水泥浆液电阻与长度的关系（表8-27*b*）。

水泥浆液电阻与长度的关系[1]　　　　　　　表 8-27（*b*）

l（cm）	12	20	28	36
$S = 30 \times 35$（cm^2）	S	S	S	S
V_{MN}（V）	56.17	95.94	131.4	167.9
I（mA）	20.5	20.5	20.5	20.5
$R_{MN \pm}$（Ω）	2.74	4.68	6.41	8.19
$\rho_{MN \pm}$（Ω·m）	2.4	2.45	2.403	2.388

$\overline{\rho}_{MN} = 2.41 Ω·m$

5. 黏土与水泥浆液混合体的电阻的变化规律

（1）层状混合时层理向电阻随混合比改变而改变的例子的实测数据，分别见表8-28（*a*）、表8-28（*b*）。

黏土浆液混合电阻与混合比的关系[1]　　　　　　表 8-28（*a*）

序号\参数	L（cm）	g（cm）	厚度 黏土（cm）	厚度 浆液（cm）	混合体积比（$x\%$）	V_{MN}（V）	I（mA）	R_{MN}（Ω）	备注
1	36	24	16	1.59	10	0.3	4.42	67.8	无浆液加入之前 $R_{MN} = 94.79Ω$
2	36	24	16	2.38	14.6	0.25	4.42	56.56	
3	36	24	16	3.18	19.8	0.21	4.42	47.5	
4	36	24	16	3.98	24.8	0.185	4.42	42	
5	36	24	16	4.78	39.8	0.165	4.42	37.3	

浆液砂混合电阻与混合比的关系[1]　　　　　　表 8-28（*b*）

序号\参数	L（cm）	g（cm）	厚度（cm）砂	厚度（cm）浆	混合比（$x\%$）	V（V）	I（mA）	$R_{混}$（Ω）
1	64	32	7.5	0.25	3.3	0.849	3.81	222
2	64	32	7.5	0.5	6.7	0.534	3.81	140
3	64	32	7.5	0.75	10	0.434	3.81	114
4	64	32	7.5	1	13.3	0.372	3.81	97
5	64	32	7.5	1.25	16.7	0.328	3.81	86
6	64	32	7.5	1.5	20	0.286	3.81	75
7	64	32	7.5	1.75	23.3	0.257	3.81	67
8	64	32	7.5	2	26.7	0.233	3.81	61

（2）黏土浆液混合体凝结过程中电阻变化的数据如表 8-28（a）、（b）所示。表 8-28（a）是黏土 420mm×350mm×200mm 与浆液 420mm×350mm×90mm 混合的情形。表 8-28（b）是黏土 640mm×320mm×75mm 与浆液 640mm×320mm×20mm 混合的情形。

6. 砂与浆液混合体电阻变化的观测

（1）浆液渗入细砂（粒径 0.1 ～ 0.2mm）时混合体电阻与混合比的关系如表 8-29 所示。

浆液渗入砂时电阻与混合比的关系[1]　　　　　　　　表 8-29

序号　　参数	L（cm）	g（cm）	厚度（cm）		混合比（x%）	V（V）	I（mA）	$R_混$（Ω）
			砂	浆				
1	46	34	10.5	0.88	8.2	0.3	0.40	750
2	46	34	10.5	1.32	12.3	0.15	0.42	357
3	46	34	10.5	1.76	16.4	0.11	0.42	261
4	46	34	10.5	2.2	20.5	0.079	0.43	188
5	46	34	10.5	2.64	25.1	0.072	0.43	167

（2）砂中渗入浆液过程中混合体电阻的变化

砂中渗入水泥浆液时混合体的电阻随时间变化线的测定试验。试验是在 460mm×340mm×180mm 的塑料槽内进行的，首先加入 105mm 厚的砂和少许自来水，测得其阻值 $R_混 = 0.265V/0.48mA = 552Ω$，随后加入 35mm 厚的水泥浆，测其电压的变化，然后算出电阻，并记录电阻随时间的变化情况，对应的数据见表 8-30（c）。

8.5.1.3　小结

通过上面两节对黏土、砂、地下水、自来水、水泥液及其混合体的电阻及电阻率的测定，可得出以下规律（表 8-30a、b、c）。

（1）这些介质及其混合体均符合欧姆定律，即有 $R = \rho l/S$。其中 R 为介质（土、砂、地下水、浆液等）的电阻，ρ 为该介质的电阻率，l 为介质长度、S 为面积。

（2）通常情况下，就电阻率而言，$\rho_砂 > \rho_土 > \rho_自 > \rho_水 > \rho_浆$；就电阻而言在体积相同的条件下，存在 $R_砂 > R_土 > R_自 > R_水 > R_浆$，以上两点是电法检测注浆效果的重要依据。

电阻随时间变化情况[1]　　　　　　　　表 8-30（a）

（1991 年）时刻 t	8月3日	4 日	5 日	6 日	7 日	8 日	10 日	备注
电压 V（V）	1.93	2.25	2.5	2.78		3.15	3.99	黏土 420mm×350mm×200mm 浆液 40mm×350mm×90mm 混合体电阻随时间变化
电流 I（mA）	1.6/20	1.7/20	1.76/20	1.8/20		1.82/20	2.1/20	
电阻 R（Ω）	24	26.5	28.5	30.9		35.1	38.2	

电阻随时间变化情况[1]　　　　　　　　　　　　　　　表 8-30（b）

（1992年）时刻 t	7月14日								7月16日 9：30	7月20日 7：55	7月22日 8：00	7月27日 8：00	8月3日 8：00	8月10日 8：00	8月24日 8：00
	未加浆 8：30	加浆 8：32	13：30	13：40	13：50	14：00	15：00	18：00							
电压 V（V）	2.672	0.233	0.277	0.348	0.356	0.360	0.4	0.402	0.405	0.913	0.93	0.96	0.983	1.04	0.865
电流 I（mA）	3.88	3.81	3.81	3.81	3.81	3.81	3.81	3.81	3.7	3.29	2.8	2.41	2.21	2.14	1.85
电阻 R（Ω）	668	61	72	91	93	94.5	104.9	104.9	109	277	332	398.3	445	485.9	467.5

电阻随时间变化情况[1]　　　　　　　　　　　　　　　表 8-30（c）

（1992年）时刻 t	7月16日							1992年 7月20日	7月22日	8月1日	8月10日	8月18日	8月25日
	未加浆 11：20	加浆 11：30	12：00	13：00	14：00	15：00	17：00						
电压 V（V）	0.264	0.0329	0.0307	0.0295	0.029	0.0301	0.0338	0.062	0.063	0.0826	0.107	0.111	0.118
电流 I（mA）	0.48	0.436	0.436	0.437	0.431	0.438	0.439	0.433	0.437	0.264	0.26	0.25	0.26
电阻 R（Ω）	550	75.4	70.4	67.5	66.3	68.4	77.1	97.4	145.5	312.05	411.5	444	454

（3）对同一类土质而言，含水量高的土体的电阻率较含水量低的土体的电阻率要小。

（4）对饱和态的土和砂而言，孔隙率越大，电阻率越小；反之，则相反。

（5）对地下水、自来水、浆液等液态介质而言，介质中的带电离子数越多，移动速度越快，带电量越大，电阻率越小；反之，亦相反。

（6）浆液与土体的混合比（体积比）越大，混合体的电阻 $R_混$ 和电阻率 $\rho_混$ 越小。

（7）由浆液注入黏土和浆液渗入砂中的试验结果可知，混合体凝结过程中 $R_混$ 和 $\rho_混$ 随时间的变化规律如下；浆液进入土体 $R_混$ 即刻由 $R_土$ 降到 $R_混$，跌落幅度很大，然后弛豫几分钟至几十分钟（AB 段）。此外，随着时间的增长，$R_混$ 逐渐开始增大，直到水泥龄期时，$R_混$ 增大到 $R_自$（BC 段），此后 $R_混$ 的值平稳到该值处（CD 段）。由此可知，在 AB 段检测浆液的存在是最好的时机（灵敏度最高），BC 段差之，而 CD 段几乎不能检测。

（8）层状混合时层理向电检测优于垂直层理向电检测。

（9）土槽试验中的土样是开挖现场相对土层的土样，浆液是按设计的配比配制或用现场的浆液。因此土槽的测定结果实质上是地下注浆情形的模拟。土槽试验的结果直观、清晰、明显，对现场检测结果起验证、定标作用。较用其他方法验证（如静力触探）更简单、明了，更能使人信服。浆液的检测结果是某范围内的平均值，而静力触探等方面的结果是点探查的结果，故偶然性太大。

另外，土槽试验可以得出各种土质、地下水、浆液及混合体、混凝土……多种介质的电阻率，这就为研究上述介质的电参数与物理参数间的相关关系奠定了基础。如有了这些关系，那么反过来我们可以用电测法在地表面测定地下土层的一些难以测定的物理参数与力学参数，使一些棘手的测量工作得以实现，使检测工作再上一个台阶。

8.5.2 孔内电阻率法在注浆范围探查中的应用

8.5.2.1 原理

将通常的地表四极型温纳剖面法或偶极-偶极剖面法的电极布设图旋转90°，借助于钻孔竖直地布设于地中，示意图如图8-59所示。对注浆效果探查而言，可把电极A、B、M、N直接绕在注浆外塑料管上，插入钻孔中。就图8-59所示的温纳法而言，测出的电阻率是以M、N的中点O为圆心，以a为半径（以下称作深度半径记作r）的圆上各点的视电阻率。

$$\rho_a = 4\pi a \frac{V}{I} \tag{8-45}$$

对四极型偶极-偶极法而言：

$$\rho_a = 2\pi \cdot n(n+1)(n+2)a\frac{V}{I} \tag{8-46}$$

式中 ρ_a对应的深度半径$r = \dfrac{(n+1)}{2}a$。

设视电阻率的比

$$\xi = \frac{\rho_{al}}{\rho_{af}} = \frac{V_l}{V_f} \cdot \frac{I_f}{I_l} \tag{8-47}$$

式中 ρ_{al}、ρ_{af}——注浆前后r圆上各点的视电阻率；

$\quad V_f$、V_l——注浆前后的电压；

$\quad I_f$、I_l——注浆前后的电流。

若$I_f = I_l$，则：

$$\xi = \frac{V_l}{V_f} \tag{8-48}$$

显然可由试验得出的ξ-r的关系，知道浆液的分布状况。

8.5.2.2 现场探查试验

试验现场的注入土层为淤泥夹砂土型静力触探测得的$q_c = 0.2 \sim 0.3$MPa。试验中使用的浆液的成分配比见表8-31，注入压力0.3MPa，注入量2880L/孔，160L/节，孔距2m，排距1m，到连续墙的距离0.5m。

试验中使用浆液成分配比 [1]   表8-31

水泥	粉煤灰	陶土	水	水玻璃
100	70	5	80～90	1

8.5.2.3 试验简介

钻孔及电极布设概况如图8-58所示。塑料套管上绕有8条电极按温纳法和四极型偶极-偶极法可接成探测不同深度h的7种形式，见表8-32。试验中发射电流20mA，就温纳法而言，增益 $\mu = 20\text{dB}$，而偶极-偶极法对应 μ 为 40dB。

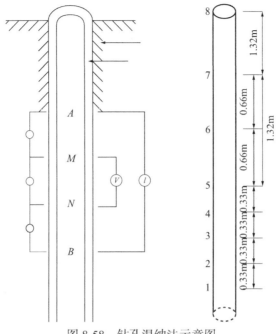

图 8-58 钻孔温纳法示意图

电极的排列组合[1]   表 8-32

方法 \ 参数	电极号	a（m）	r（m）	k（m）	电极号	a（m）	r（m）	k（m）
温纳法	1.2.3.4. 2.3.4.5.	0.33	0.33	4.14				
	1.3.5.6. 3.5.6.7.	0.66	0.66	8.28				
	1.5.7.8.	1.32	1.32	16.58				
四极型偶极-偶极法					1.2.4.5.	0.33	0.495	49.74
					1.3.6.7.	0.66	0.99	99.47

8.5.2.4　试验结果和讨论

（1）结果

测量结果数据如表 8-33～表 8-35 所示。对应的 ξ-r 曲线如图 8-60 所示。其中 $\xi_{0.33}$、$\xi_{0.66}$ 为平均值。

（2）讨论

由图 8-59 的三条 ξ-r 的关系曲线，可以看出以下几点：

① 曲线 Ⅰ、Ⅱ 的 ξ 在 $0.33\text{m} \leqslant r \leqslant 0.99\text{m}$ 的范围内基本平稳，均在 0.7m 以下，而在 $0.9\text{m} < r < 1.32\text{m}$ 范围内 ξ 值升高，在 0.9 左右。这说明喷射半径在 $0.99\text{m} < r < 1.32\text{m}$ 的范围内。总的来说两孔的注入情况基本正常。

② 就曲线 Ⅲ 而言，有 $\xi_{0.33} > \xi_{0.495} > \xi_{0.66} < \xi_{0.99} < \xi_{1.32}$ 的关系。这说明浆液在 $r = 0.66$

附近存在得多，而 $\xi_{0.99}=0.91$，这说明喷射半径在 0.9m 以下，偏小。注入效果不理想，其原因与注入参数不佳有关。

还有一些类似试验这里不再赘述。

温纳法测量数据表 1 [1]　　　　　　　　　　　　　　表 8-33

参数	编号	1-1-1	1-1-2	1-2-1	1-3-1	1-3-2	1-4-1	1-5-1
V（mV）	V'_f	430	440	366	215	216	181	108
	V'_l	275	277	242	240	143	123	95
ρ（Ω·m）	ρ_{af}	8.901	9.108	9.102	8.901	8.942	9.002	8.953
	ρ_{al}	5.692	5.734	6.018	5.796	5.920	6.117	7.875
$\mu=10$　$\xi_{0.33}$		$\overline{\xi}=0.6345$						
		0.6395	0.6295					
$\xi_{0.495}\mu=100$				0.6612				
$\mu=10$　$\xi_{0.66}$					0.651	0.662		
					$\overline{\xi}=0.6565$			
$\xi_{0.99}\mu=100$							0.679	
$\xi_{1.32}\mu=10$								0.879

注：测点号 X　X　X

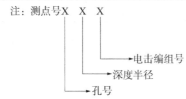

→ 电击编组号
→ 深度半径
→ 孔号

温纳法测量数据表 2 [1]　　　　　　　　　　　　　　表 8-34

参数	编号	2-1-1	2-1-2	2-2-1	2-3-1	2-3-2	2-4-1	2-5-1
V（mV）	V'_f	440	446	368	222	220	186	111
	V'_l	264	250	224	138	132	130	100
ρ（Ω·m）	ρ_{af}	9.108	9.232	9.152	9.191	9.108	9.251	9.202
	ρ_{al}	5.465	5.175	5.570	5.713	5.465	6.466	8.290
$\xi_{0.33}$		0.600	0.56					
		$\overline{\xi}=0.580$						
$\xi_{0.495}$				0.609				
$\xi_{0.66}$					0.622	0.600		
					$\overline{\xi}=0.611$			
$\xi_{0.99}$							0.699	
$\xi_{1.32}$								0.901

温纳法测量数据表 3[1]　　　　　　　　表 8-35

参数	编号	3-1-1	3-1-2	3-2-1	3-3-1	3-3-2	3-4-1	3-5-1
V（mV）	V'_f	446	447	369	222	221	181	113
	V'_l	285	290	214	126	121	166	105
ρ（Ω·m）	ρ_{af}	9.232	9.253	9.177	9.191	9.149	9.002	9.368
	ρ_{al}	5.900	6.003	5.322	5.216	5.01	8.256	8.705
$\xi_{0.33}$		0.639	0.645					
		$\overline{\xi}=0.644$						
$\xi_{0.495}$				0.580				
$\xi_{0.66}$					0.568	0.548		
					$\overline{\xi}=0.558$			
$\xi_{0.99}$							0.917	
$\xi_{1.32}$								0.929

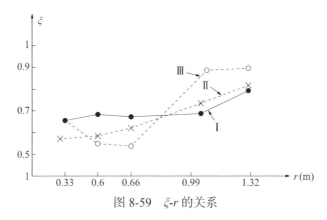

图 8-59　ξ-r 的关系

8.5.2.5　注意事项

地中电极到地表的连接引线事先要严格检查塑料外皮不能存在破损。此外引线要用塑料线（或者麻绳）捆绑在注浆塑料管上，以防向地中插入注浆管时把该引线碰断，试验中发现过上述问题。

8.5.3　电探层在注浆效果探查上的应用

8.5.3.1　电探层

若把电阻率探查法的电极绕在绝缘棒上插入地孔中，使其在深度方向上移动则可连续地测定地层的电阻率，据此判定地层的状态、性质的方法称为电探层，系由法国地质学家 Schlumberger 于 1927 年首先提出。电探层按电极数量及布设的差异有如图 8-60 所示的二极法和图 8-61 所示的三极法两种。图中，A、B 为电流电极，I 为恒流源，靠近 A 极设置 M 极，在地表无限远的地方设置 N 极。可以证明二极法和三极法测得的地层的视电阻率分别如下：

$$\rho_{.2} = 4\pi AM \cdot \frac{V_{MN}}{I} \tag{8-49}$$

$$\rho_{.3} = \frac{4\pi AM \cdot AN}{MN} \cdot \frac{V_{MN}}{I} \tag{8-50}$$

式中 $\rho_{.2}$——对应的深度记录点为 AM 的中点；

　　　　$\rho_{.3}$——对应的深度记录点为 MN 的中点。

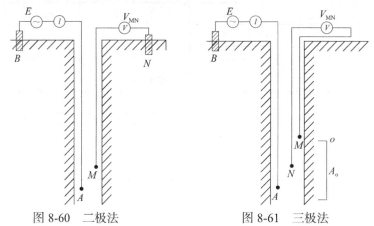

图 8-60　二极法　　　　　　图 8-61　三极法

　　二极法对应的探查范围是以 A 为中心、以 AM 为半径的球体。由于 AM 不能过小，故这种方法的探查薄层的能力差。对三极法而言，探查范围是以 A 为中心、以 AO 为半径的球体。尽管 AO 不是很小，但 MN 可以很短，故这种方法探查薄层的能力优于二极法。

8.5.3.2　电探层在探查化注效果上的应用

　　浆液进入地层，则 ρ_a 必然减小，即 V_{MN} 必然减小。无论由式（8-49）还是式（8-50）均可得出，注浆后电阻率的下降系数 ξ 的表示如下：

$$\xi = \frac{\rho_{al}}{\rho_{af}} \cdot \frac{V_{MNl}}{V_{MNf}} \tag{8-51}$$

式中 V_{MNf}——注浆前 MN 极间电压；

　　　　V_{MNl}——注浆后 MN 极间电压。

　　　　ξ 越小说明探查范围内存在的浆液越多。反之，则相反。

8.5.4　电阻法在注浆效果探查中的应用

8.5.4.1　电阻法探查化注范围的原理

　　由 8.5.1 节土槽试验的结果可知，当向土中注入水泥浆（或者水玻璃浆液）时，电阻值减小。居于这个现象检测注浆后电阻的下降系数即可判断注入情况。据此制定了图 8-62 的交流电阻法探查注浆效果的测试方案。图中的 V_i 为高稳定信号发生器，R 为外接电阻，V_R 是用高 Q 选频电压表测得的 R 两端的电压，A、B 为埋在地中的两极。这种交流测量方案的选择与以往的直流测量法截然不同，这完全是为了消除大地的激发极化效应和大地的交直流自然电位噪声及外界干扰的影响，以便提高测量精度。此外，采用交流的另一个优点是设备体积小、轻便，适于现场测试。

由图 8-62 可知，A、B 两电极间的大地的等效电阻：

$$R_{地}＝(V_{AB}/V_R)\cdot R \qquad (8\text{-}52)$$

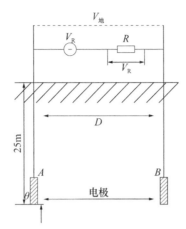

图 8-62　电阻法探查成注范围的原理

设注浆前后的地电阻分别为 $R_{地f}$、$R_{地l}$，两者之比为：

$$\xi＝R_{地l}/R_{地f}＝(V_{AB l}/V_{AB f})\cdot(V_{Rf}/V_{Rl}) \qquad (8\text{-}53)$$

当 V_i 为恒流源的场合下：

$$\xi＝R_{地l}/R_{地f}＝(V_{AB l}/V_{AB f}) \qquad (8\text{-}54)$$

对水玻璃或水泥浆液而言，$\xi < 1$。这就是说注浆后地电阻 $R_{地}$ 将减小。ξ 越小，说明浆液注入量越大，效果越好；若 ξ 大，说明浆液注入量小，效果差。

8.5.4.2　现场探查试验

（1）现场概况

现场土质状况及注浆参数均与 8.5.2 节情况相同。

（2）测量装置及检测范围

由图 8-62 中的信号源（恒流）及高 Q 选频电压表均系自行组装。地中电极 $l＝1\mathrm{m}$，$2\mathrm{m}$，$3\mathrm{m}$ 等几种。绑在最外层注浆管（塑料管）的外侧。极间距离 $D＝2\mathrm{m}$。检测范围如图 8-63 所示，即以 D 为直径，以 h 为高的圆顶形圆柱。

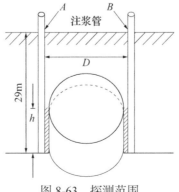

图 8-63　探测范围

（3）检测结果

① 图 8-63 示出的单组电极情形的测量结果如表 8-36 所示。

测量结果　　　　表 8-36

h=0.5m				h=1m				h=2m				h=3m				h=4m			
时间(min)	$V_{地}$(mV)	ξ	η(%)	时间(min)	$V_{地}$(mV)	ξ	η(%)	时间(min)	$V_{地}$(mV)	ξ	η(%)	时间(min)	$V_{地}$(mV)	ξ	η(%)	时间(min)	$V_{地}$(mV)	ξ	η(%)
0	68			0	37.9			0	23.5			0	18.9			0	15.5		
10	66.5			10	37			10	23			10	18			10	13.2		
20	64.5	0.95	1	20	36.5			20	21.5			20	17.1			20	12.9		
				30	34	0.9	2	30	20.1			30	16.5			30			
								40	20.1			40	14.9			40	12.2		
								50	18.8			50	14.5			50	12.1		
								60	17.6			60	14.3			60	11.8		
								70	17.3	0.736	63.5	70	13.8			70	11.4		
												80	13.5	0.714	66.7	80	11		
																90			
																100	10.3		
																110	9.8		
																120	9.14	0.59	100

② 三组电极的情形（图 8-64）的测量结果如表 8-37 所示，表中，V_{12}，V_{34}，V_{56} 分别为电极 1.2，3.4，5.6 单独接信号源时地电阻上的电压；V_{1324} 是电极 1.3 连接和 2.4 连接时的地电阻上的电压；V_{3546} 是电极 3，5 连接和 4，6 连接时地电阻上的电压；V_{135246} 是 1，3，5 连接和 2，4，6 连接时地电阻上的电压。

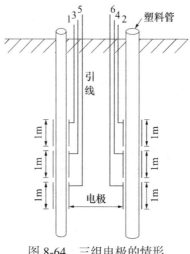

图 8-64　三组电极的情形

三组电极测量结果[1]　　　　　　表 8-37

时间 （min）	V_{12} （mV）	V_{34} （mV）	V_{56} （mV）	ξ	η （%）	V_{1324} （mV）	V_{3546} （mV）	ξ	η （%）	V_{135246} （mV）	ξ	η （%）
0	39.8					25.8				18.5		
10	36					23.9				17.4		
20	317					22.4				16.4		
30	27.6	39.4		0.693	67.3	20.6	25.5			15.6		
40		38.6				20.3	24.8			15.4		
50		33.9				18.7	22.7			14.7		
60		29.2	39.3	0.741	56.7	16.9	21.3	0.655	83.3	14.1		
70			34.5				19.7			13.4		
80			29.5				17.9			12.4		
90			24.5	0.623	84.6		16.2	0.635	87	11.8		100.0

8.6　弹性波探查法

8.6.1　引言

本节介绍弹性波探查法确认深层搅拌处理后的加固效果的原理及实例。

弹性波探查法检测的是波的传播速度，而波的传播速度的变化取决于激振点到拾振点土质的物理特性（特别是刚性或者弹性）的变化。这种方法可以水平地、竖直地和连续地评价地层。就弹性波探查方法而言，还存在另外两种形式，即反射波法和直接波法。利用弹性波在速度高的地层处产生的反射波进行探查的方法称为反射波法。利用弹性波从激振点直接传到拾振点的直接波进行探查的方法称为直接波法。前者以往多用于资源探查等地下深部探查。后者特别在土木地质方面波探层是极普遍的探查方法，但近年来提出的 ST 法（Seismic Tomography），在利用弹性波速度分布测定断面内空间的应用中，因解析精度极高，故引起人们的注意。利用浅层反射法和 ST 法对深层搅拌（水泥类）加固后的地层实施的探查，利用探查得到的测量断面内弹性波的速度分布，可简单、方便地判定加固的效果。从过去的 PS 波（速度）土质地层的探层结果知道，就反映地层的边界和 *N* 值等物理参数的变化而言，S 波速度探层比 P 波速度探层更灵敏。但是，按 S 波速度探层实施的 S 法的缺点是需要的劳力过多，不经济。

8.6.2　探查方法

（1）ST 法

ST 法探查原理如图 8-65 所示，是以往极普遍的 P 波探层和扇射法的组合。在加固后的地层中钻孔，钻孔深度要求钻到未加固部分（但钻入量不要过大），再在孔内插入地震计组。该地震计组由间隔 1m 的连续布设的多个地震计组成，为了提高探查精度，使用简易的迫使地震计与孔壁完好接触的装置。激振源采用地表木槌直接打击产生的波，当要求提高弹性波的频率时，可在地表面设置盖板（钢板）。

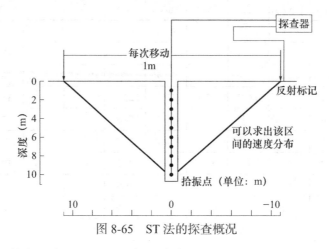

图 8-65   ST 法的探查概况

在水平方向上使激振点从孔口起按每次移动 1m 的规律记录所有拾振点的对应的波束。但是，随着激振点与拾振点夹角的增大，因弹性波的折射和绕射等因素的影响，其精度变差。因此，该角度即孔口到激振点的水平距离不能超过某一限度。

解析如图 8-67 所示，把加固地层分割成 1m×1m 的单元，用电子计算机对各单元的速度值进行处理，进而明确测量断面内的速度分布。在 ST 法中求取各单元速度的方法，一般是数学上的直接求取的 BPT 法，计算各单元的速度与测量值的误差决定速度的一种迭代法的 ART 法、STRT 法等，本次采用 STRT 法。

以各激振点至拾振点间的经历时间与测量断面内各单元的坐标为输入值，使用 16 位微机进行实际处理。图 8-66 示出的 STRT 法的处理时间为几分钟。

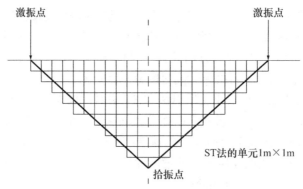

图 8-66   STRT 法的单元模型

（2）浅层反射

就反射法而言，当仅存在一组某任一反射点对应的激振点到拾振点的水平距离（或角度）测定值的情形下，要想由测得的往返的反射时间求取各地层的速度值是不可能的。要获得多个测定数据必须使用几种测量方法，通常使用的方法是所谓的剖面测定和宽角测定法。

宽角测定如图 8-67 所示以一个公共反射点为中心，改变激振点到拾振点的水平距离得到多个反射波形，据此解析求出速度边界面的深度和速度值。本次测量是在间隔 1m（0.5＋0.5）的测线上的一些点上进行的。

剖面测量如图 8-68 所示，把一组激振点和拾振点固定在一定的间隔上，再对此系统做等间隔移动得到多个波形。本次测量中激振点与拾振点间的距离为 2m，这个系统在测线上每移动 1m，测量进行一次。

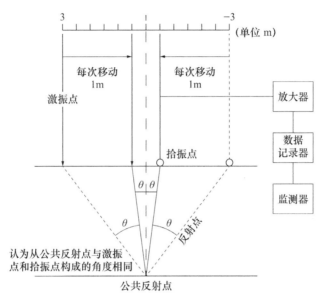

图 8-67 浅层反射波法（宽角法）概况

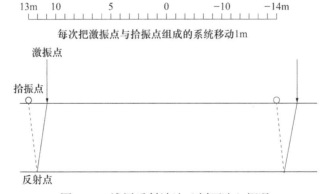

图 8-68 浅层反射波法（剖面法）概况

8.7 其他方法

8.7.1 注入范围和加固强度的综合探查法

前面几节已对标准贯入试验、静力触探试验、电探查、电探层作了介绍。本节介绍集电探查、电探层、中子探测、静力触探试验为一体的、判定地层注浆加固效果（注入范围和土层的加固强度）的综合的探查方案。即介绍其室内试验、现场试验及在此基础上新开发的集上述四种方法为一体的，具有实时图像显示功能的探查设备。

因本章前面几节并未提及中子探测法，故这里先对中子探测浆液注入范围的原理作一简单介绍。把吸收热中子面积大的硼作为探测浆液的跟踪对象混在浆液中，随同浆液一起注入被注土层。然后把装有中子发射源和接收探测器的探测装置插入被注土层。若该部位有浆液存在，则接收器接收到的中子数一定比没有浆液存在的部位的中子数大为减少。这是由于中子被硼吸收的缘故，故可由此断定该部位存在浆液。反之，亦然。

8.7.2　渗透系数的测定

注浆后地层的渗透系数数值的下降，是注浆加固见效的重要表征。确定渗透系数的方法有室内试验、现场试验两种。室内试验有常水头渗透试验（适于砂类土样）和变水头试验（适于原状黏土试样）两种。现场试验有抽水试验、注水试验、选用经验值等方法。上述常规的室内试验、现场试验在有关的书籍中均有详细介绍。这里给出现场钻孔抽水试验法、重锤试验法、竖井内小径水平钻孔集水法等一些新型简单的试验方法。

8.7.3　电阻率测定法

电阻率法检测注浆效果的基本原理及设备

电阻率法勘探以地下介质电性差异为基础，勘探结果反映的是地下介质的空间整体特征。地下岩溶注浆后，溶蚀洞穴及裂隙被水泥浆液所充填，地下介质的整体电性会产生较为明显的差异。

电阻率法检测与注浆后的时间及地下水有关：地下无水空洞，在注浆前电阻率表现为高阻异常区，注浆后则受水泥浆液影响产生明显的低阻异常区；含水地下砂卵石土，注浆前为松散大孔隙介质的低阻电性，注浆后受浆液凝固影响电阻率增加；无水地下砂卵石土，注浆前为松散大孔隙介质的高阻电性，注浆后受浆液凝固影响产生相对低阻；地下含水砂泥充填溶洞，注浆前为低阻异常，注浆后受浆液影响产生低阻持续降低效应。综上，由于注浆前后地下岩溶区域电性特征的变化，电阻率法检测地下岩溶注浆效果具有坚实的物理基础[2]。

8.7.4　地质雷达探测

探地雷达方法是向地下介质发射一定强度的高频电磁脉冲（$10^7 \sim 10^9$Hz），电磁脉冲遇到不同电性介质的分界面时即产生反射或散射，地质雷达接收并记录这些信号，再通过进一步的信号处理和解释即可了解地下介质的情况。地质雷达采用的是时间域脉冲信号，将宽频带的脉冲发射到地下介质中，通过接收反射信号达到探测地下目标的目的，雷达系统向被探测物发射电磁脉冲，电磁脉冲穿过介质表面，碰到目标物或不同介质之间的界面而被反射回来，根据电磁波的双程走时的长短差别，确定探测目标的形态及属性，结合理论分析达到对埋藏目标的探测与判断。

按照现场测量和数据采集技术，地质雷达检测技术可以分为剖面法、宽角法、多天线法等，其中最为常用的是剖面法，即发射天线和接收天线以固定间隔距离沿测线同步移动的一种测量方法。发射天线和接收天线同时移动一次便获得一个记录。当发射天线与接收天线同步沿测线移动时，就可以获得一系列记录组成的地质雷达时间剖面图像，其中横坐标为天线在地表测线上的位置，纵坐标为电磁波从发射天线发出经异常介质反射回到接收天线的双程走时，表示雷达脉冲从发射天线出发经地下界面反射回到接收天线所需的时间。这种记录能准确反映测线下方地下各反射界面的形态[3]。

8.7.5 分析法

分析法是通过对注浆施工过程中所收集的参数信息进行合理的整合，采取分析、比对等方式，对注浆效果进行定性、定量化评价。分析法具有快速、直接的特点，对于有经验的注浆工程师，通过分析法可以较为可靠地进行注浆效果评价[4]。

（1）P-Q-t 曲线法

P-Q-t 曲线法是通过对注浆施工中所记录的注浆压力 P、注浆速度 Q 进行 P-t、Q-t 曲线绘制。根据地质特征、注浆机理、设备性能、注浆参数等对 P-Q-t 曲线进行分析，从而对注浆效果进行评判。对于一般注浆工程，不必采取钻孔取芯，基本上都可以采用 P-Q-t 曲线法对注浆效果进行十分有效的评判。

一般而言，只要注浆施工中 P-t 曲线呈上升趋势，Q-t 曲线呈下降趋势，注浆结束时，注浆压力达到设计终压（常取 $1\sim4$MPa），注浆速度达到设计速度（常取 $5\sim10$L/min），那么，注浆效果基本是可以满足加固和堵水要求的。

（2）注浆量分布特征法

注浆量分布特征法分注浆量分布时间效应法和注浆量分布空间效应法两种，即注浆量分布时空效应法。注浆量分布特征法简单易行，不必要采集过多的注浆信息，只需要统计和分析注浆施工过程中注浆量这一个参数就可以达到对注浆效果的合理评价。

① 注浆量分布时间效应法。注浆量分布时间效应法是通过将各注浆孔注浆量按注浆顺序进行排列，绘制注浆量分布时间效应直方图，根据注浆量分布时间效应图，对注浆效果进行宏观评价。要想取得良好的注浆效果，直方图应呈降趋势，结束时，后序注浆孔基本应达到吸不进浆的状态，即 $Q\to0$。

② 注浆量分布空间效应法。注浆量分布空间效应法是通过将各注浆孔注浆量按注浆孔位置绘制注浆量分布空间效应图，根据注浆量分布空间效应图，对注浆效果进行宏观评价。良好的注浆效果表现特征为周边注浆孔注浆量大于中部注浆孔注浆量，后序孔注浆量小于前序孔注浆量。

（3）涌水量对比法

涌水量对比法是通过对注浆过程中各钻孔涌水量变化规律进行对比，或对注浆前后涌水量进行对比，从而对注浆堵水效果进行评价。一般来说，要达到良好的注浆效果，满足开挖要求，注浆后涌水量不得大于 $10\text{m}^3/\text{h}$，注浆堵水率应达到 80% 以上。

（4）浆液填充率反算法

通过统计总注浆量，采用注浆总量计算公式反算出浆液填充率，根据浆液填充率评定注浆效果。

$$\sum Q = V n \alpha \, (1+\beta) \qquad\qquad (8\text{-}55)$$

$$\alpha = \frac{\sum Q}{V n \, (1+\beta)} \qquad\qquad (8\text{-}56)$$

式中　$\sum Q$——总注浆量（m^3）；

　　　　V——注浆加固体体积（m^3）；

　　　　n——地层空隙率或裂隙度；

　　　　α——浆液填充率；

　　　　β——浆液损失率。

根据注浆经验，当地层中含水量不大时，要达到良好的地层加固效果，浆液填充率应达到 70% 以上；当地层富水时，浆液填充率应达到 80% 以上，否则难以满足安全开挖要求。

8.7.6　检查孔法

检查孔法是针对注浆要求较高的工程所采用的一种方法，该方法也是目前认为最可靠的方法。检查孔法是在注浆结束后，根据注浆量分布特征，以及注浆过程中所揭示的工程地质及水文地质特点，并结合注浆 $P\text{-}Q\text{-}t$ 曲线分析，对可能存在的注浆薄弱环节（一般在注浆量少的孔、涌水量大的孔、终孔交圈处）设置检查孔，通过对检查孔观察、取芯、注浆试验、渗透系数测定，从而对注浆效果进行评价。一般来说，检查孔数量宜为钻孔数量的 3%～5%，且不少于 3 个，在高压富水地层注浆堵水工程中，检查孔数量宜达到 5%～10%。注浆要求越高，检查孔数量应越多。检查孔原则上不得利用原注浆钻孔。检查孔钻设深度以小于超前钻孔 1m、不钻穿设计的注浆圈为宜[4]。

（1）检查孔观察法

检查孔观察法是通过对检查孔进行观察，查看检查孔成孔是否完整，是否涌水、涌砂、涌泥，检查孔放置一段时间后是否坍孔，是否产生涌水、涌砂、涌泥，通过观察，定性评定注浆效果。一般要求，经过注浆后，检查孔应成孔完整，不得有股状流水〔一般要求应小于 0.2L/（m·min）〕，不得有涌砂、涌泥现象。检查孔放置 1h 后，也不得发生上述现象，否则，注浆难以达到良好的效果，应进行补充注浆。

（2）检查孔取芯法

对检查孔进行取芯，通过对检查孔取芯率岩芯的完整性、岩强度试验等进行综合分析，判定注浆效果。一般检查孔取芯率应达到 70% 以上，岩芯强度应达到 0.3MPa 以上。

（3）检查孔 $P\text{-}Q\text{-}t$ 曲线法

对检查孔进行注浆试验，根据检查孔 $P\text{-}Q\text{-}t$ 曲线特征判断注浆效果。检查孔 $P\text{-}Q\text{-}t$ 曲线应较正常注浆时曲线形态要陡，注浆 10min 后，P、Q 值均应达到设计值；否则，说明注浆阶段参数设计不合理，应进行必要的补充注浆和下一步注浆施工中的参数重选。

8.7.7　开挖取样法

开挖取样法是在隧道开挖过程中，通过观察注浆加固效果、对注浆机理进行分析、测试固结体力学指标，从而对注浆效果进行有效评定，同时，开挖取样法也为下一阶段注浆设计与施工提供重要的参考。开挖取样法有加固效果观察法、注浆机理分析法和力学指标测试法三种评定方法[4]。

（1）加固效果观察法

加固效果观察法是通过对开挖面进行观察，宏观评定注浆加固效果。同时，当发现掌子面注浆效果不好，有渗流水、掉块时，应立即决策封闭，进入下一循环注浆。

（2）注浆机理分析法

通过对掌子面注浆效果观察，分析注浆机理，定性判定注浆效果。

（3）性能指标测试法

对掌子面进行取样，对试件进行性能指标测试，通过分析性能指标，确定注浆效果。

参考文献

［1］程骁，张凤祥. 土建注浆施工与效果检测［M］. 上海：同济大学出版社，1998.

［2］任新红. 南广铁路岩溶路基注浆效果检测方法与评价指标研究［D］. 成都：西南交通大学，2013.

［3］刘强. 京沪高速铁路路基岩溶浅埋段注浆效果检测与评判方法试验研究［D］. 北京：北京交通大学，2009.

［4］张民庆，彭峰. 地下工程注浆技术［M］. 北京：地质出版社，2008.

第9章　工程实例

9.1　上海地铁4号线

上海轨道交通4号线（即明珠线二期）工程是上海轨道交通规划唯一一条环线，其中西段与轨道交通3号线共线运营，是上海市的重大工程项目。塘桥站至南浦大桥站区间隧道工程是轨道交通4号线工程的一个重要组成部分，工程起始于塘桥站西端头井，终止于南浦大桥站东端头井。上行线里程为 SK10＋828.767—SK12＋821.758，上行线全长 1997.5m；下行线里程为 XK10＋828.761—XK12＋821.758，下行线全长 1981.9m，其中江中段约440m。该段区间除两端端头井外，在浦西岸边设一中间风井，位于中山南路和黄浦江防汛墙之间，其北侧为董家渡路，主要建筑物为谷泰饭店等3座5层砖混结构民用建筑，南侧依次为22层的临江花苑大厦、地方税务局和土产公司大楼、光大银行大楼等[1]。

9.1.1　险情概述

轨道交通4号线是本市轨道交通环线的东南半环，全长22km。险情发生前，全线盾构推进完成98%，17座车站全面施工。穿越黄浦江的两条隧道位于浦东南路至南浦大桥之间，长约2km，已经贯通。发生事故的联络通道采用了冰冻加固暗挖法施工，由于地处深30多米的流砂层，并且距浦西防汛墙仅53m，施工难度和技术风险都比较大。险情发生时，距离贯通仅有80cm。

2003年7月1日凌晨，联络通道突然发生大量流砂涌入，引起地面大幅度沉降，并造成三幢建筑严重倾斜。因报警及时，周边受影响的单位、居民及时撤出并得到妥善安置，未造成人员伤亡。但险情仍呈现扩大、加剧态势——受影响的房屋建筑进一步倾斜，防汛墙由裂缝、沉降发展为局部管涌、塌陷，风井进水，隧道由渗水、进水发展为结构损坏，附近地面也出现了不同程度的裂缝、沉降等。

工程抢险期间，为尽量减小隧道破坏区域的蔓延以及控制对地面环境的进一步影响，在区间隧道内部设置了临时水泥坝、浅层应急注浆、深层混凝土充填以及向隧道内注水等应急措施。通过上述应急措施有效控制了险情的进一步发展。

9.1.2　场地工程地质条件

根据勘探相关资料，在勘察揭露的110.34m深度范围内，均为第四纪松散沉积物，属第四系河口、滨海、浅海、湖泽相沉积层，主要由饱和黏性土、粉性土以及砂土组成，一般具有成层分布特点[1]。

勘察成果表明，地基土分布有以下特点：

（1）浅部填土：本修复工程各区段浅部填土的填料成分复杂，差异较大。

具体分述如下：

江中段：表部分布有近期沉积的厚薄不等的第①$_2$层淤泥夹砂，土质不均，其厚度约为 1.50～5.90m，含黑色有机质、少量煤炭粉末、石子等，并夹较多粉性土，该土层在自然状态下不能自立，呈流塑状。

场地中部：施工围墙内为原沉陷段，后经回填整平，浅部杂填土普遍较厚，其组成成分复杂，本次勘察时发现主要由钢筋混凝土地坪、碎混凝土块、碎石、黄沙、煤渣等组成。局部区域为原有构筑物沉陷填埋区。

中山南路段：浅部杂填土相对场地中部薄，其表层主要为沥青混凝土路面、道砟，其厚度约 2.20～3.80m。

（2）修复工程沿线均缺失第②层褐黄色黏性土（俗称"硬壳层"）而分布有第②$_0$层黏质粉土（俗称江滩土），该层土分布于浅部约 3.0～19.0m 深度范围内，属近代黄浦江河漫滩沉积土层，距今约 1000～1500 年。该层土局部夹厚薄不等的黏性土，土质不均匀。部分钻孔中发现有厚薄不等（厚约 2mm～2cm）的注浆水泥存在。另在隧道原塌陷区，该层层底有明显下沉。

（3）第④层淤泥质黏土主要在场地中部西侧及中山南路处分布，另在江中段亦有局部分布，该层为流塑状态，属软弱黏性土。在部分勘察钻孔中发现有厚约 3.5cm 的注浆水泥存在。第⑤层土呈软塑至可塑状态，分布相对较稳定。

（4）在沿基坑边线外侧（约 8m）第⑥、⑦层正常分布，该两层层顶埋深相对较浅，分别约为 22.8～25.7m 和 27.7～29.2m，而在基坑内原塌陷区，该两层层顶埋深有较大的变化，根据本次在塌陷区施工的 3 个勘探孔资料，第⑥层层顶埋深为 28.30～32.50m，第⑦层层顶埋深为 32.10～34.70m，原塌陷区地层发生了较明显的下沉。

（5）场区第⑦层和第⑨层相连，缺失上海市统编地层第③、⑧层黏性土。

9.1.3 场地水文地质条件

修复工程地跨黄浦江西岸。黄浦江是太湖流域最主要的泄洪通道，也是上海市排水、引水、航运的主要河道。黄浦江潮位特征：受天文潮和风暴潮因素控制，而长江径流、本地降雨径流及上游净泄量等与潮汐比较均属次要因素。长江口和黄浦江潮汐属于非正规浅海半日潮，据场地邻近的黄浦公园水文站资料，其历史最高潮位为 5.72m，历史最低潮位为 0.24m，多年平均高潮位为 3.14m，多年平均低潮位为 1.29m，多年平均潮位为 2.22m。

（1）地下水类型

根据已有勘察资料表明，沿线地下水主要有浅部黏性土、粉性土层中的潜水及深部粉性土、砂土层中的承压水，第⑦层为上海地区第 1 承压含水层，第⑨层为上海地区第 2 承压含水层，场区内第 1 承压含水层与第 2 承压含水层相通。

（2）地下水水位

潜水位和承压水位随季节、气候、湖汐等因素而有所变化。

潜水位：上海地区的潜水水位埋深一般离地表面约 0.3～1.5m，年平均水位埋深一般为

0.5～0.7m ；原详勘期间测得的浅部土层中潜水位埋深为离地表面 0.4～1.0m ；本次勘察期间根据部分钻孔测得的潜水位埋深为离地表面 0.5～1.0m（大部分孔因及时注浆，故未测得潜水稳定水位）。

第 1 承压含水层：上海地区的承压含水层水头埋深为 3～11m，年呈周期性变化；原详勘时测得的⑦层承压水位为地面以下 7.58m（标高 -3.31m），补勘时测得的⑦层承压水位为地面以下 11m；实施阶段测得的⑦层承压水位埋深为 9m（标高为 -5.40m）。

（3）地下水的温度

地下水的温度，埋深在 4m 范围内受气温变化影响，4m 以下水温较稳定，一般为 16～18℃。

（4）水力联系

根据详勘期间的观测成果，承压水与黄浦江水无直接的水力联系，但水位受黄浦江江水变化的影响，变幅约 50cm。

（5）地下水水质

根据地质报告，拟建场地地下水和土对混凝土无腐蚀性。

9.1.4 险情处置

（1）对险情段隧道进行封堵并灌水回注，恢复隧道内外水土压力平衡。先对该段隧道区间设水泥封堵墙和对两端车站端头采用钢筋混凝土结构封堵，防止险情向沿线车站和区间蔓延，并在相邻车站端头实施第二道钢筋混凝土封堵，以确保万无一失。钢筋混凝土封堵墙完成后，向隧道内灌水，以恢复隧道内外水土压力平衡。同时，在受损隧道的上下行线中山南路一端，实施地面压注混凝土封堵（即在隧道顶部钻孔压注混凝土），隔断了沉降槽向西南方向发展，防止了隧道塌陷的扩大。另外，对隧道风井加盖封闭，以免地表水再次回灌地下。

（2）设置并加固临时防汛围堰。在沉降、塌陷的原防汛墙外，用砂包堆垒临时防汛围堰，并在临时围堰与原防汛墙之间用砂、土填筑，使临时防汛围堰经受了 4.07m 潮位的考验。在此基础上，为确保城市安全度汛，又采用钢板桩、旋喷和注浆等方法加固临时防汛围堰，提高防汛大堤的稳定性和抗渗性能。

（3）对重要建筑物和影响区域实施全方位注浆、回填砂土加固。对临江花苑大厦等建筑基础周边进行注浆加固，对事故现场周边的中山南路、董家渡路道路和沿线建筑物、管线等实施全方位注浆加固。同时，对塌陷区进行回填砂土，上面浇筑混凝土面层，为填充注浆创造条件。

（4）及时实施管线的切断和改接。按照指挥部统一部署，自来水、燃气、电力、通信等管线部门及时进行了管线切断和改接，确保了城市正常运行和居民正常生活，也为抢险工作顺利实施创造了有利条件。同时，有效防止了次生灾害的发生。

（5）加强实时动态监控。抢险一开始就实施了对临江花苑大厦等周边建筑、地面道路、防汛墙等重点目标的动态监测，监测数据适时上报，由专家组及时进行综合分析，为判断险情和科学决策提供依据，并采用两套监测系统同步监测、分析对比，确保监测数据的准确性。

9.1.5　注浆加固

至 7 月 14 日止，统计水泥注浆量达 2790m³，聚氨酯注浆量达 99t。

（1）水泥-水玻璃浆液注浆加固

① 注浆材料：水泥＋水玻璃注浆；配方：水玻璃波美度 30，水泥浆水灰比 0.7，水泥：水玻璃（体积比）＝ 1 : 0.1 ；凝结时间：1～4min。

② 注浆工艺：双液单管方式（采用方盒式橡胶管止逆混合器），自下而上分段定量压注。

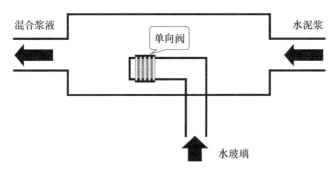

③ 注浆深度与注浆量：隧道定位探测孔兼作注浆孔时，以触及坚硬断损管片止；隧道两侧范围两排及两隧道中间一排孔深 25m（提升至地面下 5m），每 0.5m 范围注浆 1m³。

④ 注浆设备：SYB50-50 Ⅱ 型单液柱塞注浆泵 2 台并联，最大驱动流量 50L/min（也有用双室轴向柱塞泵）。

特点：针对本工程需从速控制沉降、充填加固的要求，上述材料凝结速度快、强度高，工艺设备保证了浆液混合均匀，边注边提升，使浆液充填、渗透充分。

（2）聚氨酯（PU）化学注浆

① 注浆材料：油溶性聚氨酯浆液，由预聚体（TDI ＋聚醚）与促进剂（三乙胺 2%～3% ＋发泡灵＋有机锡）组成；凝胶时间小于 2min。

② 注浆深度与注浆量：隧道定位探测孔兼作注浆孔时，以触及坚硬断损管片止；隧道两侧范围两排及两隧道中间排孔深 25m ；注浆量视进浆量而定。

③ 注浆设备：可控硅无级调速齿轮泵，最大流量 20L/min。

特点：油溶性浆液，遇水反应发泡膨胀；进行二次渗透扩散，扩散均匀；迅速凝胶固结，固砂抗压强度高。

（3）各注浆区注浆特点

① 临江花苑大厦

该大厦有两个注浆作业区：

a. 转角 F 区。注浆以充填隧道坍方波及的大楼桩基础外围为目的，尤其是在初期要求不扰动桩基处的土体故注浆深度 10～12m。后期增加布孔，则注浆深度要求超过桩深（23m），共 19 孔、191m³。注浆布孔见图 9-1。

b. 大楼地下室底板区。曾在底板布设 13 孔，拟钻穿底板后压浆加固，减少沉降。因底板厚、钢筋密，当天仅钻穿孔，尽管设有防喷止水装置，仍有底板混凝土中预留管导水喷出（后压注 PU 浆 0.2t 止喷）。最终，因大楼实际下沉甚微，其他各孔未予压注。

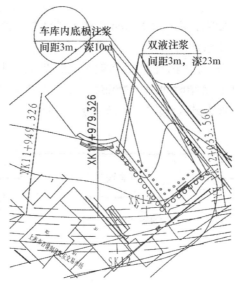

图 9-1　临江花苑大厦转角注浆布孔示意

② 风井东西隧道下坍段鉴于必须尽快探测出风井东西隧道上下行线坍塌损害的范围与程度，需要沿着隧道上下行线轴线放样布孔钻探。与此同时，对沉降最严重的区段，随即利用探测孔充填或渗透注浆，首先对探测孔封孔，进而控制新筑地面稳定，防止继续下沉。

a. 坍方区 C 孔全部压注 PU 浆液（以孔序号由小至大先后压注），其中 C2～C6 是起初险情最严重时紧急压注的，进浆量分别为 8.85t、3t、3t、3t 和 5t，有效地控制沉降。同时，对应在风井东侧号坍方区 C10～C14 的 5 孔，分别压注 2t、2t、2t、2t 和 5t。

b. 隧道轴线上 S 孔为上行线隧道探测孔、X 孔为下行线隧道探测孔，S 孔和 X 孔以一隔一分别布置为聚氨酯注浆孔与水泥注浆孔（水泥浆后压注，实际是补测孔）。

c. 两隧道两侧范围分别布两排孔，均压注双液水泥。

d. 中间风井（也是联络通道处）四周布孔，在抢险期因拆除毁损建筑及清理整修未来得及压注，在后期压注双液水泥浆。

③ 防汛墙区段

防汛墙区段由水务局与武警部队采用防汛墙外侧打设拉森钢板桩以及高压旋喷桩（深至隧道顶部 5m），并在码头与防汛墙间大量抛填砂袋，以增高砂堤进行防水止水。但在整个抢险过程中发生局部涌水、漏水，除外马路布孔水泥注浆外，几度采用聚氨酯化学注浆配合构成止水帷幕或直接封堵防水。

a. 7 月 3 日，在原防汛墙断损处，配合进行聚氨酯注浆堵水，该处虽止水，但有移位渗漏趋势。

b. 在新防汛墙内侧，钻孔 12m 深（略过拉森钢板桩），每孔压注 500kgPU 浆液。

c. 7 月 6 日，在董家渡路北的外马路，沿防汛墙范围布 3 孔，于 10～12m 范围压注浆液，再在内排布双液注浆排孔加强，封堵绕过板桩的漏水。

（4）技术研讨

图 9-2 为各作业区砂土回填与混凝土浇灌图，Ⅰ～Ⅴ号地区都进行了回填砂土，并浇筑细石混凝土。这样做，一方面是对坍塌处（尤其是沿隧道轴线向两侧漏斗状土坍塌区）大量浇筑细石素混凝土，补救与充填坍陷的凹坑，初步减少与稳定地面沉降，进而通过深层注浆充实地下空隙，控制后期沉降；另一方面，注浆作业本身需要在平整的基面上方能进行钻穿、下管、压注。总之，这项工作是与注浆加固相辅相成的。

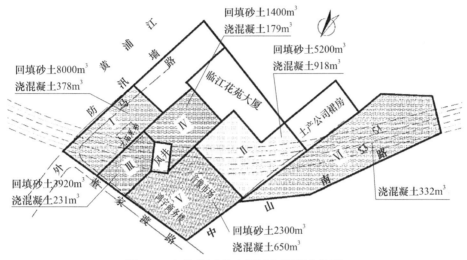

图 9-2 各作业区砂土回填与混凝土浇灌

本工程最终注入油溶性聚氨酯注浆液逾百吨，与以往注浆加固相比实属少见。油溶性聚氨酯浆液强度高（尤其工程中期起，浆液配方设计中预聚体中三羟基硬泡聚醚比例增多、软泡聚醚量减少，并降低溶剂量）、发泡膨胀率高、注入速度高、达到最终强度快，在紧急状态下比双液水泥浆（在工程中双液水泥浆初凝后，会对钻杆包裹，致使拔杆困难）效果显著。当然，今后在开挖等过程中，如需动用明火，泡沫体燃烧则会有毒性气体释放，这是必须慎重对待的。由于压注双液水泥浆成本低，充填强度高，在危急期过后，便大量采用。

9.2 盾构始发与到达土体加固

地铁盾构隧道施工中的关键工序和重难点之一是盾构机始发与到达，也是地铁盾构隧道施工的事故高发和多发位置，非常容易发生洞门土体塌方、井内涌入土体和洞门周围涌入泥水等事故，从而造成盾构机始发与到达时抬头或低头、管片破裂、环面不平整、内外张角过大、纵缝喇叭大等不良现象，引起较大的地表沉降，造成地表建筑物开裂和周边地下管线破裂。为确保盾构洞门开挖面的稳定，使盾构机安全始发与到达，并保证洞门上方的地面、地面建筑物和地下管线的安全，一般会对盾构隧道的始发与到达处土体进行加固处理。

目前常见的土体加固技术包括冻结法、降水和土体加固。其中，冻结法效果不错，但成本较高；降水法对于地下水较丰富的地段可以作为辅助手段考虑，但受限于降水深度、地质条件和周围环境等因素；土体加固能较好地疏干土体的地下水、固结土体，是目前最常用的办法。土体加固可以采用深层搅拌、高压旋喷桩、压密注浆、化学注浆等办法，具体要结合工程的实际情况，如加固地面交通运输是否繁忙、地面管线情况、原围护结构以及破除围护结构的方式等，选择最经济、合理的加固方法[4]。

9.2.1 工程概况

某城市地铁5号线7标段包括两区间，区间均为盾构隧道。根据地勘资料，区间所穿越的地层为杂填土、粉质黏土、粗砂、圆砾、卵石、微风化灰岩等，同时，所处地带水系较发达。在盾构施工中，为确保始发和到达部位的地层稳定，保证盾构机始发与到达的安全，满足正常的掘进方向及洞口的止水要求，按照设计要求，应对盾构机进出车站洞门所处地层进行加固。

9.2.2 二重管旋喷注浆技术在盾构始发与到达中的应用

（1）二重管旋喷注浆原理

在地层组成不被改变的条件下，二重管注浆技术通过从地面向土体注浆，使浆液填充土体颗粒间的空隙并使固结，从而实现改良土体力学性能的目的。

（2）施工方法

根据施工现场的条件，可以选择使用地面垂直注浆或倾斜注浆两种施工方法。垂直注浆主要应用于地面和下面没有障碍的环境，均匀布设注浆孔，垂直地面钻孔，优点是操作比较简单，易于控制，浆液扩散比较均匀，加固和止水的效果均比较好。在有地面建筑物或地下管线等障碍时，考虑使用倾斜钻杆回抽注浆法，孔位分布相对不够均匀，钻孔的难度较大，浆液扩散的均匀度不佳，通常要增加钻孔数量来保证施工效果。

（3）注浆材料

注浆材料须满足如下要求：其特性对地下水而言，不易溶解；对不同地层，凝结时间可调节；对含砂层，能控制扩散和渗透的范围；高强度、止水。

注浆材料配比如表9-1所示。

注浆材料配比　　　　表9-1

A液	B液	C液
硅酸钠、水	Gs剂、外加剂、水	水泥、外加剂、水
200L	200L	200L
200L	200L	200L

注：溶液由A、B液组成；悬浊液由A、C液组成

注浆时，将根据施工现场的实际地质状况适当调整浆液类型，并选择调整的配合比以满足不同部位的强度要求，还可以选择添加其他特殊材料以满足盾构隧道施工的技术要求。

（4）注浆范围的设计

盾构井始发端头土体的注浆加固范围一般为：隧道轴线方向（纵向）长 8m，宽 11m，厚度 12m，即拱顶以上 3m，洞底以下 3m，左右 2.5m，如图 9-3、图 9-4 所示。

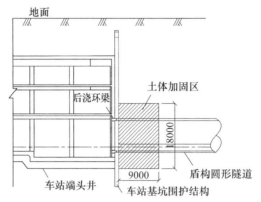

图 9-3 盾构井端头加固断面示意

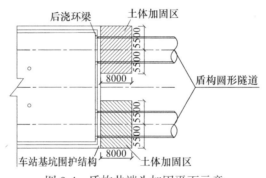

图 9-4 盾构井端头加固平面示意

（5）注浆孔的布置

孔距为 1～1.5m，一般为 1.2m，平面布孔如图 9-5 所示。实施时结合地下管线勘探报告揭示的管线及建筑物分布情况，遵循布孔原则合理布置注浆孔位。

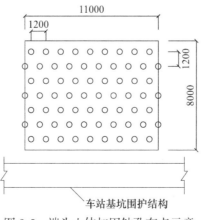

图 9-5 端头土体加固钻孔布点示意

（6）施工工艺

① 施工设备

使用钻机双管单动回转钻进成孔，双层立体式搅拌机制浆，注浆泵双液注浆。

② 工艺要求

a. 定桩位按照施工设计的孔位布置图，进行测量放线定位。

b. 钻机就位在测量控制下对孔位，并确保垂直度。

c. 钻进成孔首个钻孔施工时，要放慢钻孔速度，随时观测土层对钻进的影响以了解实际地质情况，及时调整和确定适用于该土层的注浆参数。

d. 提升钻杆要严格控制钻杆的提升速度，每步≤20cm，匀速提升，并随时注意观察钻机的参数变化。

e. 浆液配比应采用标准计量工具，按照设计配比配料。

f. 注浆应严格控制注浆的压力并密切关注浆液的用量；当压力突然上升或下降，或从孔壁、地面溢出浆液时，应立即停止施工，查明原因，调整注浆设计后再重新施工。

③ 工艺流程

工艺流程如图9-6所示。

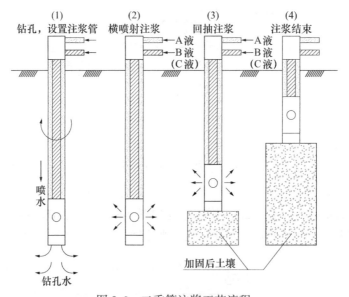

图9-6 二重管注浆工艺流程

④ 二重管旋喷注浆质量标准

（7）注入顺序

二重管注浆加固，不同孔位注入次序是可以调整的。为进行比较，特地选择了4个条件相似的隧道加固区域，分别按如下4种方法进行施工。

① 1号洞门从外围到中心进行施工，第1排孔距灌注桩外边缘为0.6m。

② 2号洞门从外围到中心进行施工，第1排孔距灌注桩外边缘为1.2m。

③ 3号洞门从远洞门1排开始，向洞门方向逐排进行，第1排孔距灌注桩外边缘为0.6m。

④ 4号洞门从近洞门1排开始，向隧道方向逐排进行，第1排孔距灌注桩外边缘为0.6m。

以上 4 个洞门的隧道均位于中砂及圆砾层，并穿过粉细砂层和黏质粉土层，拱顶上部覆盖层从下至上分别为黏质粉土层、粉质黏土层、杂填土层，自稳性极差。在破桩和开挖洞口时，很容易形成涌水流砂，造成洞门坍塌，对管线、建筑物的安全形成威胁。以上 4 个洞门中，3 号和 4 号洞门的条件非常恶劣，洞门上方主供水管破裂且无法修复，土体饱和含水，而且，地下管线密布，地面重载车辆运输繁忙。

（8）主要注浆参数

包括注浆深度、注浆孔直径、浆液扩散半径、浆液凝结时间和注浆压力。

（9）注浆加固主要工程量（以 1 个洞门为例）

① 改良土体土方量：$V = 8 \times 11 \times 12 = 1056 \mathrm{m}^3$。

② 注入率为 25% ～ 65%。

根据岩土工程勘测资料分析，并结合类似工程注浆数据，以提高土体密实度。以上述 4 个洞门为例，取注入率为 40%（含损失率）。

③ 浆液注入量：$1056 \times 40 = 422.4 \mathrm{m}^3$。

9.2.3　注浆效果

通过对 4 个洞门在加固过程中的观察，从加固后的破桩和盾构机始发与到达的情况来看，以上 4 个洞门在加固过程中均有不同程度的掌子面开裂和坍塌的现象，但都取得了良好的止水效果和一定的土体稳定效果，同时也存在一些问题。

（1）1 号洞门效果较差。施工过程中掌子面有一定的开裂和坍塌。施工后止水效果很明显，掌子面干燥，土体局部不稳定，土体强度尚可。

（2）2 号洞门效果最好。施工过程中掌子面有局部开裂和少量坍塌。施工后止水效果很明显，掌子面干燥，土体很稳定，土体强度很好。

（3）3 号洞门效果尚可。施工过程中掌子面有较大的开裂和局部坍塌。施工后止水效果很明显。掌子面干燥，土体稳定，土体强度不错。

（4）4 号洞门效果尚可。施工过程中掌子面有很多的开裂和大面积坍塌。施工后止水效果尚可，掌子面较干燥，土体稳定，土体强度不错。

9.2.4　注浆分析

上述 4 个洞门的情况。可以认为，由于洞门掌子面承压能力有限，保持掌子面的稳定对于保证盾构隧道洞门的注浆土体加固的效果是很重要的。从 1 号和 2 号洞门的比较就可以看出来，两者的地质水文条件完全一样，但效果迥异。其中的原因就在于 1 号洞门第一排孔距灌注桩外边缘为 0.6m，而 2 号为 1.2m，这就相对减小了施工中洞门的压力，从而为保证注浆效果提供了必要条件。

3 号和 4 号两个洞门的情况说明，二重管注浆技术的止水效果是非常明显的，即使是对于洞门如此恶劣的条件（洞门上方主供水管破裂，土体饱和含水），也能做到注后立止。

4 个洞门的情况说明，二重管注浆技术对土体加固后强度和稳定性的提高是值得肯定的。尤其是 3 号和 4 号洞门，在整个加固和破桩过程中，洞门上方的重载交通不断，但工作仍能安全地开展。

从 3 号和 4 号两个洞门来看，都有不同程度的较大掌子面坍塌。这主要是因为原土体饱和含水，土体已经很不稳定，掌子面一旦开裂就大量流出，形成坍塌。而东侧情况较轻微，主要是因为东侧地面的水管在施工中曾经抢修过两次。这一方面说明，二重管注浆技术的止水效果确实很不错，同时也说明了保持洞门掌子面稳定是控制施工中坍塌的必要手段。

9.2.5　建议

（1）采用二重管旋喷注浆技术对盾构隧道洞门进行土体加固，应尽力保持施工中掌子面的稳定，可以在洞内加支撑。或采用其他的临时结构围护方式，如地下连续墙等，以形成连续的、高强度的、稳定的掌子面。

（2）如果采用竖井临时围护结构灌注桩，桩外侧的喷射混凝土层应加厚，并建议设计采用配筋的喷射混凝土层。

（3）如果采用竖井临时围护结构灌注桩，如果场地条件许可，建议采用二重管注浆与高压旋喷桩结合的方式。在桩间做 1～2 排高压旋喷桩，封闭桩间土形成的薄弱带，提高掌子面承压能力；其他区域仍然可以做二重管旋喷注浆，提高止水效果，并可以节约资金。

（4）对于采用二重管旋喷注浆技术对盾构隧道洞门进行土体加固，要掌握好压力、凝胶时间与扩散半径的关系。控制好压力（建议在 0.3MPa 左右），压力过大，反而造成掌子面过早开裂，影响注浆效果；延长凝胶时间，仍然可以在较低压力下，取得良好的扩散效果。

9.3　盾构隧道施工同步注浆

根据盾尾注浆与掘进的关系，从时效性上可将盾尾注浆分为两大类：同步注浆和二次注浆。在能自稳的地层中注浆方式对填充率影响不大，但在不能自稳的地层中必须采用同步注浆，才能在正常的注浆压力下保证注浆量填充建筑间隙，防止地层向隧道方向移动，减小地层损失，有效地控制地表沉降。在稳定性差的地层采用土压平衡模式掘进时，同步注浆的重要性较为明显。同步注浆技术是盾构施工法的重要组成部分，同步注浆的好坏直接关系到盾构隧道的稳定性和地表环境的安全性，同时对其施工进度也有一定的影响。

目前盾构施工中壁后注浆的浆液材料可分为两大类：单液型和双液型。单液型浆液又可根据浆液的性质分为单液惰性浆液和单液硬（活）性浆液。对于地面保护要求不高的地段或较坚硬并有一定自稳能力的土体或岩层，可考虑采用单液注浆。从成本控制和操作的难易程度看，单液浆优于双液浆，惰性浆优于活性浆；从注浆效果看，双液浆优于单液浆，活性浆优于惰性浆[5]。

9.3.1　工程概况

某盾构隧道设计为两条内径 5.4m 的单线隧道，隧道单线总长 2269.579m，隧道底板埋深在 10.82～12.35m（联络通道与废水泵房合建处埋深在 21.29m），采用 2 台复合式盾构机掘进。根据地质勘察资料，区间隧道通过的最硬岩层单轴极限抗压强度为 53.40MPa。洞口段主要为海陆交互相沉积的淤泥质土、砂、软-塑状粉质黏土和硬塑状基岩残积层组成，隧道洞身主要由残积类粉质黏土层和全、强风化岩层组成。

盾构机的刀盘开挖直径为 6280mm，管片外径为 6000mm，当管片在盾尾处安装完成后盾构机向前推进，管片与土层之间形成建筑间隙，采用浆液材料快速填充此环形间隙，此工艺即为同步注浆工艺，其目的在于：

① 防止和减少地层沉陷，保证施工环境安全。

② 保证地层压力较为均匀地径向作用于管片，限制管片位移和变形，提高结构的稳定性。

③ 作为隧道第一防水层，加强隧道防水。

（1）同步注浆原理

将具有长期稳定性及流动性并能保证适当初凝时间的浆液（流体）通过压力泵注入管片背后的建筑空隙，浆液在压力和自重作用下流向空隙的各个部位并在一定时间内凝固，从而达到充填空隙阻止土体坍落的目的。

（2）同步注浆主要技术参数的确定

① 注浆压力

注浆压力是注浆施工中主要的控制指标。对于自稳性差的地层，理论上注浆压力应与开挖面的水土压力之和平衡，而实际上注浆压力比理论值值稍大。根据本工程始发地段的水文地质情况及隧道埋深，注浆压力应控制在 0.5MPa 左右。

② 注浆量

盾构机在推进过程中，除了排出洞身断面上的土体外还存在着其他方面的土体损失，这些土体损失主要来源于以下几个方面：

一是盾尾管片安装后形成的空隙；二是由曲线地段推进超挖引起；三是由盾构机纠偏及盾构机的蛇形运动产生。

这些额外部分的土体损失是通过同步注浆来获得补偿平衡的。同步注浆的注浆量由理论计算确定，即盾壳的建筑空隙体积乘以 1.5～2.0 的系数。每环同步注浆量计算如下：

$$Q = K \times V \tag{9-1}$$

式中 K——注浆率，取 1.5。

$$V = n \times (D^2 - d^2) \times L / 4 \tag{9-2}$$

式中 D——盾构机的切削外径，$D = 6280$mm；

　　　d——管片外径，$d = 6000$mm；

　　　L——管片环宽度，1.2m。

　　　则 $V = 4.05$m³，$Q = 6.07$m³。

注浆量应根据地表隆陷监测情况进行调整和动态管理。

③ 注浆速度

同步注浆速度应与掘进速度相匹配，在盾构完成一环（1.5m）掘进的时间内完成当环注浆量来确定其平均注浆速度。

④ 注浆结束标准

采用注浆压力和注浆量双指标控制标准。当注浆压力达到设定值，注浆量达到设计值的 85% 以上时，即可认为达到了质量要求。

9.3.2 同步注浆施工

同步注浆与盾构掘进同时进行，通过同步注浆系统及盾尾的内置注浆管，在盾构向前推进盾尾空隙形成的同时采用双泵四管路（八注入点，其中四注入点备用）对称同时注浆。注浆方式可根据需要采用自动控制或手动控制。同步注浆工艺及管理程序见图 9-7。

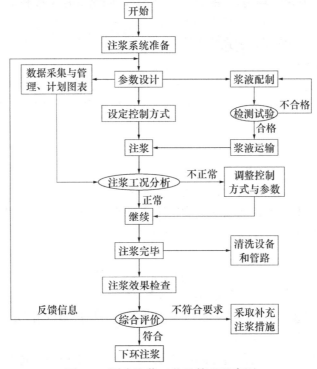

图 9-7 同步注浆工艺及管理程序图

（1）注浆方式

采用盾尾同步注浆方式及时注入单液浆来填充环形建筑空间。即在盾构机推进时，通过安装在盾壳的四条内置式注浆管向盾尾的环形建筑空间注入填充浆液材料。每条管上有高压力表和阀门，该管通过软管与四台砂浆泵分别相连。同步注浆完成后利用声波探测，对未注满处利用管片吊装孔进行二次补注单液浆（在砂质地层中应尽量一次性注满）以增加注浆层的密实性，提高防水效果。

（2）注浆材料及配合比

注浆材料采用水泥砂浆作为同步注浆材料，该浆材具有结石率高、结石体强度高、耐久性好和能防止地下水浸析的特点。其中，填充料为砂；水泥作为提供浆液固结强度和调节浆液凝结时间的材料；粉煤灰可以改善浆液的和易性；膨润土用以减缓浆液的材料分离，降低泌水率；减水剂作为水泥的润滑剂。

（3）浆液主要物理力学指标

同步注浆浆液的主要物理力学性能应满足下列指标：

① 胶凝时间：一般为 3～8h，根据地层条件和掘进速度，通过现场试验加入促凝剂及变更配合比来调整胶凝时间。对于强透水地层和需要注浆提供较高早期强度的地段，可通过现场试验进一步调整配合比并加入早强剂，从而缩短胶凝时间。

② 固结体强度：1d 不小于 0.2MPa，28d 不小于 2.5MPa。

③ 浆液结石率＞95%，即固结收缩率＜5%。

④ 浆液稠度：8～12cm。

⑤ 浆液稳定性：倾析率（静置沉淀后上浮水体积与总体积之比）小于 5%。

（4）浆液配合比

为保证浆液质量，施工中应根据始发时地层的实际情况选择浆液配合比，特别是和易性适宜的浆液应达到易于压送、不离析、不沉淀、不堵管。在施工中根据地层条件、地下水情况及周边条件等，通过现场试验优化确定。根据经验，本标段工程同步注浆采用单液水泥砂浆填充管片外环形间隙，初步拟采用如表 9-2 所示的浆液配合比（根据始发时的实际地质情况进行调整）。

同步注浆材料配合比 表 9-2

水泥（kg）	砂（kg）	粉煤灰（kg）	水（kg）	黏土（kg）	减水剂（kg）
150	650	400	460	40	5

注：同步注浆浆液凝固时间为 6～10h。

（5）二次补强注浆浆液配合比

当发现注浆不足或注浆不理想时，采用二次补强注浆来满足工程质量要求根据始发时的地层情况选择材料、确定浆液配合比及浆液性能指标（表 9-3、表 9-4）。

二次补强注浆每立方浆液配合比拟定 表 9-3

水泥（kg）	砂（kg）	粉煤灰（kg）	水（kg）	膨润土（kg）	减水剂（kg）
220	750	400	300	50	5

二次补强注浆浆液性能指标 表 9-4

凝固时间（h）	1d 抗压强度（MPa）	7d 抗压强度（MPa）	28d 抗压强度（MPa）
＜10	＞0.5	＞2.5	＞10

9.3.3 注浆效果检查

（1）注浆效果检查主要采用分析法，即根据 *P-Q-t* 曲线，结合掘进速度及衬砌、地表与周围建筑物变形量测结果进行综合分析判断。

（2）必要时采用无损探测法进行效果检查。

9.3.4　同步注浆质量保证措施

（1）在开工前制定详细的注浆作业指导书并进行详细的浆材配合比试验，选定合适的注浆材料及浆液配合比。

（2）制订详细的注浆施工设计和工艺流程及注浆质量控制程序，严格按要求实施注浆、检查、记录、分析，及时做出 P（注浆压力）-Q（注浆量）-t（时间）曲线，分析注浆速度与掘进速度的关系，评价注浆效果，反馈指导下次注浆。

（3）成立专业注浆作业组，由富有经验的注浆工程师负责现场注浆技术和管理工作。

（4）根据洞内管片衬砌变形和地面及周围建筑物变形监测结果，及时进行信息反馈，修正注浆参数和施工工艺，发现情况及时解决。

（5）做好注浆设备的维修保养及注浆材料的供应工作，定时对注浆管路及设备进行清洗，保证注浆作业顺利连续不中断进行。

（6）环形间隙充填不够，结构与地层变形得不到有效控制或变形危及地面建筑物安全及存在地下水渗漏区段时，应通过吊装孔对管片背后进行补充注浆，以增加注浆层的密实性从而提高防水效果。

（7）根据经验值推断，盾构单线推进对地表影响主区域为轴线两侧 7m 范围内，约为洞径的 22 倍；整个影响区域为轴线两侧 20m 内，大约为洞径的 62 倍。因此应对上述轴线两侧范围加强监控。

9.3.5　结语

同步注浆技术是盾构法施工中必不可少的关键性辅助工法，也是控制地面沉降的关键。在掘进过程中，如果土压力建立不合理，注入率偏差大，会引起较大地表沉降或隆起。根据地层情况和实际地层损失调整注浆填充率，可以较好地填充地层，从而有效控制地表沉降。该标段工程采用同步注浆技术提高了工效，降低了成本，具有良好的经济效益，而且由于同步注浆工艺和参数控制良好，注浆起到了良好的填充空隙、控制沉降和密封防水的作用，保证了施工的安全顺利进行。随着盾构工程的日渐增多，同步注浆技术也将日臻完善。

9.4　坝基帷幕注浆

二滩水电站位于四川西南部雅砻江下游，距攀枝花市 40km，大坝为混凝土双曲拱坝，坝高 240m，坝顶高程 1205.00m，共计分为 39 个坝块，总库容 $58×10^8m^3$，装机容量 $6×55×10^4$ kW，年发电量约 $172×10^8$kW·h[3]。

9.4.1　地质简况

组成坝基的岩石为二叠系玄武岩和后期侵入的正长岩，以及部分与正长岩同源的辉长岩。前者细分为变质玄武岩、微粒隐晶质玄武岩和细粒杏仁状玄武岩，局部存在构造和热液蚀变综合作用形成的裂面绿泥石化玄武岩及绿泥石—阳起石化玄武岩。玄武岩总厚度达 1100m。二滩水电站大坝坝基岩石物理力学性质试验成果见表 9-5。

二滩水电站大坝坝基岩石物理力学性质试验成果表　　　　　表 9-5

岩性	相对密度	吸水率（%）	软化系数	抗压强度（MPa）干	抗压强度（MPa）饱和	抗拉强度（MPa）	弹性模量（GPa）	备注
正长岩	2.75	0.68	0.83	212	177	8.7	30～60	
辉长岩	3.20	0.17	0.65	166	107	9.8	60～90	
变质玄武岩	3.16	0.19	0.88	202	177	11.5	79～130	
微粒隐晶质玄武岩	3.16	0.06	约 1.0	197	216	—	100～130	
细粒杏仁状玄武岩	3.01	0.22	0.76	264	190	11.2	70～100	

岩体浅部透水率 $q>10$Lu，中部 $q=1\sim10$Lu，深部 $q<1$Lu。

坝基岩体内无大的贯穿性构造断裂，断层较少，且规模小，也不发育。破碎带较紧密，宽度为 0.1～0.6m。

9.4.2 岩体质量分级

坝基岩体质量等级是根据岩石强度、岩体结构、围压效应、水文地质条件等多种因素来划分的，见表 9-6。坝基可以利用的岩体类型：优良岩体（A～C 级），可直接作为大坝地基；一般岩体（D 级），经过注浆处理后可作为大坝地基；较差岩体（E3 级），自然状态下原则上不宜作为高坝地基；软弱岩体（E1、E2 级），不能直接作为坝基，需特殊处理；松散岩体（F 级），不能作为主体建筑物地基。

9.4.3 各级岩体占坝基总面积

坝基开挖后，建基面总面积约为 34650m^2，各级岩体所占比例大致如下：A 级，13.06%；B2 级，9.55%；C1、C2 级，49.84%；D1、D2 级，16.75%；E1 级，0.78%；E2 级，0.32%；E3 级，9.70%。

二滩水电站高拱坝坝基固结注浆取得了良好的注浆效果，固结注浆质量标准以岩体波速为主，做了大量的声波和地震波测试工作，国内尚属少见，故摘录于此，见表 9-6。

二滩水电站大坝坝基岩石物理力学性质试验成果表　　　　　表 9-6

岩级		相应岩体工程地质分类	岩性	岩体结构	嵌合程度	风化特征	透水性	声波速度（m·s⁻¹）	变形模量 E_0（GPa）	抗剪强度 $\tan\varphi$	抗剪强度 c（MPa）	基础处理方案
A		I	正长岩、辉长岩	整体	紧密	微、新	微	5800	35	1.73	5.0	可直接作为拱坝基础，普通水泥常规注浆处理
B	B1	I	玄武岩	整体块状	紧密	微、新	微	5700	25	1.73	4.0	
	B2	I	变质玄武岩	整体或块状	紧密	微、新	微	5700	10～35	1.2～1.73	2.0～5.0	
C	C1	II	正长岩	块状	较紧密	弱下段	弱	5300	15	1.43	3.2	
	C2	II	各类玄武岩	块状镶嵌	较紧密	弱下段	弱	5100	10	1.2	2.0	

续表

岩级		相应岩体工程地质分类	岩性	岩体结构	嵌合程度	风化特征	透水性	声波速度($m \cdot s^{-1}$)	变形模量E_0（GPa）	抗剪强度		基础处理方案
										$\tan\varphi$	c（MPa）	
D	D1	Ⅲ	正长岩	镶嵌或块状	较差	弱中段	中	4400	5～8	0.84	1.20	经水泥注浆处理后，也可作为拱坝基础
	D2	Ⅲ	各类玄武岩	镶嵌碎裂	较差	弱中段	中	4300	5～8	0.84	1.0	
E	E1	Ⅳ	绿泥石—阳起石化玄武岩	碎裂镶嵌	较紧密	微、新	极微		0.8～2.5（深部）	0.58	0.6	不能直接利用，需加固补强或局部置换
	E2	Ⅳ	裂面绿泥石化玄武岩	镶嵌碎裂	较紧密	微、新	极微		2.5	0.58	0.8	
	E3	Ⅳ	正长岩与各类玄武岩	碎裂	松弛	弱上段	强	3100	3～5	0.7	0.5	不宜作为坝基，需全部置换
F		Ⅴ	正长岩与各类玄武岩	散体	很松弛	全、强为主	强		0.5～10	0.5	0.1～0.2	全部置换
断层带		Ⅴ	各类断层						0.3～1.0	0.36～0.50	0.05～0.20	明挖或洞挖后回填混凝土

9.4.4 坝基固结注浆目的

（1）解决表（浅）层因爆破松动和应力松弛所造成的岩体损伤对坝基质量的影响，增加岩体刚度。

（2）提高局部 D 级岩体的变形模量，以满足高拱坝应力和稳定的要求。

（3）用作 E、F 级岩体和断层与破碎带经置换处理后的补强注浆。

9.4.5 坝基固结注浆设计

（1）设计原则。根据岩体质量情况注浆设计分为常规注浆和特殊注浆两大类，前者适用于 A、B、C 级岩体，后者适用于 D、E 两类岩体。

（2）固结注浆范围。由于大坝高达 240m，除全坝基实施固结注浆外，还向上游扩大 5m，下游扩大 10m。

（3）固结注浆质量标准，确定以声波检查为主。正长岩 4500m/s，玄武岩 5000m/s，正长岩与玄武岩混合体 4750m/s。建基面以下 3m 范围内，波速应大于 4000m/s。

（4）注浆孔孔距、排距和孔深。建基面为 A、B、C 级岩体时，孔距、排距定为 3m。在坝块中间部位，孔深 8m；上游坝踵和下游坝趾应力比较集中的部位孔深分别为 13m

和 18m。建基面为 D、E 级岩体时，孔距、排距定为 2m 或 1.5m，孔深根据需要分别定为 13m、18m 和 25m。

（5）注浆材料。常规注浆使用 525 号普通硅酸盐水泥；特殊注浆原则上Ⅰ、Ⅱ序孔为普通硅酸盐水泥，Ⅲ序孔为磨细水泥。

（6）注浆压力。常规注浆，孔深为 0～5m 时，注浆压力为 0.4MPa；孔深大于 5 时，注浆压力为 1.5MPa，见表 9-7。特殊注浆，注浆压力设计情况见表 9-7。

注浆压力设计情况表　　　　　　　　　　　表 9-7

孔深（m）	注浆压力（MPa）		
	Ⅰ序孔	Ⅱ序孔	Ⅲ序孔
0～5	0.7	1.0	1.5
5～15	1.0	1.5	2.5
15～25	1.5	2.0	3.5

9.4.6　坝基固结注浆施工和资料统计分析

固结注浆于 1994 年 12 月开始施工，1999 年 3 月全部完成，共计钻孔量 113350m，注浆 10660m³，注入水泥量 2121.5t，单位注入量 19.9kg/m。

对建基面为 A、B 级整体或块状岩体，如 1～5 号、11～24 号坝段，固结注浆在无盖重条件下施工；对岩体质量较差的 D、E 级等部位，如 25～39 号坝段，固结注浆多在有盖重条件下施工，为避免干扰混凝土浇筑，可选用引管盖重注浆方法。

固结注浆采用自下而上纯压式注浆方法，注浆段长多为 5m。对不良地质部位采用了较高的注浆压力。

从总的情况来看，固结注浆施工时岩体注入量一般都不大。无盖重注浆单位注入量依序递减明显，Ⅰ、Ⅱ、Ⅲ序孔和检查孔分别为 30.1kg/m、16.2kg/m、13.9kg/m 和 8.5kg/m。引管盖重注浆平均单位注入量为 16.1kg/m。无盖重注浆质量检查达不到质量标准的部位，需增补引管进行有盖重注浆。

9.4.7　固结注浆质量检查

由于注浆质量标准系以岩体声波速度为主，为此在固结注浆施工时期做了大量岩体弹性波检测工作。质量检测大体分为三个阶段实施，即坝基开挖后岩体质量检测，坝体浇筑前坝基岩体无盖重固结注浆效果检查，坝体浇筑一定高度后坝基岩体有盖重固结注浆质量检测及综合评价。工程实践证明，通过此三个阶段质量检测，很好地控制和保证了坝基固结注浆质量。注浆质量评价以最终检查孔岩体声波速度为准。

岩体声波测试使用 CE9201 岩土工程质量检测仪进行，检测成果见表 9-8，同时还进行了地震连续波速和穿透波速测试，大量测试资料对比结果表明正长岩体声波速度比地震波速度高 10% 左右，而玄武岩体声波速度比地震波速度高 8% 左右。

固结注浆质量声波检测成果表　　　　　　　　　表 9-8

坝段	孔深（m）≤3	>3	全孔	坝段	孔深（m）≤3	>3	全孔
1	5047 / 4736	5409 / 5324	5336 / 5249	21	3579 / 4775	5241 / 5476	4767 / 5368
2	4745 / 5195	5075 / 5360	5022 / 5305	22	2969 / 4696	4931 / 5380	4390 / 5291
3	4815 / 4575	5069 / 4996	5019 / 4934	23	3758 / 5084	5157 / 5363	4725 / 5315
4	3985 / 5090	5086 / 5008	4864 / 5016	24	3420 / 5001	5001 / 5030	4553 / 5025
5	4153 / 5052	5038 / 5109	4094 / 5103	25	3994 / 5049	5175 / 5115	5826 / 5106
6	4437 / 4982	5237 / 5240	5107 / 5216	26	3297 / 5263	4697 / 5359	4391 / 5343
7	4347 / 4829	5007 / 4870	4915 / 4864	27	2785 / 4586	4122 / 4759	3857 / 4730
8	4119 / 4858	4870 / 5020	4781 / 4990	28	2889 / 5073	4139 / 5000	3952 / 5011
9	3613 / 4595	4701 / 5154	4501 / 5092	29	3927 / 4682	4805 / 5121	4638 / 5057
10	3220 / 4823	4210 / 5293	4021 / 5236	30	3390 / 5271	4679 / 5438	4463 / 5419
11	3328 / 4757	4494 / 5271	4186 / 5204	31	3099 / 4768	4315 / 5288	4147 / 5219
12	3776 / 4714	4847 / 5289	4680 / 5196	32	3216 / 5337	4680 / 5383	4361 / 5374
13	3825 / 4951	4060 / 5155	4021 / 5126	33	2786 / 5375	3558 / 5681	3345 / 5619
14	3246 / 4937	4427 / 5116	4280 / 5084	34	2527 / 5160	3311 / 5532	3172 / 5460
15	3343 / 5259	5010 / 5765	4712 / 5688	35	2364 / 4933	3325 / 5390	3106 / 5292
16	3183 / 5414	4569 / 5892	4178 / 5812	36	2973 / 4920	3557 / 5279	3470 / 5226
17	4513 / 5832	5357 / 5973	5078 / 5948	37	2487 / 5059	5499 / 5450	5293 / 5368
18	3461 / 5745	4789 / 5897	4330 / 5872	38	2799 / 5311	3452 / 5784	3234 / 5705
19	3914 / 5240	5147 / 5663	4790 / 5593	39	2795 / 5044	4188 / 5906	3915 / 5801
20	3932 / 5070	5185 / 5283	4827 / 5238				

由表 9-8 可知:

(1) 全孔检查结果仅 27 号坝段波速值 (4730m/s) 未达标准,其与质量标准值 4750m/s 差距微小。孔深 3m 以内孔段,岩体声波值均大于 4500m/s,满足设计要求。

(2) 固结注浆前,39 个坝段中孔深在 3m 以内、岩体波速小于 4500m/s 的有 35 个坝段,约占 90%,岩体波速最小值为 2364m/s (35 号坝段)。就全孔而言,有 20 个坝段,约占 51%,岩体波速最小值为 3106m/s(35 号坝段)。固结注浆后两者岩体波速均大于 4500m/s,消除了低波速孔段,增强了均质性,表明固结注浆效果良好。

(3) 固结注浆前岩体声波速度较高的,注浆后波速提高率较小,而波速较低的则提高率较大,最大值为 104.2%,见表 9-9。

浆后岩体声波速度提高率

表 9-9

坝段	孔深≤3m			坝段	孔深≤3m		
	波速 (m·s⁻¹)		提高率 (%)		波速 (m·s⁻¹)		提高率 (%)
	灌前	灌后			灌前	灌后	
34	2527	5160	104.2	10	3220	4823	49.8
37	2487	5059	103.4	23	3758	5084	35.3
16	3183	5414	70.1	20	3923	5070	28.9
5	4153	5052	21.6	18	4330	5872	35.6
2	4745	5195	9.5	30	4463	5419	21.4
34	3172	5460	72.1	17	4513	5832	29.2
37	3293	5368	63.0	19	4790	5593	16.8
28	3952	5011	26.7	20	4827	5238	8.5

9.4.8 小结

(1) 二滩高拱坝坝基经无盖重注浆、有盖重注浆和多次有盖重补充注浆后,坝基岩体质量有了大幅度提高,固结注浆质量满足设计要求。

(2) 有盖重注浆质量优于无盖重注浆质量。

(3) 注浆中使用了较高的注浆压力,是保证和提高注浆质量的主要因素。

(4) 该工程的技术特征是固结注浆,孔密,孔多,声波检测质量。

9.5　煤矿突发涌水事故处理

9.5.1 工程概况

济宁市太平煤矿设计生产能力 0.6M/a,立井开拓方式。副井井筒深 252m,净直径 5m,采用冻结法施工;井深 174m 以上为双层钢筋混凝土井壁,内、外壁厚度均为 400mm。太平煤矿地处黄淮冲积平原,第四系冲积层厚 167m。根据土层性质和含水特征,冲积层分为上、中、下三组：上组厚 64m，为强富含水层；中组以黏土层为主，厚 53m；下组以黏土层及中、粗砂砾层为主组成的含水层，厚 50m；底部含水层直接覆盖于煤系地层之上，为弱含水层。太平井田位于兖州煤田西南隅，随着周围煤矿的开采，第四系含水层水位持续下降；又由于实施的对第四系底部含水层的疏水降压工程，对地下水位影响也较大。兖州矿区受全区采煤和工业用水的影响，含水层失水严重，地面下沉，加大了井壁所承受的竖直附加力，所有采用冻结法施工的井筒，都不同程度地出现了井壁破裂现象；并且经过注浆加固处理的井壁，过一段时间后，常常会继续发生变形破坏，并出现漏水现象。兖州矿区初期加固破裂井壁使用的注浆材料主要是水泥和水玻璃，一般情况下，2～3 年后就需要重新进行注浆加固。

1998 年 9 月，太平煤矿副井井壁在井深 140m 处发生环状破坏，并出现漏水点数处；当月对该部位进行了注浆加固，消耗水泥 138t。2000 年 5 月份，副井井壁在井深 167.16m 处（第四系地层与基岩交界面）又发生环状破坏，并伴有少量漏水，水量由 1m³/h 增加到 6m³/h；8 月对此处进行了注浆加固，消耗水泥 121.8t。随着疏排水工程的开展，第四系底部含水层水位逐渐降低，引起松散层固结压缩，地层沉降增大，从而对井筒产生了巨大的竖直附加力，加剧了井壁破坏。2004 年 12 月，副井井壁在上述两处又出现了少量漏水；2005 年 6 月，水量又增加到了 6m³/h。井壁加固工程，受空间的制约，施工十分困难。使用水泥浆液时，需在高压下才能将浆液压入井壁内，一旦注浆压力超过井壁承载能力而挤坏井壁，就可能带来井毁人亡的后果。同时，频繁地对井壁进行修复，不但会影响井筒提升，而且经济上也不划算。能否采用特殊材料，"一劳永逸"地加固井壁，或者成倍延长维修周期，使井壁修复变得更安全、更经济，并且技术易掌握，值得探索。

为此，太平煤矿做了有益的探索。为提高井壁加固效果，2005 年 7 月，太平煤矿采用中国矿业大学研制的化学浆液——改性脲醛浆液，自行组织施工队伍，对副井井壁进行注浆加固。

9.5.2　注浆加固方案

（1）井壁破坏机理分析

大量的试验研究表明，对于黄淮地区厚冲积层井筒，冲积层底部含水层的疏干固结是导致井壁破坏的主要因素。由于设计井壁时没有考虑该竖向附加力的存在，而是以水平荷载为主，井壁竖向承载能力不足以抵御该力的作用，从而导致井壁破坏。井壁破坏后，虽然使用水泥浆液进行了注浆加固，但随着变形的增加，在加固薄弱区又产生了新的破坏并出现漏水现象。此外，井壁所承受的不均匀侧压力也是导致井壁破坏的一个重要因素。

（2）注浆加固方案的确定

副井井壁破裂治理要求对整个底部含水层进行注浆加固和封堵，对一定范围内的介质空隙进行注浆充填。注浆段高确定为 42m（井深 125～167m），加固深度至冲积层与基岩风化带交界面。设计取浆液扩散半径为 2.0m，帷幕厚度不小于 2.0m；上下层相邻注浆孔层间距（分层注浆段高）为 3.0m，注浆孔间距为 2.24m；上下层注浆孔按梅花形错开布置，以保证注浆加固效果。包括基岩风化带连接孔在内，共分 14 个注浆段。通过注浆加固，使井壁上下依托在稳定地层内，环外井壁壁后形成牢固的封水帷幕和无水固结带，增强井壁的抗压能力。

（3）注浆材料

选用中国矿业大学研制的化学浆液——改性脲醛浆液，属于溶液型浆液。其特点是在较低的注浆压力下，能够在岩土的微孔、裂隙中扩散，防渗加固效果良好。工程实践表明，这种浆液可以在岩土层孔隙"汗渗"的情况下扩散，在粉细砂层中的扩散半径一般可达1.5～3m，最大可达4.5m。改性脲醛浆液应用于煤矿井筒水害治理已有18例成功的工程范例，包括平庄矿务局古山矿主、副立井，兖州矿业集团兴隆庄矿主、副立井及东、西风井，淄博矿业集团唐口矿主、副立井及风井，晋城煤业集团赵庄矿副立井、风井及主、斜井，山西西南呈主、副立井，太平矿主井，田庄矿主、副立井。徐州三河尖矿发生高压（水压8.3MPa）突水后，用改性脲醛浆液对两条煤巷水闸墙进行了防渗处理，成功地将渗漏水量降到了3m³/h以下。

改性脲醛浆液主要技术指标

① 浆液浓度调节范围：10%～50%。

② 起始浓度：（17～15.0）×10⁻³Pa·s（正常室温条件下）。

③ 粘结强度：1.5～3.7MPa。

④ 结石强度：0.8～3.2MPa。

⑤ 固砂强度：1.2～9.5MPa。

⑥ 抗渗透性：10⁻⁵～10⁻⁸cm/s。

⑦ 絮凝时间调节范围：19s～3h，最佳控制范围为75s～1h（从浆液性能角度看，适当延长絮凝时间，有利于提高浆液的固砂强度和柔性）。

⑧ 固化时间调节范围：75s～3d，最佳控制范围为3min～5h（从浆液性能角度看，适当延长固化时间，能够促使浆液中各种成分充分反应，以防浆液在凝固过程中析水收缩，提高浆液的固砂强度）。

改性脲醛浆液技术特点

① 浆液在岩土层中呈扇状或面状扩散，与水泥浆液的线状渗透明显不同。这种扩散特征对于固砂堵水十分关键，且不浪费浆液，虽然改性脲醛浆液用量较少，但能够取得较好的封水效果。兴隆庄矿近期采用改性脲醛浆液对主、副井及东、西风井进行壁后注浆堵水，尽管浆液用量很少（均为100～120m³），但均取得了非常好的封水效果。注浆后井筒内干燥无水；开挖卸压槽时，井壁滴水不漏。

② 水泥浆液固化后呈脆性，抗变形能力较低。因此，井筒注浆后，即使井壁产生了很小的变形，也会导致堵水效果明显降低，甚至失效。另外，用水泥浆液进行堵水，封水效果延续时间一般较短。根据兖州矿区的情况，壁后注水泥浆液治理涌水的井筒，大多在2～3年后就要重新注浆。而与之相比，改性脲醛浆液由于固化后仍具有很好的柔性，在岩土体变形过程中能够经受住较大的变形而不开裂，注浆后，封水效果延续时间可成倍大于水泥浆液。

③ 改性脲醛浆液的可灌性优于水泥浆液，所需注浆压力也较低。一方面，壁后注水泥浆液只能充填壁后较大的空隙，且由于水泥浆液在固结过程中具有显著的收缩性，固结后呈脆性，易随井壁变形而变形破碎，这两种缺陷会导致浆液固结后在壁后形成新的连通空

隙。另一方面，水泥浆液无法进入粉细砂层和岩层的微裂隙，因此用水泥浆液注浆，无法在壁后含水岩土层中形成有效的封水帷幕。而改性脲醛浆液可以有效地弥补水泥浆液的上述缺陷。这种浆液为溶液，可灌性极佳，能够进入可以渗水的微小空隙。此外，改性脲醛浆液所需的注浆压力较小。根据施工经验，砂土和壁后空隙充填注浆，注浆压力一般不会超过3MPa。而壁后注水泥浆液时，所需的注浆压力较大，容易造成井壁破坏。

9.5.3 注浆加固施工

（1）施工方法

仍采用"破壁注浆法"，即钻孔穿透外壁后进行注浆。先在井壁完整的地方造孔，以高浓度浆液充填出水点附近的空隙，直到将涌水全部封堵住为止。原则上初期布孔尽可能远离出水点，以节省浆液；然后再对出水点进行壁后注浆。钻孔先浅后深，依次进行注浆。为了增大浆液扩散半径，先注的注浆孔深度确定为1.2m，后注的注浆孔逐渐加深到2～2.5m。

（2）注浆孔布置

在井壁上钻孔对壁后含水岩土层进行注浆，注浆孔的布置形式及钻孔方向、孔数、孔距等参数取决于含水层的物理性质，裂隙度，裂隙的开度、方向，井壁承载能力，以及浆液浓度、渗透性等因素。同时，还要考虑注浆孔的用途和注浆工艺。根据具体情况，确定按照均匀布置和重点布置相结合的原则布置注浆孔。即在破裂部位重点集中布孔；对底部含水层进行充填注浆时，均匀布孔。

注浆孔按梅花形布置，层间距3m。每层布置注浆孔7个，孔间距2.24m。

注浆孔开孔直径为42mm。堵水孔深度不大于1m；固结孔深度平均为1.5～2m，最大为2.5m。

（3）注浆施工工艺

选择好注浆孔位置，用气动凿岩机钻孔。开孔用 ϕ42mm 钎头钻进，深度不小于400mm，然后用风锤将孔口管下入孔内；接着检查孔口管的可靠性，安装高压阀门；最后换用 ϕ28mm 小直径钎头钻透井壁，关闭阀门。

注浆材料由料场运至井口。在井口配置好甲、乙两种液体，通过注浆泵和高压注浆管输送到井下。

在开始和正常注浆阶段，以低压渗透为主，注浆压力为2.0～2.5MPa；对地压较大的井壁破裂段，适当减小注浆压力。为保证注浆段井壁安全，施工时要确保注浆压力不超过3MPa。

（4）注浆效果检查

为确保形成2m厚的注浆帷幕，每一层注浆孔注浆结束后，对称打两个3m深的钻孔进行检查。凡是帷幕厚度达不到2m的地方，一律补注。副井井筒壁后实际注入改性脲醛浆液309m^3。

9.5.4 注浆加固效果

副井井壁破裂处经用改性脲醛浆液注浆加固后，不再有漏水现象，收到了较好的效果。

（1）采用改性脲醛浆液进行壁后注浆，所需注浆压力较小，不超过3MPa，大大降低了注浆破坏井壁的风险，确保了施工安全，并节省了资金。

（2）壁后注改性脲醛浆液，不仅可充填壁后较大的空隙，还可充填水泥浆液无法进入的岩土层微裂隙，从而能在壁后含水岩土层中形成有效的封水帷幕，达到预期目的。

（3）破裂井壁经此次注浆加固后，砂层含水层减渗率在90%以上。浆液固化后，收缩性很小，可塑性与柔性较好，长期封水效果可靠，返渗率低。即便井筒受力变形，浆液凝固体也不会破碎，从而能够长时间地抑制井筒壁后形成新的连通空隙。

（4）采用水泥浆液处理后的井壁，通常1年左右就会出现较明显的裂隙，并会出现少量渗水；2～3年后，就需要重新进行注浆。而采用改性脲醛浆液处理后的井壁，在较长时间内不会出现破坏和渗水现象[3]。

参考文献

［1］上海隧道工程股份有限公司，上海申通地铁集团有限公司，上海市隧道工程轨道交通设计研究院．上海轨道交通4号线（董家渡）修复工程［M］．上海：同济大学出版社，2008．

［2］许熠，陈柳娟，狄永媚，朱祖熹．上海轨道交通4号线越江隧道联络通道抢险与注浆加固［J］．中国建筑防水，2004，（02）：16-19．

［3］张永成．注浆技术［M］．北京：煤炭工业出版社，2012．

［4］王凯．地铁盾构机进出洞洞门土体注浆加固技术［J］．施工技术，2016，45（S1）：460-463．

［5］樊有俊．盾构隧道掘进中同步注浆技术的应用［J］．混凝土，2011（09）：142-144．

致　　谢

以下同行协助了本书的编写，他们分别是：第 1 章由吴凯协助编写，第 2 章由吴凯协助编写，第 3 章由蔡国栋、李思文协助编写，第 4 章由蔡国栋、李思文协助编写，第 5 章由刘启成协助编写，株式会社 TAC- 益冈康治提供部分资料，第 6 章由吴凯协助编写，第 7 章由吴凯协助编写，第 8 章由蔡国栋协助编写，第 9 章由蔡国栋协助编写。第 2 章文末视频由上海隧道建筑防水材料有限公司提供，第 5 章文末视频由株式会社 TAC，中华优固企业有限公司提供。在此一并致以真诚的谢意！